有机合成路线设计及新技术研究

周 敏 耿慧春 著

中国纺织出版社

内 容 提 要

有机合成是一个极富有创造性的领域，未来有机合成的发展趋势是设计和合成预期性能优良、意义重大的有机化合物。本书既讨论了有机合成的技巧和有机合成线路设计的艺术性，同时又给出了当今有机合成界倍受关注的一些新型合成反应的应用。本书主要内容包括：碳环合成反应、逆合成法与路线设计、分子拆分法、基团的保护、不对称合成反应、Corey 合成路线设计策略及有机合成新技术、天然产物合成等。本书结构合理、条理清晰，内容详细、全面、新颖，可读性强，是一本实用性与可读性兼具的理论著作。

图书在版编目(CIP)数据

有机合成路线设计及新技术研究 / 周敏，耿慧春著. -- 北京 ：中国纺织出版社，2019.1（2024.3重印）

ISBN 978-7-5180-3502-1

Ⅰ. ①有… Ⅱ. ①周… ②耿… Ⅲ. ①有机合成－研究 Ⅳ. ①O621.3

中国版本图书馆 CIP 数据核字(2017)第 072699 号

责任编辑：范雨昕　　责任印制：储志伟

中国纺织出版社出版发行

地址：北京市朝阳区百子湾东里 A407 号楼　邮政编码：100124

销售电话：010－67004422　传真：010－87155801

http://www.c-textilep.com

E-mail：faxing@c-textilep.com

中国纺织出版社天猫旗舰店

官方微博 http://www.weibo.com/2119887771

北京兰星球彩色印刷有限公司印刷　　各地新华书店经销

2019 年 1 月第 1 版　　2024 年 3 月第 2 次印刷

开本：710×1000　1/16　印张：15.25

字数：201 千字　定价：71.00 元

前　言

有机合成是以有机反应为工具，通过设计合理的合成路线，由一个结构简单的无机物或有机物构建另一个结构复杂的有机化合物分子的过程。作为一门极具创造性的科学之一，有机合成常被化学家作为改造世界、创造物质世界的重要手段。通过有机合成手段，人类不仅能制造出自然界已有的，同时也制造出了自然界中不存在的具有特殊性能的物质，以适应人类生活和生产需求。

经过多年的发展，目前，有机合成的理论体系已经比较完善，有机合成的方法、技术和手段均取得了辉煌的成就，并在不断的发展中。作为设计合成功能性物质的重要手段，有机合成方法、技术、手段的不断更新和发展，使得有机合成向当前化学家提出了更新的课题与更高的要求。同时，新材料和新药物的需求、资源的合理开发和应用、减少和消除环境影响的可持续发展问题等对有机合成提出了更高的要求。基于上述目的，结合多年来的实践和经验，在吸取近年来相关图书优点的基础上，确定本书为《有机合成路线设计及新技术研究》。

本书着重研究有机合成的路线设计及新技术，既讨论了有机合成的技巧、有机合成设计的艺术性以及有机合成路线设计的一些基本方法，又将大量的实例融入理论阐述中，便于强化合成设计技术。同时，尽可能地介绍了一些有机合成中的新进展，如组合合成、无溶剂合成、基于微反应技术的有机合成、靶标导向的有机合成和多样性导向的有机合成、基于可见光介导的光氧化还原催化的有机合成方法学。此外，在最后一章中，还就天然产物合成展开了讨论，内容包括天然产物的合成途径、典型天然产物全合成实例(如紫杉醇、青蒿素、梯形烷、除虫菊酸)、复杂天然产物全合成剖析、具有重要生物活性的新天然产物全合成等。

在本书的撰写过程中,力求做到言语简练,文字流畅,思路清晰,重点突出,内容详略得当,注重理论联系实际,注重实用性,极力贯彻系统性、科学性等原则,保证逻辑性和系统性。

本书得到了出版社领导和编辑的鼎力支持与帮助,同时也得到学校领导的支持和鼓励,在此一并表示感谢。尽管经过多次修改,但作者水平有限,书中不妥之处在所难免,恳请广大学者、专家批评指正。

编　者

2018 年 2 月

目　录

第1章　绪　论

有机合成是有机反应机理及其应用的组合，多步有机反应的组合完成某一有机物的合成。有机合成反应不仅可以用来合成天然化合物（确切地确定天然产物的结构），还可以合成自然界中当前可能并不存在但预期会有特殊性能的新化合物。综上所述，我们可以用一个简单的公式来表示有机合成反应：

$$\text{易得的原料}+\text{易得的试剂}\xrightarrow{\text{人类的智慧与技术}}\text{复杂、奇特的化合物}$$

在了解自然、认识自然的过程中，有机合成化学家还对很多天然产物的化学结构进行了论述，并在实验室内用人工的办法来复制、合成这种自然界的产物并用于证明它的结构。这种证明往往是最直接、最严格的。当然，事实不止于此，合成化学家还可以根据人们的需要来改造这种结构或是创造出全新的结构。这样，经过世世代代合成工作者的不断努力，成百上千万的新化合物不断出现在实验室中。未来有机合成的发展趋势是设计和合成预期性能优良的有机化合物。目前，有机合成已成为当代有机化学的主要研究方向之一。

1.1　有机合成的定义

有机合成化学作为有机化学的核心部分，它充分利用有机反应这一工具，在经过合理设计的合成路线的指导下，将结构较为复杂的分子变成结构较为简单的、人类当前所需化合物分子。

历经一个多世纪的发展，无数化学家经过不懈探索，并在工业生产实践中总结经验，使得有机合成化学取得了巨大的发展，对人类社会的物质文明进步、人民生活水平的提高作出了重要贡献。进入21世纪，随着社会可持续发展的需要、人们环境意识的提高以及绿色合成的兴起，对有机合成化学提出了更高的新要求，同时也不断赋予它新的内容。

1991年，特罗斯特(Trost)提出了原子经济(Atom Economy)学说，其定义为“反应物的原子数目最大地进入产物”。原子经济性可以用原子利用率衡量：

$$\text{原子利用率}=\frac{\text{预期产物的相对原子质量}}{\text{反应物的相对原子质量总和}}\times 100\%$$

理想的原子经济性反应，其原子利用率达100%，不产生副产物或废物，有利于资源利用和环境保护。例如，合成环氧乙烷有两种途径，分别表示如图1-1所示：

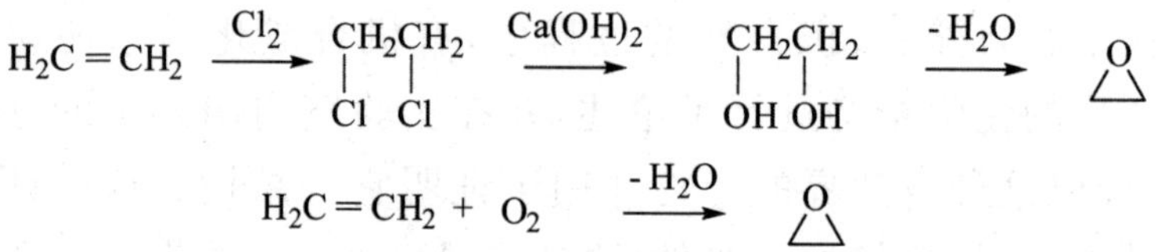

$$H_2C=CH_2 \xrightarrow{Cl_2} \underset{Cl\ \ \ Cl}{CH_2CH_2} \xrightarrow{Ca(OH)_2} \underset{OH\ \ OH}{CH_2CH_2} \xrightarrow{-H_2O} \text{环氧乙烷}$$

$$H_2C=CH_2 + O_2 \xrightarrow{-H_2O} \text{环氧乙烷}$$

图1-1 环氧乙烷的合成途径

显然，后者不仅符合原子经济学说，也符合绿色合成要求。现在已有一些有机合成反应符合这种要求，但还需要研究、开发更多的原子经济性反应。

1996年，美国斯坦福大学温德(Wender)教授为理想的合成下了一个较为完整的定义：“一种理想的(最终是实效的)合成是指用简单的、安全的、环境友好的、资源有效的操作，快速定量地把价廉、易得的起始原料转化为天然或设计的目标分子。”随着有机合成化学的不断发展，有机合成化学的概念也将会得到更进一步的充实。

到目前为止，通过有机合成反应得到的化合物数目已超过了2200多万个，其中绝大部分是有机化合物。大量化合物的出现，不仅为大千世界增添了更多的色彩和内容，同时也为人类的发展带来了很多生物、物理和化学特性的信息。因此，我们将有机合成称为“改造物质世界的有机合成”。正如有机合成创始人之一的伯塞罗(Berthlot)所说的那样“有机化学家在老的自然界旁边又建立起一个新的自然界”。而且这个“新的自然界”在质和量上都远远超过“旧的自然界”。

1.2　有机合成的发展

有机合成化学是人类认识和改造世界,创造美好未来的强有力的工具。我国 2008 年度最高科学技术奖获得者徐光宪院士曾经指出:化学合成技术是人类社会 20 世纪的七大技术之一。如果没有发明合成氨,合成尿素和第一、第二、第三代新农药的化学合成技术,世界粮食产量至少要减半;如果没有发明合成各种抗生素和新药物的药物合成技术,人类平均寿命要缩短 25 年;如果没有发明合成纤维、合成橡胶以及合成塑料的高分子合成技术,人类生活要受到很大影响;如果没有合成大量新分子和新材料的化学工业技术,人们常说的信息技术、生物技术、核科学和核武器技术、航空航天和导弹技术、激光技术以及纳米技术这六大技术根本就无法实现。因此,合成化学是化学的核心,它使化学成为一门“中心的、实用的、创造性的科学”。

1.2.1　有机合成的发展史

1828 年,德国化学家维勒(F.Wöhler)意外地得到了尿素,首次实现了从无机化合物制备有机化合物这一过程。

1845 年,柯尔贝(H.Kolbe)成功地实现了从单质碳制备乙酸,并第一次使用“合成”这一术语来描述乙酸的制备过程。

1854 年,贝特洛(Berthelot)报道了油脂的合成,与此同时,一些其他的有机化合物也相继由无机化合物制备得到。直到此时,“生命力学说”才被真正推翻。

经历了 180 多年,有机合成化学已经取得了飞速的发展,取得了许多伟大的成就。例如，E.Fischer 所完成的(＋)－葡萄糖的合成是 19 世纪末最重要的一项全合成研究。这不仅是因为所合成的目标分子中官能团的复杂性，而且还因为在该项合成中成功地实现了目标分子中 4 个手性中心的立体化学控制。此外，在合成(＋)－葡萄糖的过程中，E.Fischer 还提出了有机化学中描述立体构型的重要方法，即费歇尔投影式。

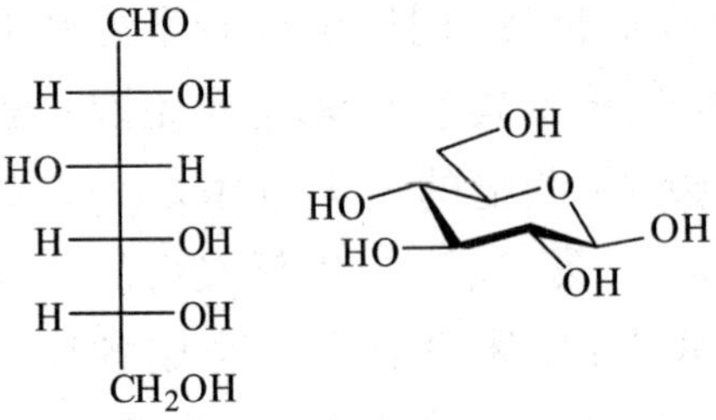

D-(+)-葡萄糖 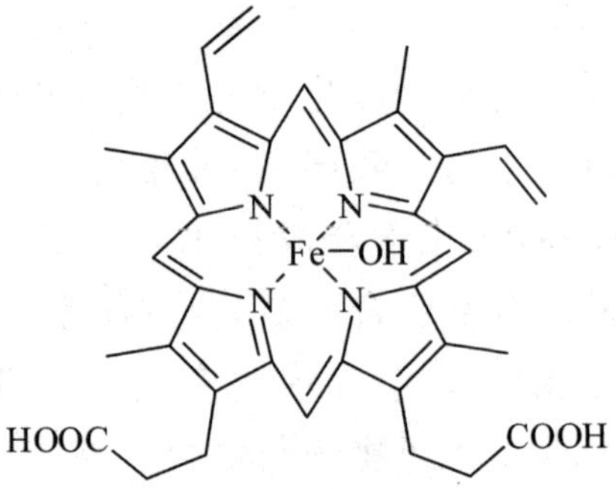　　　　高铁血红素

进入 20 世纪以后，有机合成化学得到了进一步的发展，1903 年 Willstätter 通过 16 步反应成功合成了天然产物颠茄酮。1917 年 R.Robinson 利用一分子的琥珀醛、一分子的甲胺和一分子的 3－酮基戊二酸在生理条件下的一步反应就成功合成了颠茄酮。Robinson 以该反应为起点提出了天然物生源假说理论，是现代生物合成理论的最早起源。尽管颠茄酮的生物合成并不是 Robinson 所想象的那样，但他的工作却推动了生源理论的大发展，生物合成已经成为当前极其活跃的研究领域。

一百多年以来，先后有十几项有机合成方面的工作获得诺贝尔化学奖。其中，1912 年格林尼亚(V.Grignard)因发明格氏试剂，开创了有机金属在各种官能团反应中的新领域而获得诺贝尔化学奖；1930 年 E.Fischer 因合成高铁血红素及在血红素和叶绿素的结构研究方面的突出成就而获得诺贝尔化学奖；1950 年狄尔斯(O.Diels)和阿尔德(K.Alder)因发现双烯合成反应而获得诺贝尔化学奖；齐格勒和纳塔发现有机金属催化烯烃定向聚合，实现乙烯的常压聚合而荣获 1963 年诺贝尔化学奖。

1965 年，他组织了 14 个国家的 110 位化学家，协同攻关，探索维生素 B_{12} 的人工合成问题。针对维生素 B_{12} 复杂的结构特点，伍德沃德设计了一个拼接式的合成方案，即先合成维生素 B_{12} 的各个局部结构，然后再把它们拼接起来。这种方法后来成了合成所有有机大分子时普遍采用的方法。此外，在合成维生素 B_{12} 过程中，伍德沃德和他的学生兼助手霍夫曼一起，提出了分子轨道对称性守恒原理，这一理论用对称性简单直观地解释了许多有机化学过程中的立体化学控制的问题，如电环化反应过程、环加成反应过程、σ 键迁移过程等。

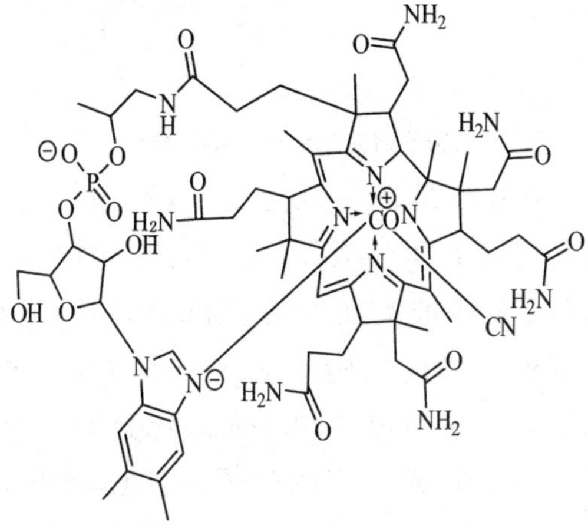

维生素$_{12}$的结构

20 世纪另一位有机合成大师美国哈佛大学的 Kishi 教授完成了迄今为止相对分子质量最大、手性中心最多的天然产物（岩沙海葵毒素）的全合成。岩沙海葵毒素也称沙海葵毒素或群体海葵毒素，它是从海葵 Zoantharia 类的 Palythoa（属腔肠动物）中分离出来的一种毒素，是目前已知毒性最强烈的海洋生物毒素之一（小鼠经口 LD50＝0.15μg/kg），它的毒性不仅比神经性毒剂沙林高出几个数量级，而且比剧毒性的河豚毒素或石房蛤毒素也大数十倍。因此，岩沙海葵毒素的全合成是有机合成历史上最伟大的里程碑之一，它标志着人类已经具备了合成任何复杂分子的能力。

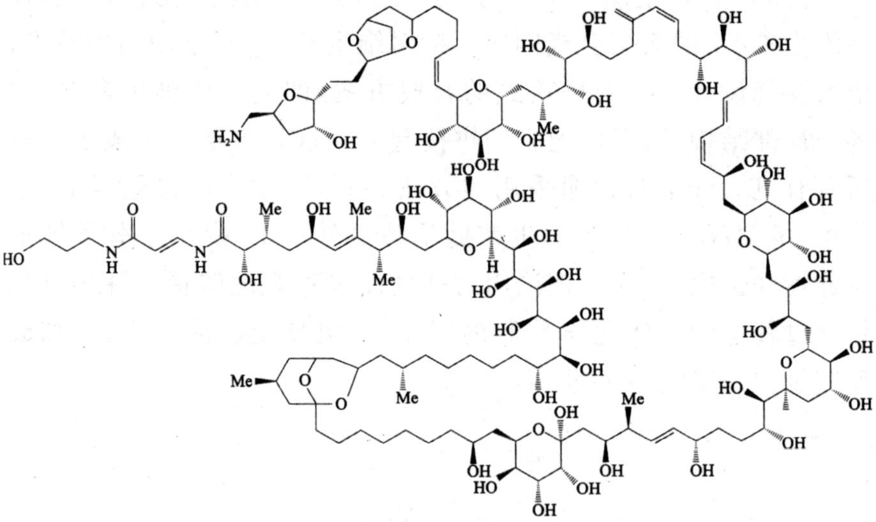

岩沙海葵毒素的化学结构

天然产物的全合成是在有机合成中最活跃,最有推动力的研究方向之一,也是推动有机合成发展的重要原因。研究这些天然产物的全合成可以极大地推动新反应、新试剂和新理论的发现和发展,为深入探讨天然产物的结构与活性关系提供有利条件,从而为药物研发提供新思路,也可以推动其在医药健康和生命科学等领域的广阔应用前景。此外,天然产物分子中往往具有很多手性中心,因此在开展天然产物合成的过程中,如何实现手性中心的立体化学控制成为有机合成化学家必须要面对的一个挑战,因此天然产物的全合成研究推动了不对称合成方法学研究的蓬勃发展。

1.2.2 有机合成的发展趋势

有机合成化学是在分离和鉴定天然产物的过程中逐步发展起来的。在合成各种复杂结构天然产物的过程中,有机合成的基本理论与方法得到了蓬勃发展。目前,有机合成化学已经建立了基本完善的理论体系,借助已有理论体系的指导,人类已经具备了合成任何复杂天然产物的能力。随着化学的聚焦点从结构向功能的转移,如何更为有效地合成出具有所期待的物理、化学或生物学性质的分子是摆在有机合成化学家面前一个十分严峻的挑战,也是一项十分艰巨的任务。换句话来说,由结构导向的有机合成向由功能导向的有机合成转变无疑是 21 世纪有机合成化学最重要的发展方向之一。

尽管有机合成经历了一百多年的发展已经取得了辉煌的成就,但是有机合成仍然面临众多的挑战,而如何实现有机合成的高效性、高选择性及绿色化是现代有机合成化学所面临的最大挑战。当然,这些挑战也是机合成未来的发展趋势。

(1)高效性。一个理想的合成应该是利用一个并不需要任何中间环节的连续反应过程来直接合成目标分子,在形成复杂分子骨架的同时,可以正确引入官能团,尽量减少反应步骤及不必要的原子是提高合成总体效率的基础。例如,酰胺键的合成通常采用下列三种合成方法,如图 1-2 所示。

(a) $RCOOH \xrightarrow{SOCl_2} RCOCl \xrightarrow{R'NH_2} RCONHR'$

(b) $RCOOH \xrightarrow{P_2O_5} RCOOCOR \xrightarrow{R'NH_2} RCONHR'$

(c) $RCOOH \xrightarrow[R'NH_2]{EDCI,\ py} RCONHR'$

图 1-2 酰胺键的合成

上述酰胺键的三种传统合成方法的合成效率低。其中,前两条路线需要两步反应才能得到目标分子,具体路线:羧酸先转化成活性更高的酰氯或者酸酐,再与胺反应合成酰胺键。

在第三条路线中,酰胺键的合成可以通过羧酸与胺在大于等当量缩合剂的作用下完成。这三条合成路线都涉及很多不必要的原子,原子经济性低,因此整体合成效率低。但是,如果采用下述方法,如图 1-3 所示,钌催化的由伯醇和胺直接合成酰胺键的反应或者钌催化的以伯醇和腈为原料合成酰胺键的反应来进行的话，其效率可以得到明显的提高。

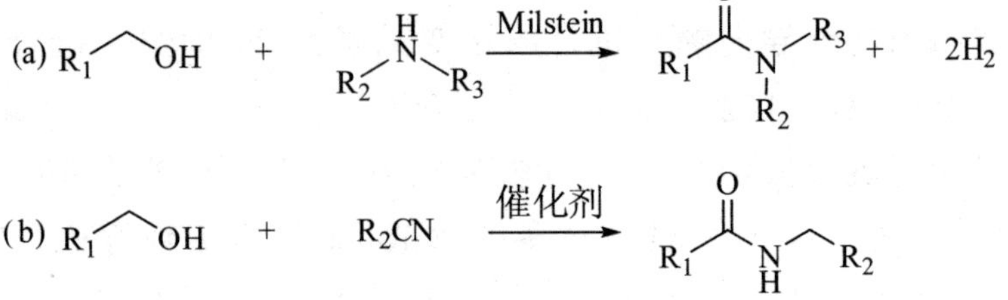

(a) R_1—OH + R_2NHR_3 —Milstein→ $R_1C(O)N(R_2)R_3$ + $2H_2$

(b) R_1—OH + R_2CN —催化剂→ $R_1C(O)NHCH_2R_2$

100%原子经济性

图 1-3 合成酰胺键的催化方法

(2)高选择性。一个理想有机合成路线的设计实质上包含两个部分:对目标分子的合理切割及化学反应的有序组装。由于天然产物的分子结构中往往含有多个官能团及手性中心,如何使反应发生在特定的官能团上(即化学选择性),如何在特定位置选择性地引入特定官能团(即区域选择性)及如何控制反应的立体化学尤其是同时控制多个手性中心的立体化学(即立体选择性),这些都是极富挑战性的研究课题,要解决这些挑战无疑要依赖于高选择性有机化学反应方法学的发展。因而从这个角度来讲,反应方法学研究是有机合成化学的一个重要内容。为此,发展和应用高选择性的有机反应一直是有机合成化学研究的热点及前沿领域。

氨基醇类化合物是具有广泛生物活性的化合物。例如,奎宁(Quinine)是一种可可碱和 4-甲氧基喹啉类抗疟疾药物,是快速血液裂殖体杀灭剂。然而,其异构体奎尼丁(Quinidine)是一种膜抑制性抗心律失常药,能直接作用于心肌细胞膜,可显著延长心肌不应期,降低自律性、传导性及心肌收缩力。

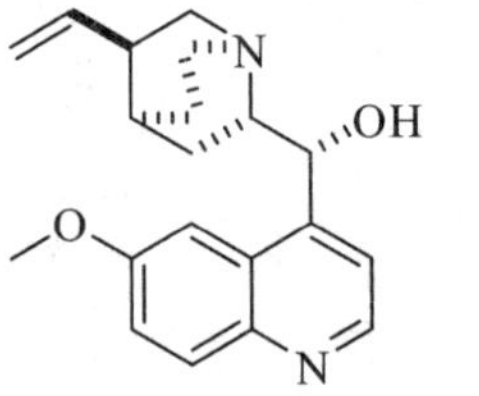

奎宁 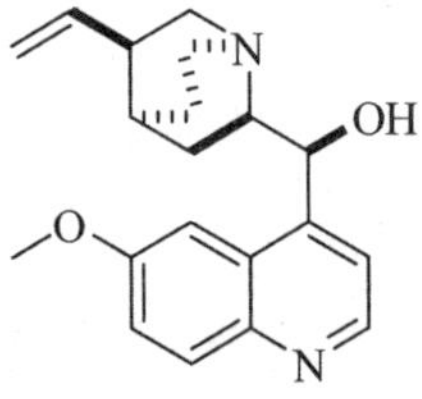　　奎尼丁

下面以氨基醇类化合物的合成为例来说明有机合成中的选择性控制。最近,Buchward 等在 *Nature* 上发表了一篇关于“一锅法”生成氨基醇的合成策略,该策略同时实现了化学选择性、区域选择

性和立体选择性的巧妙控制。以烯酮为原料(图 1-4),首先在铜催化剂和手性配体的作用下以高区域选择性和高对映选择性的方式生成相应的中间体烯醇。然后,烯醇进一步发生氢胺化反应生成光学纯度高的含有三个手性中心的氨基醇类化合物。令人振奋的是,该类化合物的八组立体异构体都可以利用这种策略得以合成。

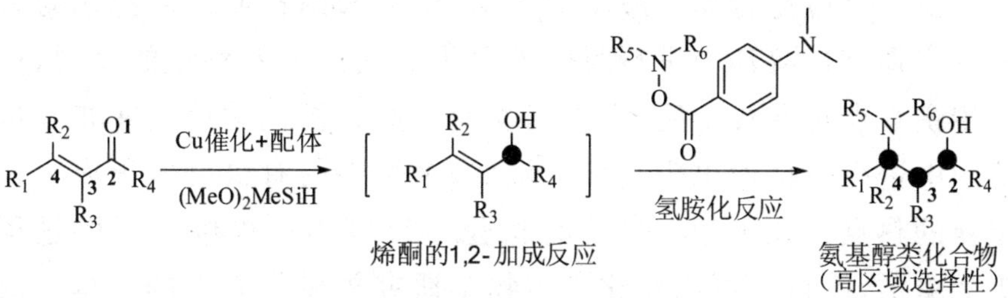

Cu催化+配体

$(MeO)_2MeSiH$

烯酮的1,2-加成反应

氢胺化反应

氨基醇类化合物
(高区域选择性)

图 1-4 “一锅法”高选择性合成氨基醇类化合物

例如,以(E)—1—1 或者(Z)—1—1 为原料,化合物 1—2 的八组立体异构体可以利用该策略得以有效合成(图 1-5)。

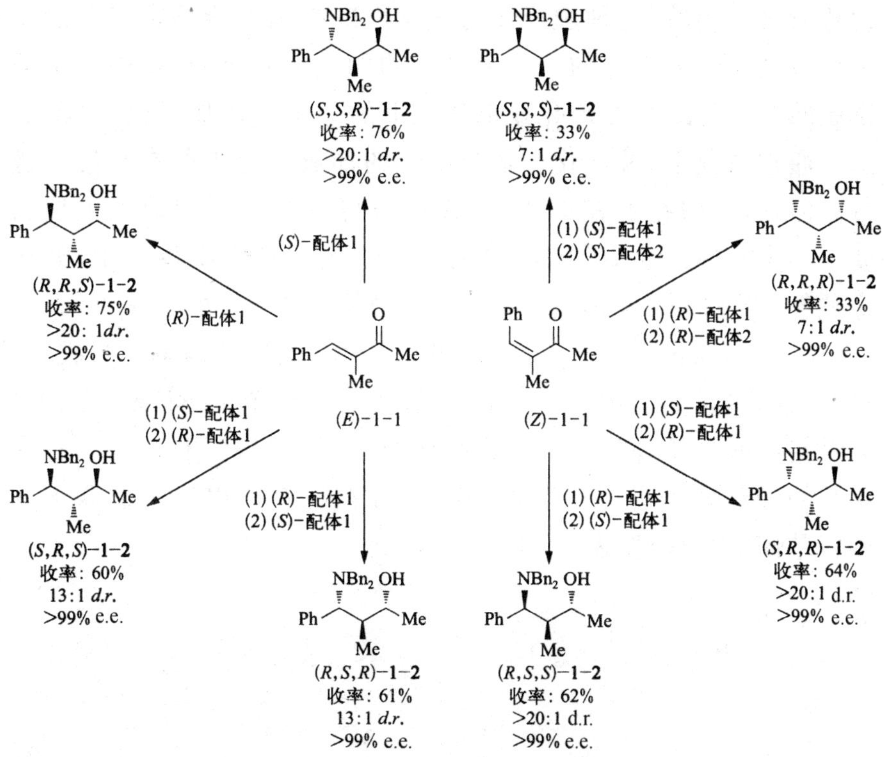

图 1-5 以烯酮为原料合成氨基醇的八组立体异构体

(3)绿色化学。“绿色化学”是20世纪90年代初人们提出的新概念,即如何改进化学化工的工艺技术,从源头上降低,甚至消除废弃物的生成,从而达到减少环境污染的目的。对于有机合成来讲,要实现绿色化,就是要实现高选择性、高效的化学反应,实现“零排放”。

由于有机化合物一般不溶于水,所以人们长期以来都认为有机反应在有机溶剂中进行时应该更为高效。随着科学的发展,这一传统观点正在接受挑战,人们发现一些有机化学反应在非有机溶剂中进行时反而更为高效。例如,水相中的有机反应正成为一个新的热点。在水相中进行有机化学反应不仅可以使反应过程更为清洁,而且还可以为化学生物学研究提供强有力的工具。由于生命体是在含水介质中构建化学键的,因此设计可以用于修饰生物大分子的选择性化学反应对于化学生物学研究是非常有意义的,因为它可以帮助我们了解细胞内的过程及设计蛋白质工程的新策略。当然,这种选择性的化学反应必须是能够在室温以及水相生理条件下发生的。一个最成功的反应就是由Sharpless等发展的叠氮与炔烃在碘化亚铜催化下的[3+2]环加成反应(图1-6)。通常情况下,叠氮化合物与炔烃的加成反应需要在高温下进行。但是,在碘化亚铜催化下,该反应可以非常顺利地在生理温度下和水相中发生,因此可以很方便地用于各种生物分子,如病毒颗粒、蛋白质、核酸等的选择性修饰。例如,豇豆花叶病毒(Cowpea Mosaic Virus,CPMV)由60个相同的结构单元组成,而每个结构单元又是由两个蛋白亚基围绕一个单链RNA组成的。豇豆花叶病毒用叠氮化合物进行修饰后,可以很顺利地与一种含炔基的染料分子进行偶联,这样,病毒颗粒就可以通过偶联上的染料基团进行标记(图1-6)。

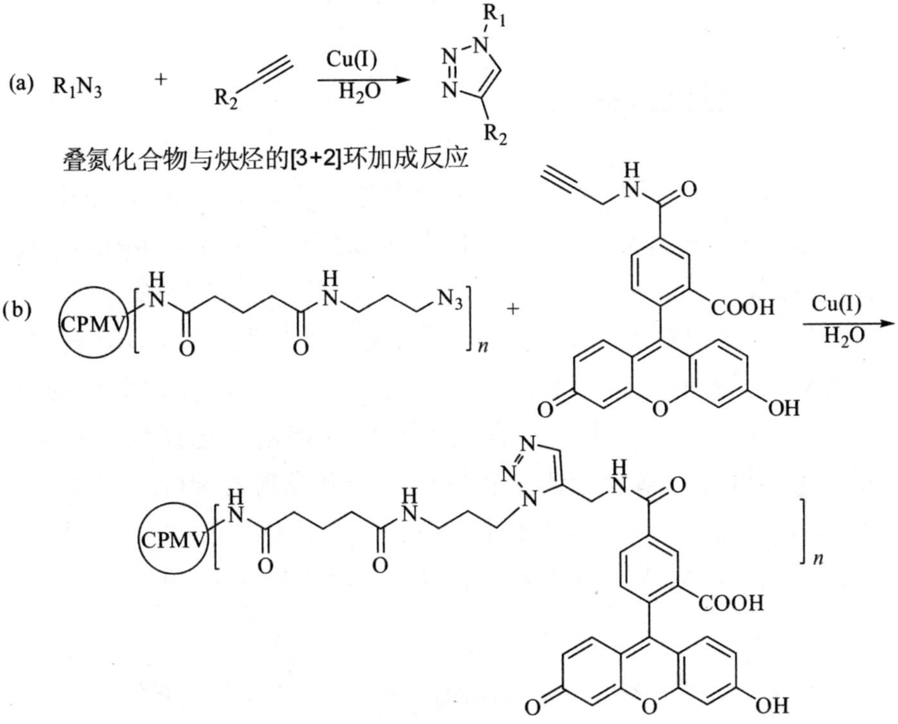

图 1-6 CPMV 的化学修饰

在有机合成发展的一百多年的历史中，为人类社会的发展作出了卓越的贡献，并为其他相关学科的发展提供了强大的物质基础。与此同时，人类社会对各种功能分子需求的不断增长及环境保护意识的日益增强对有机合成化学提出了更高的要求，发展理想的有机合成、合成具有所期待的特定功能的目标分子始终是有机合成化学家的追求。

1.3 有机合成中的选择性问题

有机合成路线具有逻辑性，是可以预先设计的，经过设计的合成反应不仅要有高产率，而且也要具有选择性。通常选择性好的反应以产生唯一的目标物为最佳结果，避免了后期对化合物进行分离。

1.3.1 反应的选择性

合成反应的选择性大致分为化学选择性(Chemoselectivity)、区域选择性(Regioselectivity)和立体选择性(Stereoselectivity)3种,具体如下:

(1)化学选择性。官能团的不同决定了化学活性的不同。化学选择性是指在反应中使用某种试剂对一个有多种官能团的分子起反应时,只对其中一个官能团作用的特定的选择性。例如,硼氢化钠可将4-氧戊酸乙酯还原成4-羟基戊酸乙酯(图1-7)。这表示硼氢化钠可对羰基选择性还原,而不作用于酯基。相反地,氢化锂铝同时对酮基及酯基进行还原,生成1,4-戊二醇:

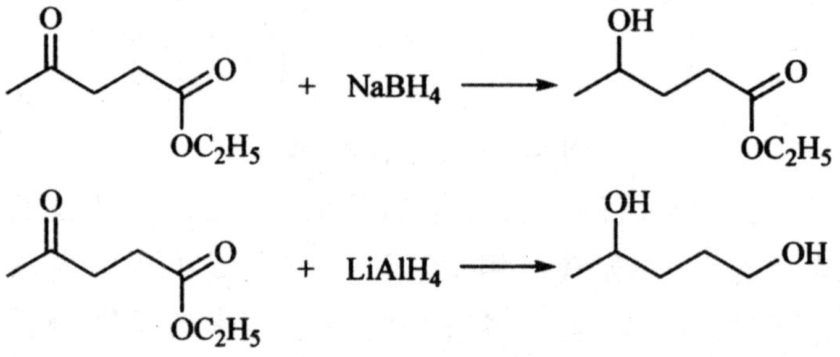

图1-7 1,4-戊二醇的合成方法

(2)区域选择性。处于同一分子不同位置上相同的官能团,在发生化学反应时,其反应速率存在一定的差异,且产物的稳定性也不同。若某一试剂只能与分子的某一特定位置上的官能团作用,而不与其他位置上相同的官能团发生反应称为位置选择性的反应。如图1-8所示,下列甾体化合物有多个羟基,其中一个是烯丙位的羟基。当用活性二氧化锰进行氧化时,只在烯丙位的羟基被氧化,而其他位置上的羟基无变化。

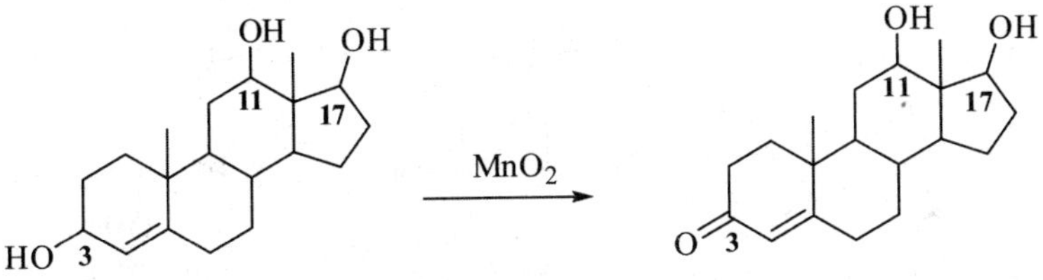

图 1-8　烯丙位羟基氧化

又如，Trost B.M.和 Tsuji J.研究取代烯丙基乙酸体系在催化作用下形成 π-烯丙基体系时，催化剂的不同会产生区域选择性的反应，如图 1-9 所示。

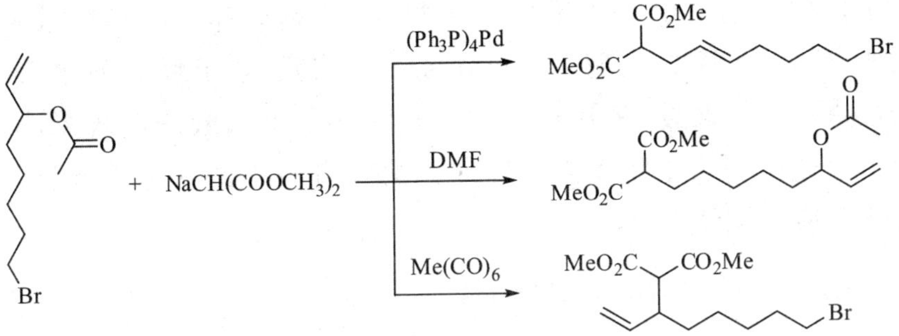

图 1-9　催化取代烯丙基乙酸体系区域选择性的反应

(3)立体选择性。在反应中，一个化合物能生成两个空间结构不同的立体异构体，若此反应无立体选择性，则产物中两种异构体是等量的；若此反应是立体选择性的反应，则两者不等量，一个含量大于另一个，量的差别越大，反应的立体选择性越好。如果这种立体异构体是对映异构体，就叫对映选择性(Entioselectivity)；如果某个反应只生成一种，而没有另一种，就叫立体专一性反应。例如，樟脑酮被氢化锂铝还原时，所得两种羟基构型不同的醇，其比例是 9∶1，这是由于樟脑酮分子的立体结构不对称性所造成的。在羰基的两侧起反应时，试剂受到的空间位阻是不同的。反应时，空间阻力小的产物(羟基在外，exa 型)，比空间位阻大的产物(羟基在内，endo 型)的量大得多，如图 1-10 所示。

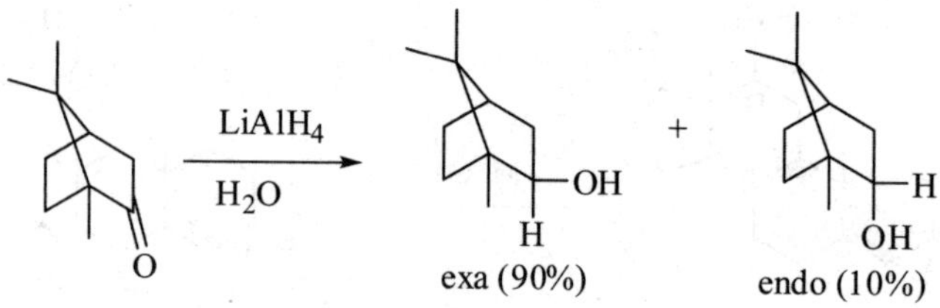

图 1-10　立体专一性反应

生物体内有一类手性催化酶。这类手性催化酶不仅具有极强的催化能力,催化条件温和,耗能低,而且立体选择性也很强,甚至可以单一地生成某一种立体结构的化合物,即可以将非手性的化合物转化为单一的手性衍生物,也就是立体专一性的反应。例如,反式-丁烯二酸酶(Fumarase)可将反式-丁烯二酸水合成(S)-(±)-苹果酸,而其对映体(R)-(±)-苹果酸的确含量小于1%,由此说明了生物体内手性催化酶具有较强的立体选择性,其具体反应如图 1-11 所示。

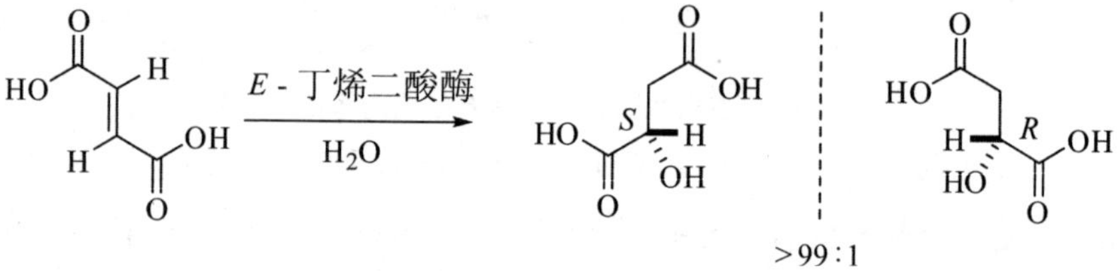

图 1-11　反式-丁烯二酸酶的立体选择性反应

手性催化试剂除了天然的酶外,还有一部分为人工制成的。如手性氢化锂铝可将非手性的苯乙酮还原得到 100%的(±)-1-苯基丁醇,如图 1-12 所示,而没有其对映异构体产生。这也是立体专一选择性反应。

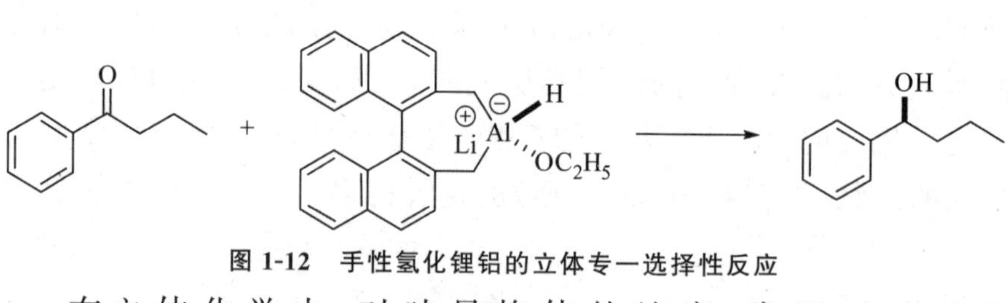

图 1-12　手性氢化锂铝的立体专一选择性反应

在立体化学中,对映异构体的纯度,常用对映过量(Enatiomeric Excess,*ee*)的百分比表示。如两个对映体产物的比是92∶8,则 $ee = 92\% - 8\% = 84\%$。立体(或对映)专一性反应的 $ee = 100\%$或接近 100%。

1.3.2 选择性的控制

控制选择性的因素又分为热力学控制(Thermodynamic Control)和动力学控制(Kinetic Control)两种。热力学控制与产物的稳定性或能量有关;动力学控制是反应活化能的比较,常受电子效应和空间效应的影响。

当一个有机反应有可能进行两种或两种以上反应途径时,其产物的分布可以是依据各种产物的稳定性来确定,也可以依据各个反应的速率来确定。若前者是确定因素,此反应是热力学控制的;若后者是确定因素,此反应是动力学控制的。图 1-13 的反应是热力学控制反应:

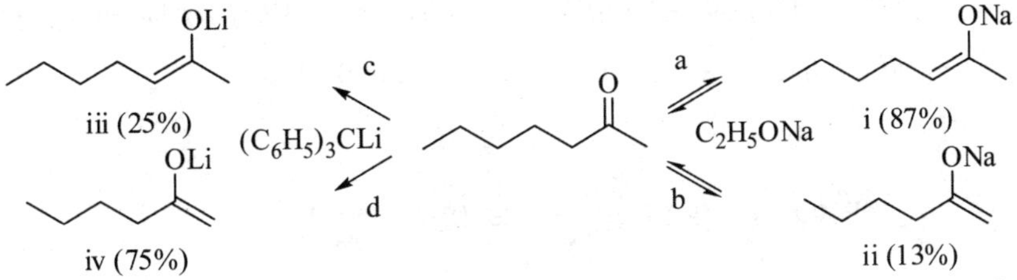

图 1-13 热力学控制的反应

在上述反应中,2-庚酮与乙醇钠在乙醇中作用可经 a、b 两条途径,而且都有可逆反应。在长时期达到平衡时,产物 i 与 ii 的比值是 87∶13。这一事实表示此反应是热力学控制的。较稳定的 i(三取代烯)生成较多,而较不稳定的 ii(二取代烯)生成较少。2-庚酮与过量的三苯甲基锂在无水的四氢呋喃中作用也有两条途径,c 和 d,但都不是可逆的。这一反应就是动力学控制的。试剂三苯甲基锂是在反应物的分子中羰基的 α 位(有两个位置)上起反应的。由于空间位阻的作用,它与碳链顶端的碳原子反应较易,因而产物中 iii 的量比 iv 多。

当反应受动力学控制时,能够对反应产生影响的因素是电子效应和空间效应。反应如图 1-14 所示。

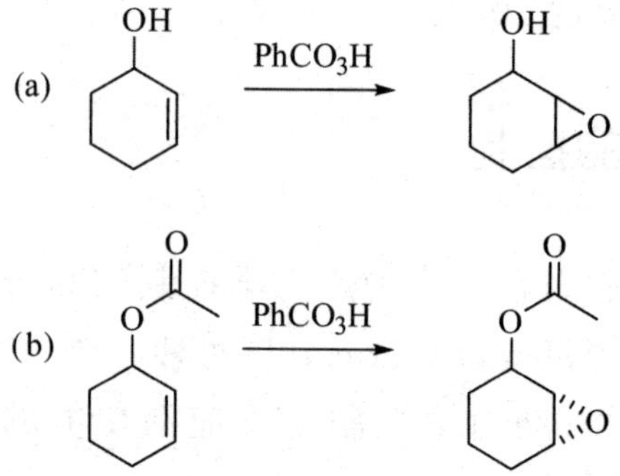

(a) $PhCO_3H$

(b) $PhCO_3H$

图 1-14　电子效应和空间效应对反应的影响

反应 a)中由于羟基的协助，过氧苯甲酸在同侧（*Syn*）向烯键进攻，产物分子中环氧与羟基在同侧。这就是电子效应引起的立体选择性。

反应 b)中烯键的邻位是—$OCOCH_3$，体积大，氧（过氧苯甲酸）进攻时在异侧（Anti），产物中环氧也就在异侧。这就是空间效应引起的立体选择性。很多反应同时具有电子效应和空间效应，则叫做空间电子效应（Stereoelectronic Effect）。

1.4　合成路线设计的重要性及工具

1.4.1　有机合成路线设计的重要性

即使是较简单的分子，一步也不能完全得到，还需设计一定的路线，使简单的无机或有机原料经过一系列的反应过程，转化为目标分子，此过程即称为路线设计。路线设计作为合成工作的第一步，也是关键的一步。路线设计得当，后续的合成工作将事半功倍，路线设计得不合理，难免会给后续工作带来麻烦，甚至会完全得不到目标化合物。

与数学运算不同，路线设计没有固定的答案，它是一门科学，也是一门艺术，既有规律可循，也因人而异、千变万化。只要能合成出目标分子都为正确，但是正确的路线之间有优劣之分。下面以颠茄酮的合成为例（图 1-15），Willstätter（1915 年诺贝尔化学奖的获得者）在 1896 年推出了一条颠茄酮合成路线，此路线以环庚酮为原料，总共经历了 21 步，尽管路线中每一步的收率均很高，但由于步骤太多，这条路线总收率只有 0.75%。

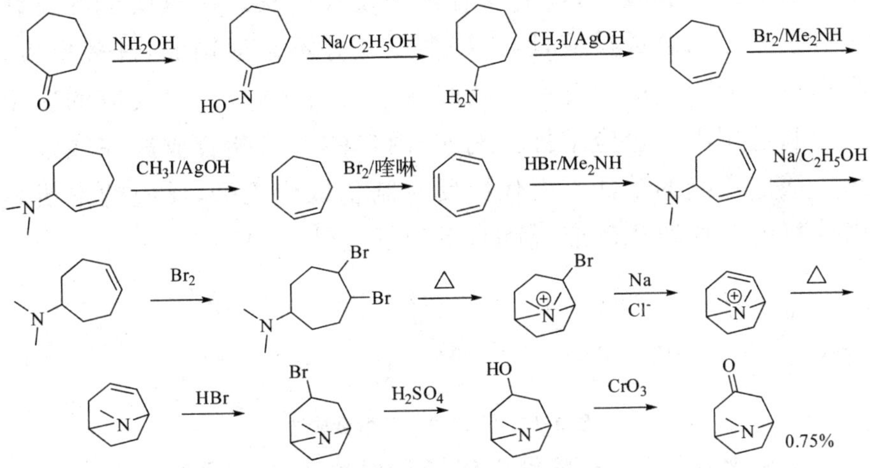

NH_2OH ; Na/C_2H_5OH ; $CH_3I/AgOH$; Br_2/Me_2NH ; $CH_3I/AgOH$; Br_2/喹啉 ; HBr/Me_2NH ; Na/C_2H_5OH ; Br_2 ; △ ; Na, Cl^- ; △ ; HBr ; H_2SO_4 ; CrO_3 ; 0.75%

图 1-15 颠茄酮的合成方法

受限于当时的基础理论及实验技术，Willstätter 的路线烦琐冗长，但在 19 世纪末 20 世纪初能通过多步有机合成得到结构这样复杂的天然产物非常不容易，颠茄酮的合成堪称当时有机合成的典范，即使今天看来，这条路线也有颇多值得借鉴之处。

经过人类 21 年的不断探索，1917 年，Robinson（1947 年获得诺贝尔化学奖）推出另一条颠茄酮合成路线（图 1-16）。这一合成路线仅有 3 步，总收率却高达 90%。

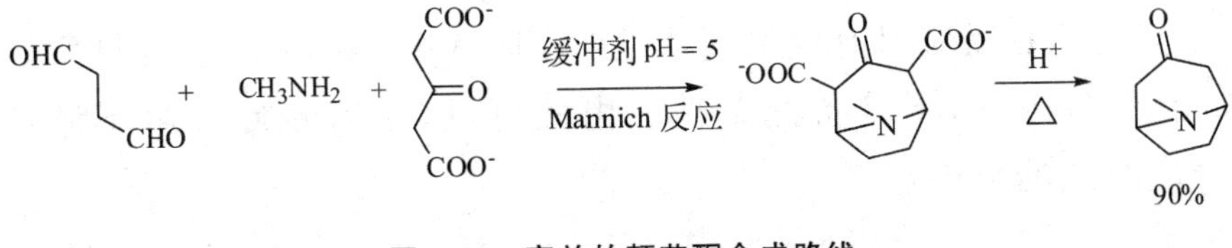

OHC, CHO + CH_3NH_2 + COO^-, =O, COO^- —缓冲剂 pH = 5 / Mannich 反应→ ^-OOC, O, COO^-, N —H^+ / △→ O, N 90%

图 1-16 高效的颠茄酮合成路线

与 Willstätter 的方法相比较，Robinson 的方法路线简洁高效，更胜一筹，而且 Robinson 的合成策略非常类似于托烷骨架的生源合成，开辟了仿生合成领域。

1.4.2 有机合成路线设计的工具

“工欲善其事，必先利其器”，在路线设计中，不但需要运用有机化学的知识和技巧，还需要有好的设计工具。这里所说的设计工具主要是指合成反应，因为许多反应并不是通用的，许多反应，我们除了要对它的机理和产物的特点有所了解外，对反应的应用范围和适用限度也应掌握。例如，丙二酸二乙酯合成法往往采用丙二酸二乙酯的钠盐与卤代烃反应制备取代乙酸，反应的本质是卤代烃的亲核取代反应，例如，下列反应(图 1-17)：

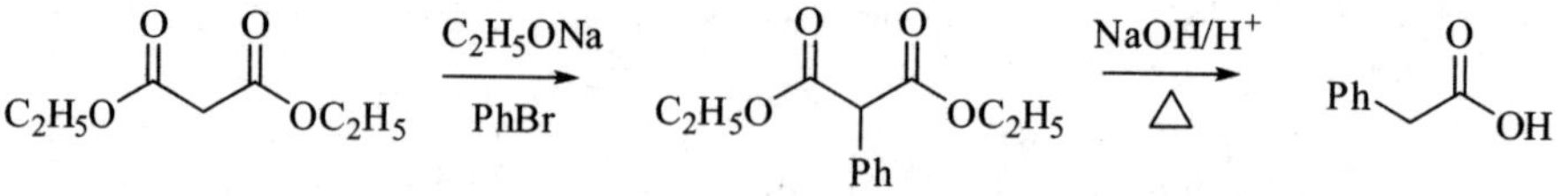

$$C_2H_5OOCCH_2COOC_2H_5 \xrightarrow[PhBr]{C_2H_5ONa} C_2H_5OOCCH(Ph)COOC_2H_5 \xrightarrow[\triangle]{NaOH/H^+} PhCH_2COOH$$

图 1-17 丙二酸二乙酯合成法

分析上述反应，乙烯型卤代烃和卤代苯中的卤原子和双键或苯环存在 p-π 共轭，碳卤键具有部分双键的性质，卤原子极难离去，在此条件下反应很难发生。

随着合成方法和技术的发展，原有反应的适用范围会不断扩大，新的反应会不断创造出来。这就要求我们除了要对原有的知识进行整理归纳外，还要不断地汲取新知识，更新设计工具，以便设计出更简单高效的路线。以上面介绍的颠茄酮的合成为例，Robinson 认识到颠茄酮具有 β-氨基酮的结构，使用 Mannich 反应获得成功。Mannich 反应于 1912 年发表，Robinson 能及时运用 Mannich 反应自有他的过人之处，而 Willstätter 由于自身所处时代的局限性，不具备此条件。由此可见，学习新反应对于设计合成路线的重要意义。

第 2 章　碳环合成反应

有机化合物分子中,形成新的碳环的反应叫做环合反应,也叫闭环或成环缩合。常见的成环缩合的方式有两类:①分子间环合;②分子内环合。

2.1　碳环的形成

2.1.1　分子内亲核取代反应

丙二酸酯与二卤代烃进行烃化,可以合成三元环、四元环(图 2-1)和五元环、六元环(图 2-2)的碳环化合物:

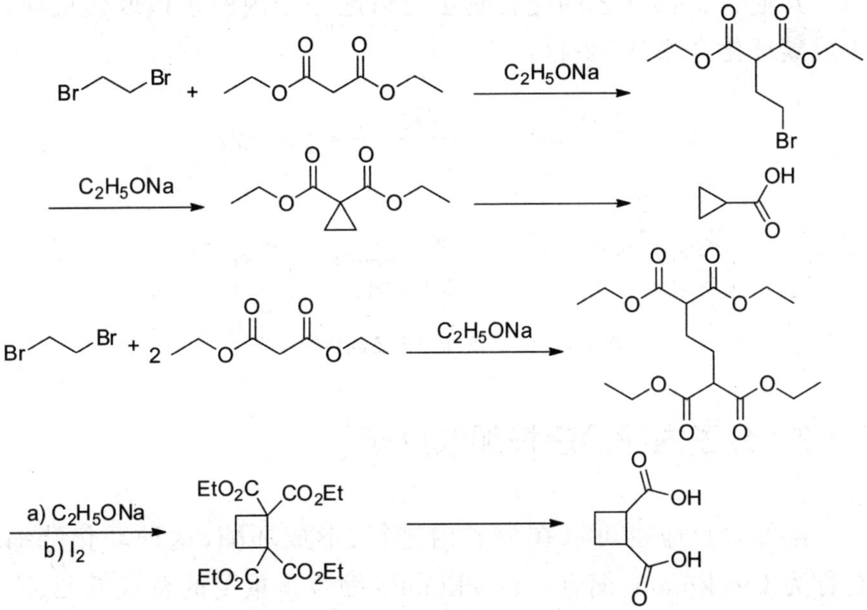

C_2H_5ONa

C_2H_5ONa

C_2H_5ONa

a) C_2H_5ONa
b) I_2

图 2-1　三元环、四元环的合成路线

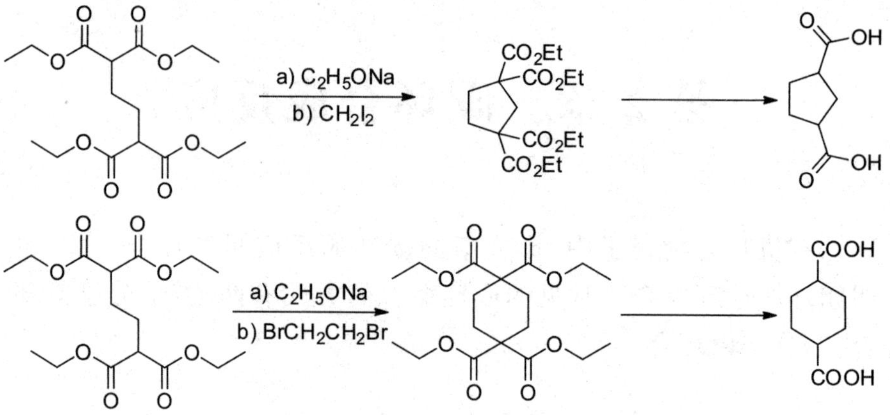

a) C_2H_5ONa
b) CH_2I_2

CO_2Et CO_2Et CO_2Et CO_2Et

OH OH

a) C_2H_5ONa
b) $BrCH_2CH_2Br$

COOH COOH

图 2-2 五元环、六元环的合成路线

乙酰乙酸乙酯的烃化反应也可以用来合成碳环化合物(图 2-3)：

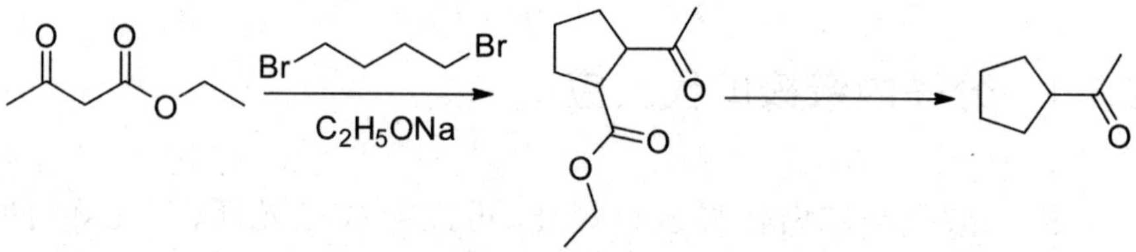

Br Br
C_2H_5ONa

图 2-3 以乙酸乙酯为原料合成五元环的路线

其他含 α-活性氢的化合物也可以起分子内的亲核取代反应，生成碳环化合物(图 2-4)：

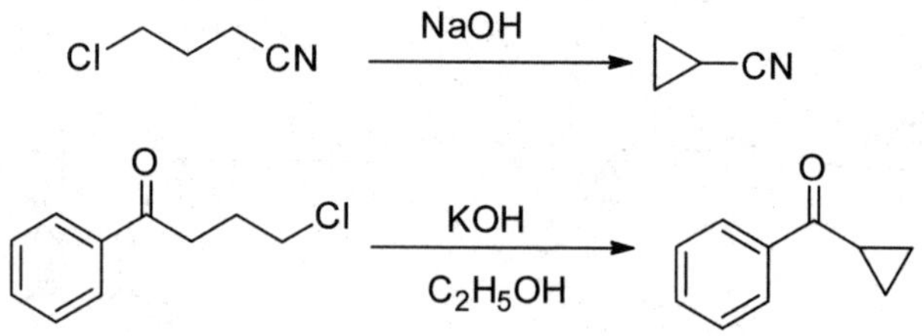

Cl CN NaOH CN

Cl KOH C_2H_5OH

图 2-4 含 α-活性氢构建碳环的方法

2.1.2 分子内(间)亲核加成反应

酯缩合反应也可以在分子内进行，形成环酯，这种环化酯缩合称为 Dieckmann 缩合。Dieckmann 缩合是重要的合成五元、六元碳环的方法(图 2-5)。

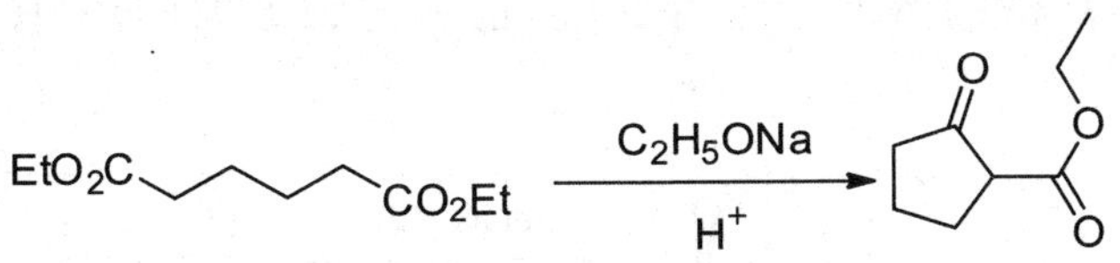

图 2-5　Dieckmann 缩合反应

二元醛酮和酮酸酯也可以起分子内的缩合反应，生成碳环化合物(图 2-6)：

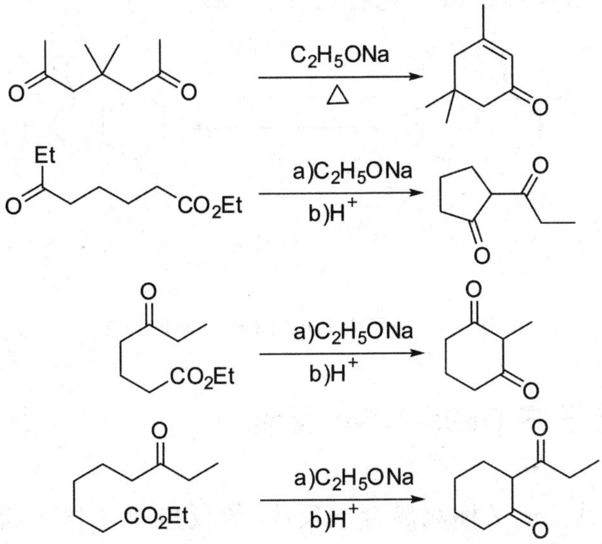

图 2-6　分子内的 Dieckmann 缩合反应

2.1.3　分子内 Friedel-Crafts 反应

分子内的 Friedel-Crafts(傅-克)酰化反应一般用来制备芳环稠合的化合物(图 2-7)：

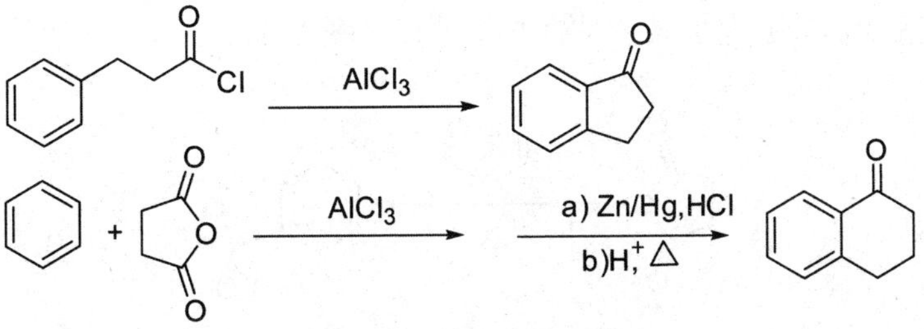

图 2-7　Friedel-Crafts(傅-克)酰化反应

在非常稀的溶液中进行反应，也可得到更大的环（图 2-8）：

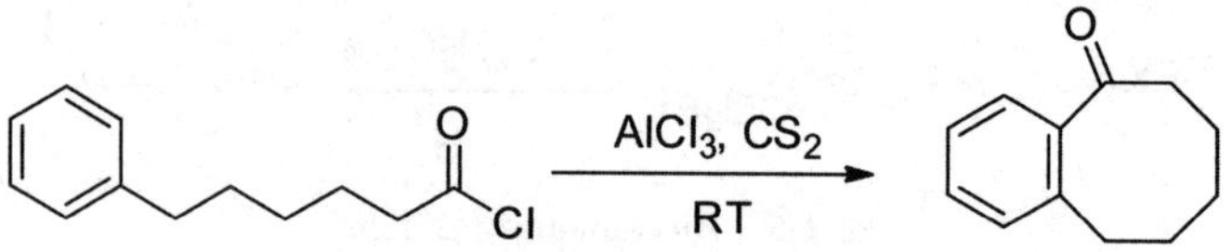

图 2-8　芳环稠合化合物的合成

分子内 Friedel-Crafts 烃化反应同样是芳环上的亲电取代反应，也可以用来制备碳环化合物（图 2-9）：

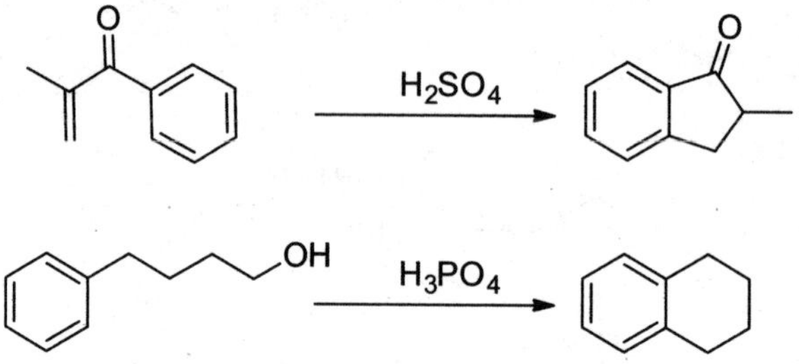

图 2-9　分子内 Friedel-Crafts 烃化反应

2.1.4　分子内 Diels-Alder 反应

Diels-Alder 又称双烯合成反应，该反应是德国有机化学家狄尔斯和阿尔德发现的。这一反应是可逆反应，正向成环反应的温度较低，逆向开环反应的温度较高，是共轭二烯烃特有的反应，是合成六元环状化合物的重要方法。通常，把双烯合成反应中的共轭二烯烃称作双烯体，与其进行反应的不饱和化合物称作亲双烯体。亲双烯体的不饱和碳上连有吸电子基团时，反应更容易进行。例如，丁二烯（双烯体）与顺丁二酐（亲双烯体）在苯溶液中加热，定量地转变为加成产物（加合物）（图 2-10）：

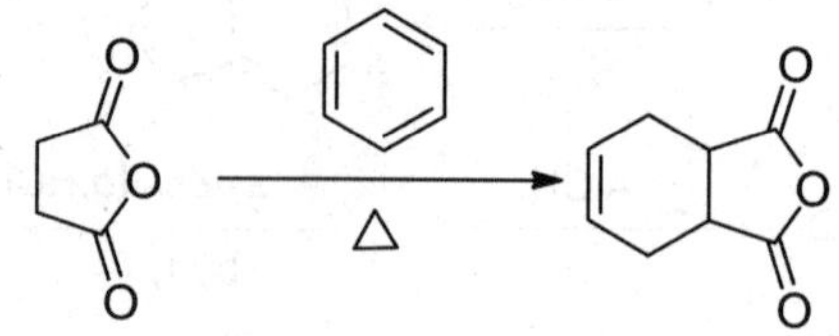

图 2-10　Diels-Alder 反应

在反应中减少了两个 π 键，生成了两个新的 δ 键，π 键的破裂和 δ 键的生成是同时进行的。Diels-Alder 的产率很高，是合成六元环的重要方法。常用的亲双烯体分子中，含有与碳-碳双键或三键共轭的—CO、—COOH、—CN、—NO_2 等使重键活化的原子团，它们与二烯的反应一般容易进行（图 2-11）：

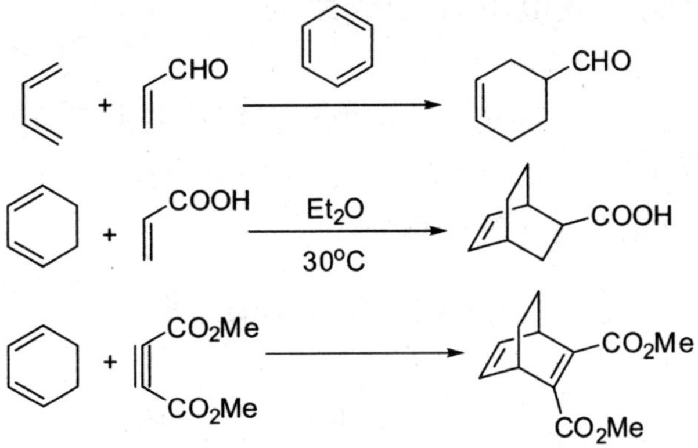

图 2-11　Diels-Alder 反应（亲双烯体）

所有的共轭二烯烃都可以进行 Diels-Alder 反应，因此，D-A 反应可以用于共轭二烯烃的检验。环戊二烯在 Diels-Alder 反应中活性非常高，它可以用活性非常低的亲二烯体如乙酸乙烯酯起加成反应（图 2-12），可能是由于它的两个双键固定在顺式。

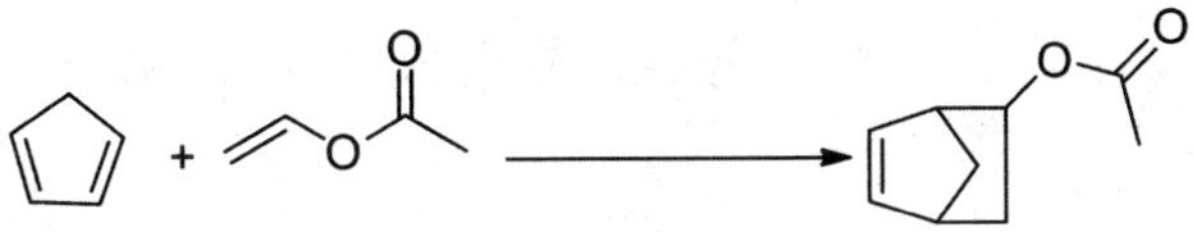

图 2-12　Diels-Alder 反应的应用

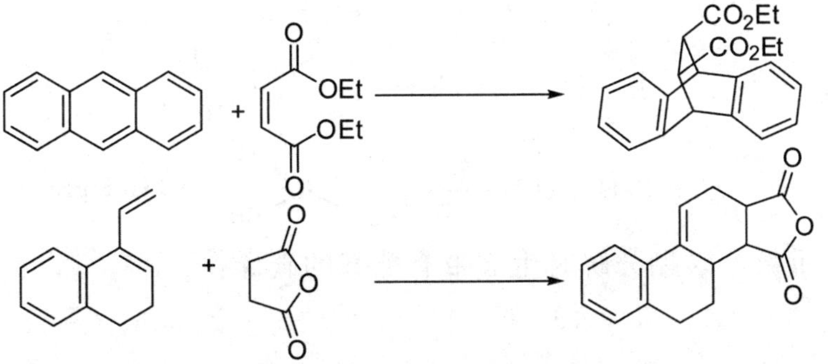

图 2-13　Diels-Alder 反应的应用（芳环）

有的芳环中的共轭体系也可以起 Diels-Alder 反应(图2-13)。

Diels-Alder 反应产率几乎接近为 100%,原子利用率为 100%,是很好的原子经济性反应,常作为绿色有机反应的典型例证。

2.1.5 碳烯与双键的环加成反应

碳烯又称卡宾、碳宾。通常由含有容易离去基团的分子消去一个中性分子而形成。制备方法常用的有两种:

(1)重氮化合物光解或热分解。

$$CH_2N_2 \xrightarrow{h\nu} CH_2 + N_2$$

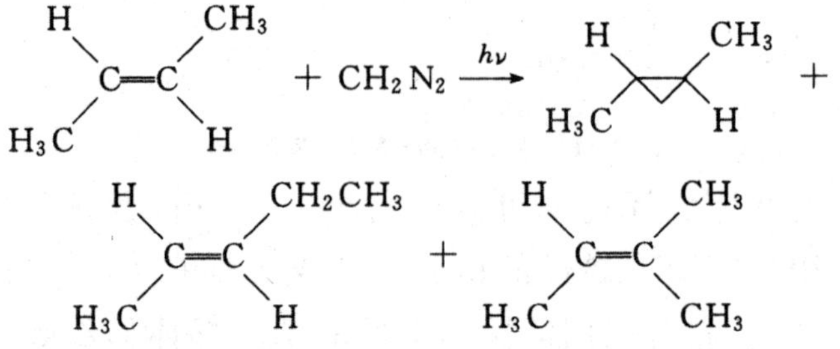

$$\underset{H_3C}{\overset{H}{}}\!\!>C{=}C<\!\!\underset{H}{\overset{CH_3}{}} + CH_2N_2 \xrightarrow{h\nu} \text{(反式-1,2-二甲基环丙烷)} +$$

$$\underset{H_3C}{\overset{H}{}}\!\!>C{=}C<\!\!\underset{H}{\overset{CH_2CH_3}{}} + \underset{H_3C}{\overset{H}{}}\!\!>C{=}C<\!\!\underset{CH_3}{\overset{CH_3}{}}$$

(40%)　　(9%)

(2)α-消去反应。多卤代烷在碱的作用下,消去 α-氢,得多卤代烷基负离子,此离子不稳定,再消除一个卤离子,得卡宾化合物。

$$CHCl_3 + (CH_3)_3C{-}OK \rightleftharpoons K^+C^-Cl_3 + (CH_3)_3C{-}OH$$

$$K^+C^-Cl_3 \longrightarrow :CCl_2 + KCl$$

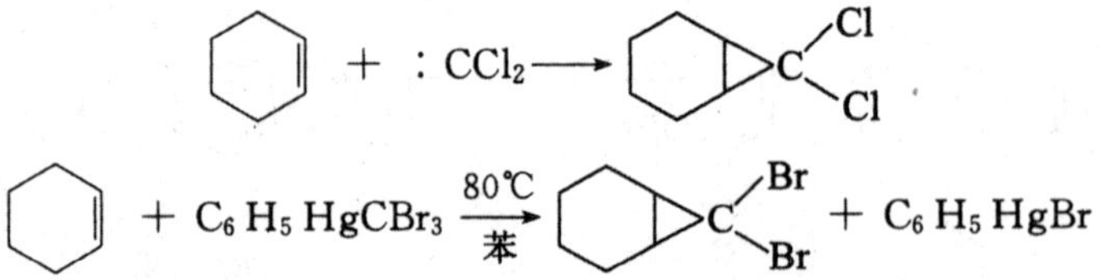

$$\text{环己烯} + :CCl_2 \longrightarrow \text{7,7-二氯双环[4.1.0]庚烷}$$

$$\text{环己烯} + C_6H_5HgCBr_3 \xrightarrow[\text{苯}]{80^\circ C} \text{7,7-二溴双环[4.1.0]庚烷} + C_6H_5HgBr$$

重氮乙酸酯分解时生成带有酯基的碳烯:

$$N_2CHCOOC_2H_5 \xrightarrow[\text{或光照}]{\triangle,Cu} :CHCOOC_2H_5 + N_2\uparrow$$

$:CHCOOC_2H_5$ + 环己烯 ⟶ 7-乙氧羰基双环[4.1.0]庚烷（两种异构体）+ 3-环己烯基乙酸乙酯（$CH_2COOC_2H_5$）

	产物 1	产物 2	产物 3
光照	16%	10%	20%
Cu 催化	69%	4%	0%

碳烯的活性与它的产生方法有关，碳烯与铜结合，可以使它的活性降低而不进攻 C—H 键。

2.1.6 酮醇缩合

羧酸酯在乙醚或苯溶液中与金属钠一起加热，发生双分子的还原偶联反应生成 α-酮醇：

$$CH_3CH_2CH_2COOC_2H_5 \xrightarrow[(b)H_2O]{(a)\ Na,\ Et_2O} CH_3CH_2CH_2COCH(OH)CH_2CH_2CH_3 \quad (70\%)$$

这种缩合反应也是一个自由基反应：

$$2RCOOC_2H_5 \xrightarrow{Na} 2R\text{—}\dot{C}(OEt)(ONa) \longrightarrow R\text{—}C(OEt)(ONa)\text{—}C(OEt)(ONa)\text{—}R$$

$$R\text{—}CO\text{—}CO\text{—}R \xrightarrow{Na} R\text{—}C(ONa)=C(ONa)\text{—}R \xrightarrow{H_2O} R\text{—}CO\text{—}CH(OH)\text{—}R$$

如用二元酸酯作原料，就得到成环产物：

$$ROOC(CH_2)_4COOR \xrightarrow[(b)H_2O]{(a)\ Na,\text{二甲苯}} \text{2-羟基环己酮} \quad (57\%)$$

$$MeOC(CH_2)_8COMe \xrightarrow[(b)H_2O]{(a)\ Na,\text{二甲苯}} \text{2-羟基环癸酮} \quad (66\%)$$

反应可能是在金属钠表面进行的，因此有利于分子内缩合。

2.2 碳环的破裂

使碳链缩短的反应有时也可以应用于碳环的破裂。常见的碳环破裂的反应有氧化、碱性裂解、分子重排、热解、小环的破裂。

2.2.1 氧化

碳环化合物氧化时容易得到单一的产物。例如,环己烷、环己烯、环己醇、环己酮都可以氧化成己二酸,产率都较高。

$$\text{环己烯} \xrightarrow[CH_3COOH]{H_2O_2} HOOC(CH_2)_4COOH \quad (60\%)$$

$$\text{环己醇} \xrightarrow[\text{钒酸铵}]{HNO_3} HOOC(CH_2)_4COOH \quad (60\%)$$

$$\text{环己酮} \xrightarrow[V_2O_5]{HNO_3} HOOC(CH_2)_4COOH \quad (80\%\sim85\%)$$

2.2.2 碱性裂解

β-环酮酯或 β-环二酮在碱溶液中裂解,生成相应的二酸或酮。

$$\text{2-甲基-2-乙氧羰基环戊酮 (}CO_2Et\text{)} \xrightarrow[\text{(b)}CH_3I]{\text{(a) KOH, MeOH}} \text{2-甲基-1,3-环己二酮} \xrightarrow[\text{(b)}H^+]{\text{(a) Ba(OH)}_2} HOOC(CH_2)_3COCH_2CH_3 \quad (86\%)$$

2.2.3 分子重排

环己酮肟在酸性试剂存在下重排成己内酰胺。这是合成纤维的原料。

$$\text{环己酮肟} \xrightarrow{H_2SO_4} \text{己内酰胺}$$

环十二酮的肟也可以用同样的方法变成内酰胺。

2.2.4 热解

萜二烯[1,8]加热时生成两分子异戊二烯。

$$\text{萜二烯} \xrightarrow{\triangle} 2\ \text{异戊二烯}$$

环己烯加热时生成丁二烯和乙烯:这是 Diels-Alder 反应的逆反应。

$$\text{环己烯} \xrightarrow{\triangle} \text{丁二烯} + \text{乙烯}$$

2.2.5 小环的破裂

三元环和四元环的稳定性极差,容易加成开环,尤其是三元环,在一定程度上类似于碳碳双键。

$$CH_3\text{—}\triangle \xrightarrow{HBr} CH_3CHBrCH_2CH_3$$

$$\square \xrightarrow[120℃]{H_2/Ni} CH_3CH_2CH_2CH_3$$

$$BrCH_2CH_2CH_2Br \xleftarrow{Br_2} \triangledown \xrightarrow[80℃]{H_2/Ni} CH_3CH_2CH_3$$

2.3 碳环的扩大和缩小

碳环的扩大和缩小主要通过重排反应发生。

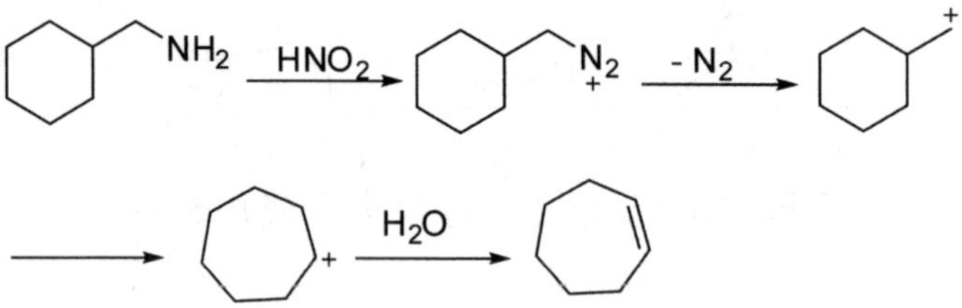

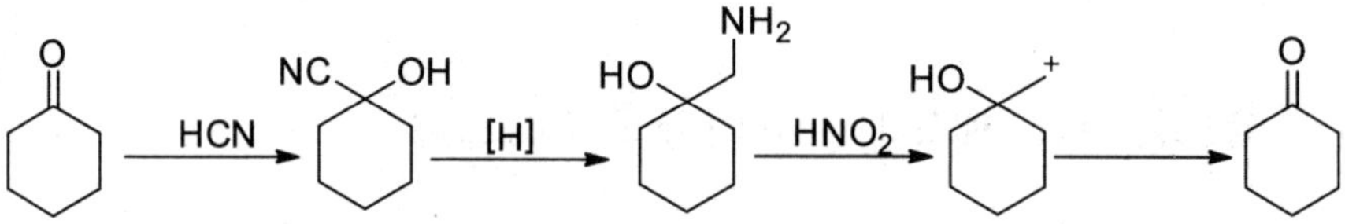

因此，在与环相连的第一个碳上产生碳正离子时，容易引起环的扩大。

α-溴代环己酮在碱溶液中变成环戊甲酸：

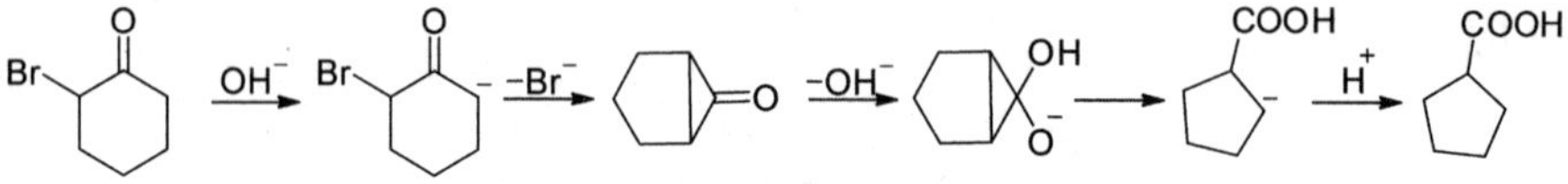

2.4 脂环和芳环的互变

2.4.1 芳环的加氢

芳烃的催化氢化是合成含六元环的化合物的一种重要方法。在生产中常用镍作催化剂，在较高的温度和压力（150～200℃，10.13～20.26MPa）下进行。

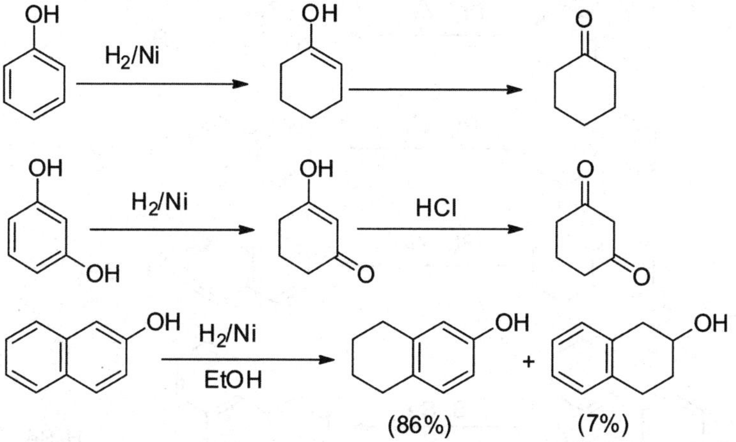

与苯环相连的碳原子上有含氧或含氮的官能团时，要用 Rh、Ru 作催化剂，在缓和的条件下，才能使官能团保持不变。

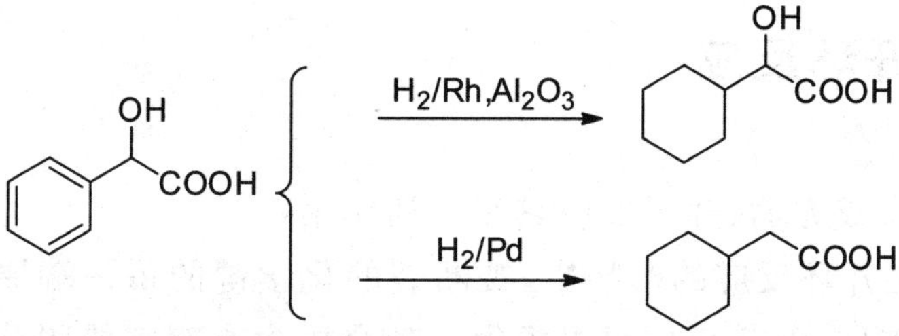

芳香族化合物用活性金属还原时，发生 1,4-加成。这一反应称为伯奇(Brich)还原法。

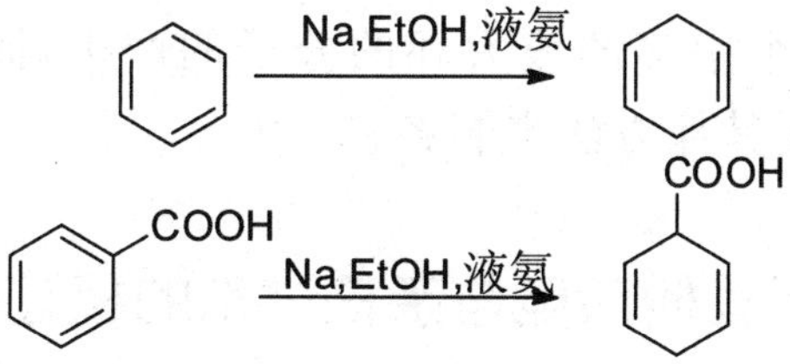

2.4.2　脂环的芳化

脂环化合物在铂、钯等催化剂存在下可以去氢变成芳环。也可以与硫、硒一起加热去氢。

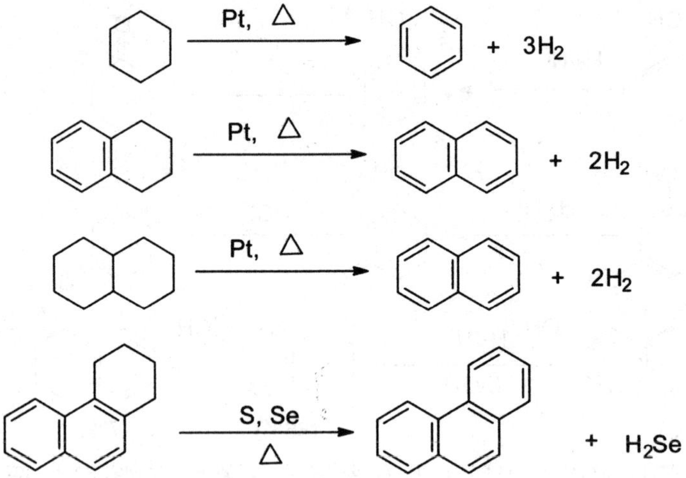

Pt, △ ; + $3H_2$

Pt, △ ; + $2H_2$

Pt, △ ; + $2H_2$

S, Se, △ ; + H_2Se

2.5 开环反应

在合成方面，开环反应具有下列作用：

1.在开环反应的产物中，被断裂的化学键的每一端原子上都带有官能团，开环反应可以提供一种合成含有双官能团分子的途径，其分子的官能团被几个其他的原子隔开；

2.在一个双环或多环分子中，断裂被两个环所共用的化学键，可以导致一个中等的或大环的分子的产生，而这些中环和大环分子则很难用其他方法来制备。

2.5.1 水解和其他亲电与亲核试剂的相互作用

(1)内酯、内酰胺等通过水解反应开环。

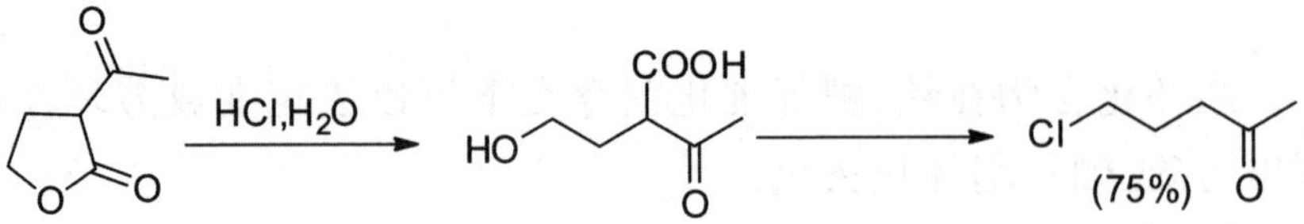

HCl,H_2O ; COOH ; HO ; O ; Cl ; (75%) O

(2)环状的二酮、酮酸酯等通过 Claisen 缩合的逆反应开环。

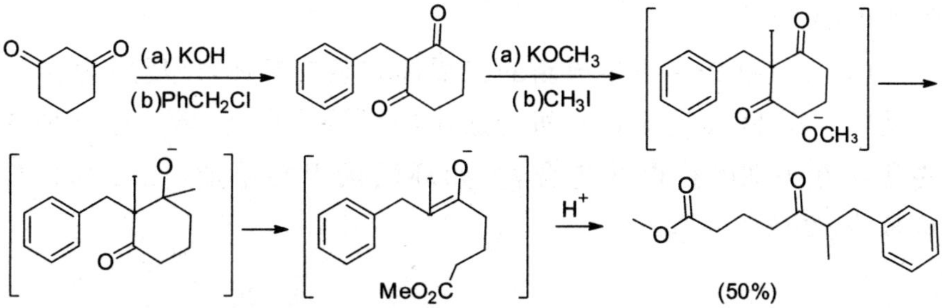

(a) KOH
(b)$PhCH_2Cl$
(a) $KOCH_3$
(b)CH_3I
$\bar{O}CH_3$
H^+
MeO_2C
(50%)

(3)环状胺经彻底甲基化后发生 Hofmann 消去反应开环。

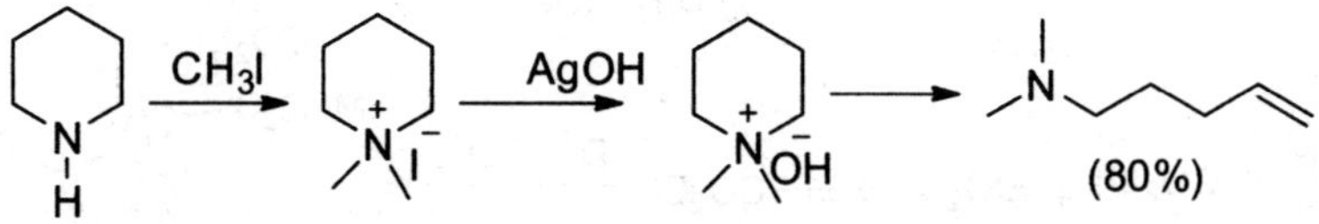

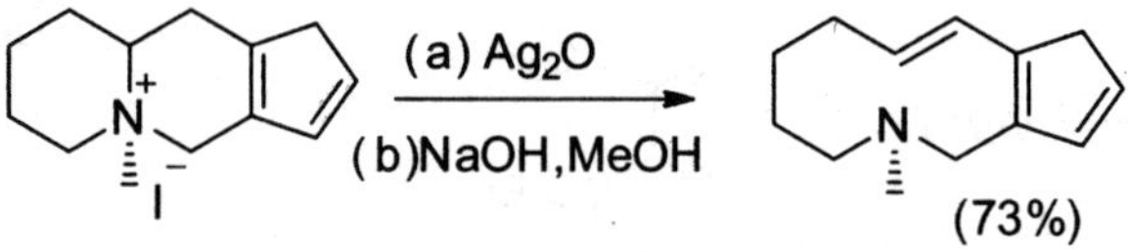

CH_3I
AgOH
(80%)
(a) Ag_2O
(b)NaOH,MeOH
(73%)

(4)环状 1,3-二醇单磺酸酯在强碱下开环。

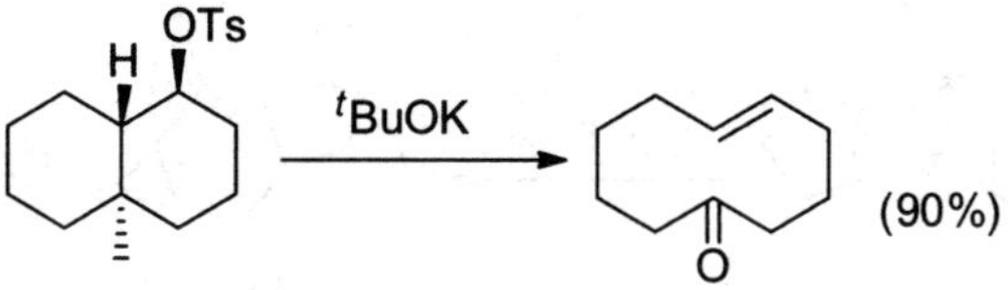

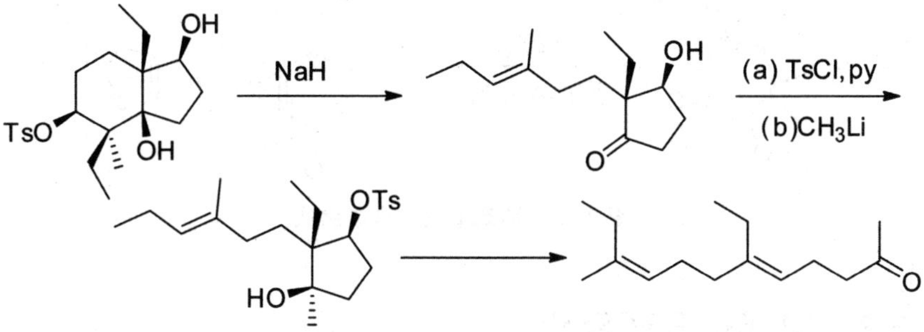

OTs
^tBuOK
(90%)
NaH
(a) TsCl, py
(b)CH_3Li

2.5.2　反 Diels-Alder 反应

Diels-Alder 反应是可逆反应,一些 D-A 反应加成物在发生可逆反应时会产生下列两种情况:

(1)在一定条件下可逆为原来的二烯体和亲二烯体,该反应为逆 D-A 反应。

(2)在一些条件下生成新的二烯体和亲二烯体,该反应为反 D-A 反应。反 D-A 反应在有机合成中应用较为广泛,常用于合成一些常规方法难以获得的化合物,如环丙烯甲酸甲酯(图 2-14)、环氧苯醌(图 2-15)等。

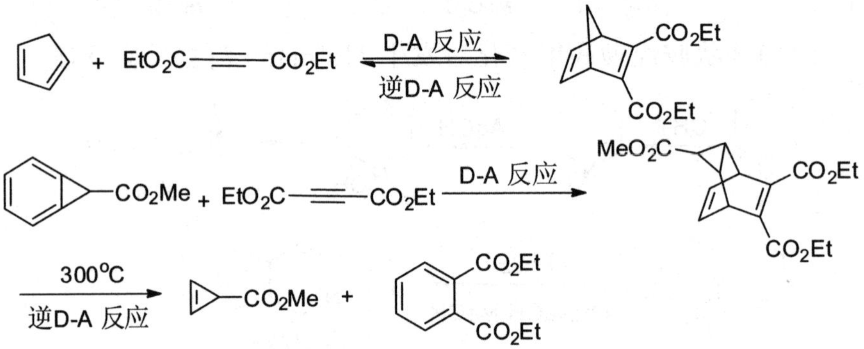

D-A 反应
逆D-A 反应
300°C
逆D-A 反应

图 2-14 环丙烯甲酸甲酯的合成路线

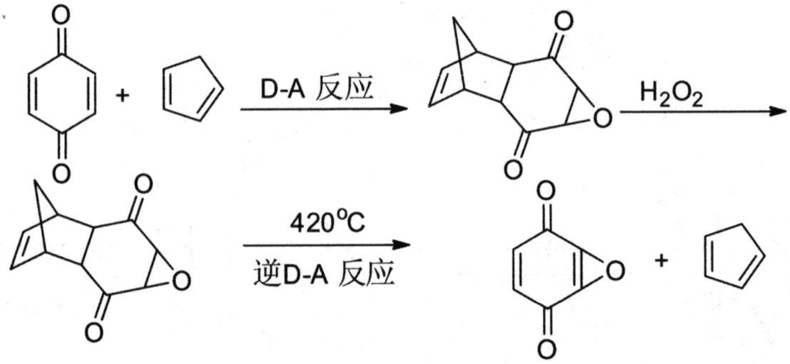

D-A 反应
H_2O_2
420°C
逆D-A 反应

图 2-15 环氧苯醌的合成路线

2.5.3 电环化开环反应

电环化反应是可逆反应,可以通过开环反应得到开环产物。

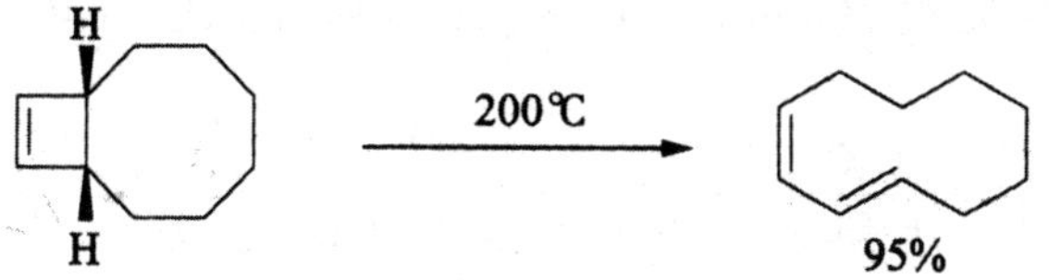

H
200℃
H
95%

对于复杂分子的合成，电环化开环应用也是极为广泛的。例如，雌二醇的合成，先经四元环的逆电环化反应开环，接着起 D-A 反应成环。

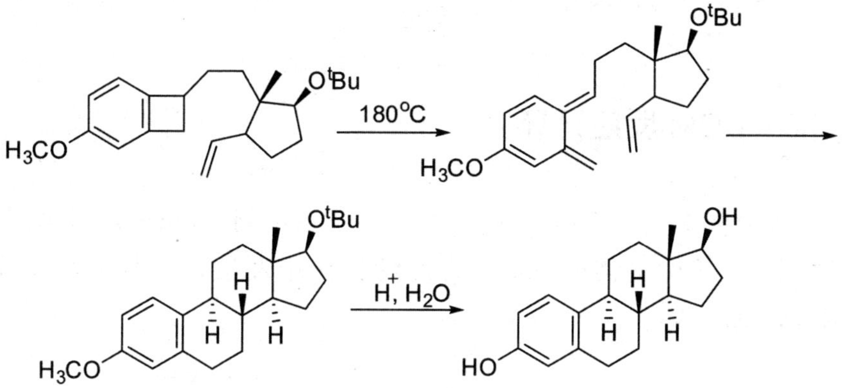

O^tBu
H_3CO
180℃
O^tBu
H_3CO

O^tBu
H
H H
H_3CO
H^+, H_2O
OH
H
H H
HO

2.5.4 氧化开环

(1)环烯烃、环状邻二醇氧化开环。

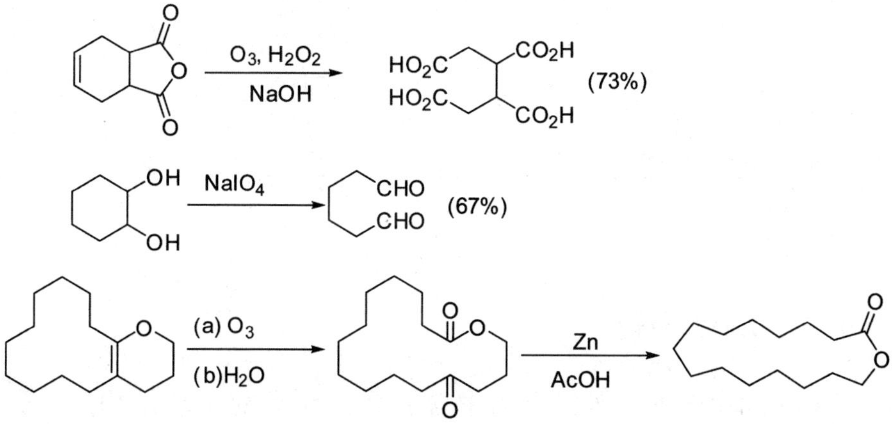

O
O
O
O_3, H_2O_2
NaOH
HO_2C CO_2H
HO_2C CO_2H
(73%)

OH
OH
$NaIO_4$
CHO
CHO
(67%)

O
(a) O_3
(b)H_2O
O
O
O
Zn
AcOH
O
O

(2)环酮通过 Baeyer-Villiger 重排后经水解开环。

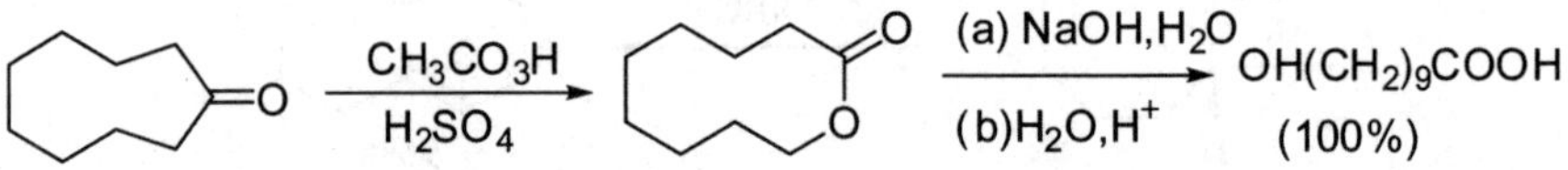

Chrobok 利用氧气,在苯甲醛和少量 ACHN[1,10-偶氮(环己甲腈)]存在下,以离子液体作溶剂,实现了 Baeyer-Villiger 氧化。

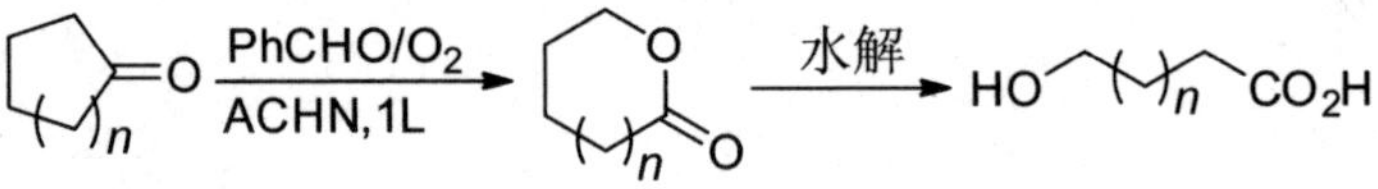

2.5.5 ROM 反应开环

在金属卡宾配合物催化剂(Grubbs 催化剂,Schrock 催化剂)作用下,环烯衍生物和一定压力的烯烃作用发生开环复分解反应(ROM)而开环。

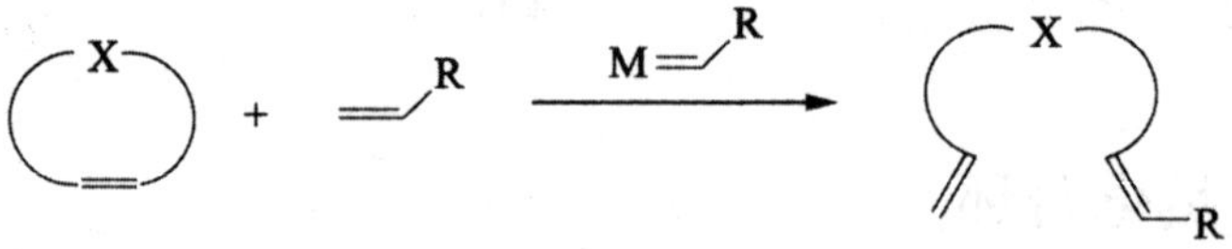

例如,在具有生物活性的类萜化合物 Caribenol A 的合成过程中,就利用了连续的开环复分解反应和闭环复分解反应。

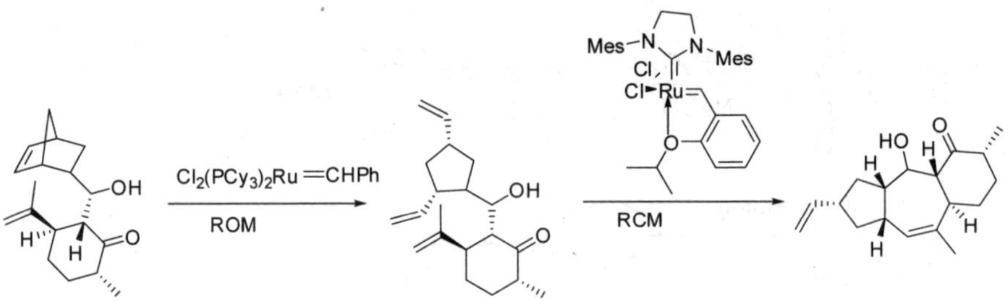

2.5.6 Cope 重排

(1)小环开环。当反应物中含有张力较大的小环结构时,通过重排可使小环开环,生成张力较小的大环化合物。

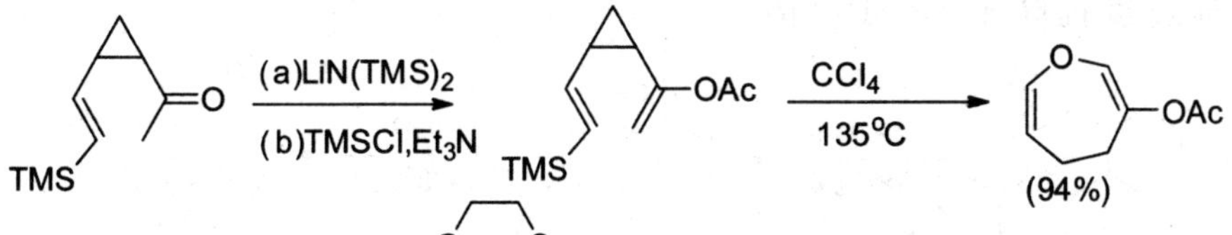

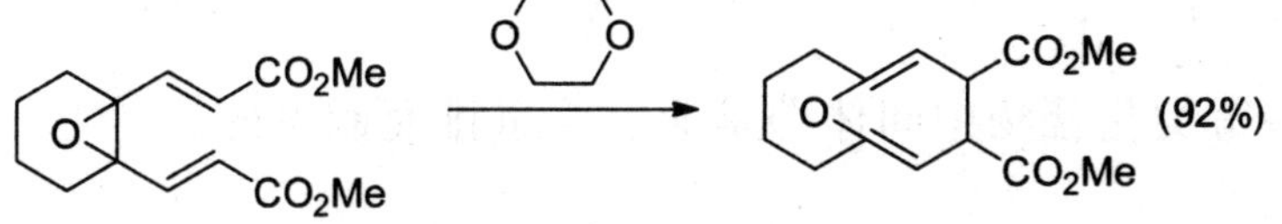

许多具有生物活性的天然产物含有七元环结构，可用共轭二烯及芳烃类与重氮化合物在 Rh(Ⅱ)盐催化下，生成环丙烷类，再经 Cope 重排，得七元环结构化合物。

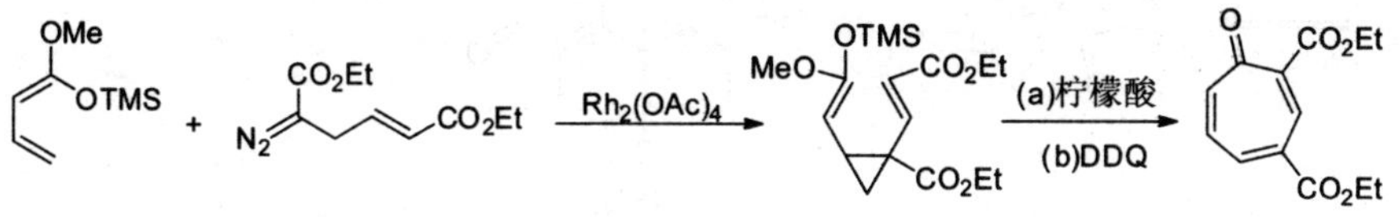

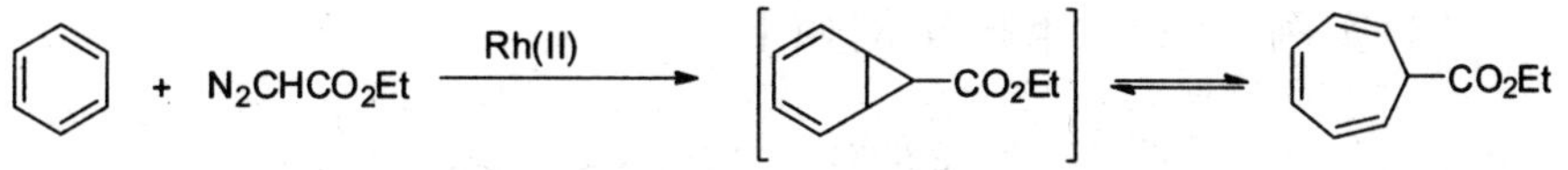

环丙烷化/Cope 重排具有反应原料易得、反应条件温和及产率高等特点，在药物合成中应用较为广泛。

(2)氧-Cope 重排。

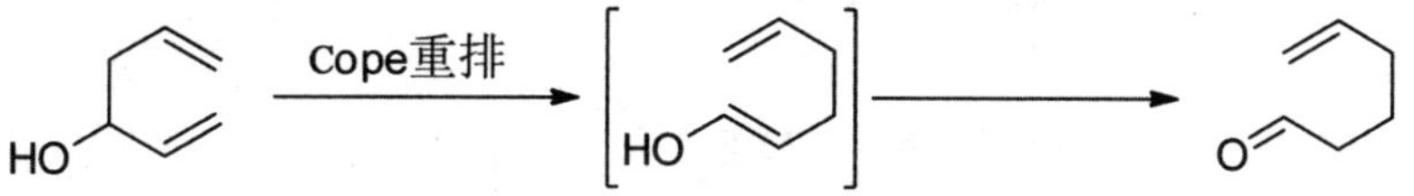

1,5-二烯的 3 位(或 4 位)有羟基的化合物所进行的 Cope 重排称为氧-Cope 重排，因重排产物为醛或酮，该反应不可逆。

若 1,5-二烯的结构如下：

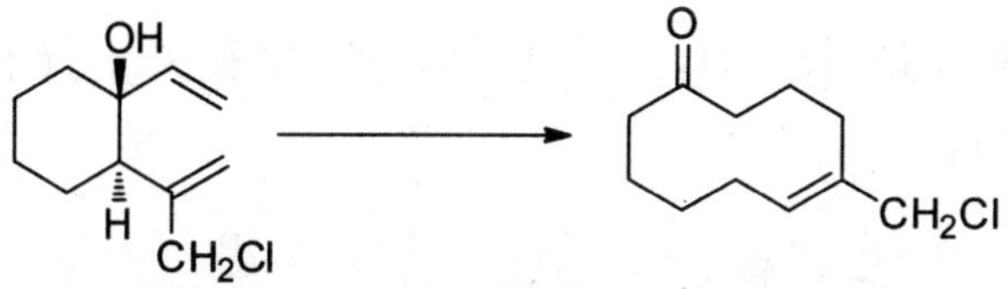

则发生先开环后形成大环结构。

氧-Cope 重排用碱催化时，不仅能降低反应温度，而且能使反

应速度提高 10^{10}～10^{17} 倍。

KH,THF
18-冠-6
EtOH
-78°C
(85%)

一些甾类化合物中间体即是通过该重排而制得的。

KH
(45%)

(3)实例。Cope 重排实例如下：

280°C
97%

280°C
87%

120°C
91%

$(CH_2)_3CH_3$

Cope 重排是可逆的，最终平衡的位置取决于异构体的相对稳定性，例如：

70°C
(*E*, *E*)

在这种情况下，如果产物进一步反应，正向反应就会占据优势，例如，“氧-Cope”重排：

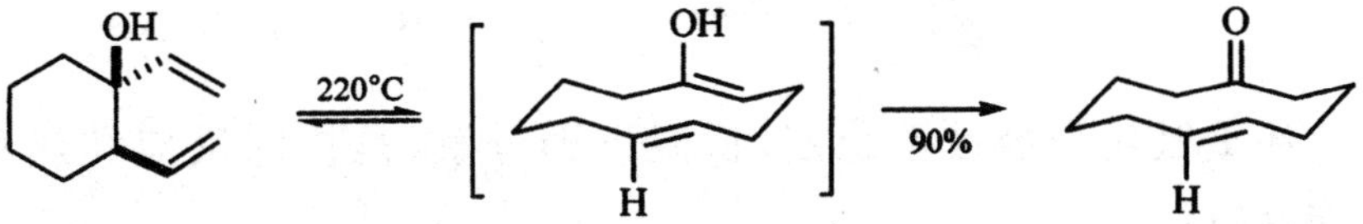

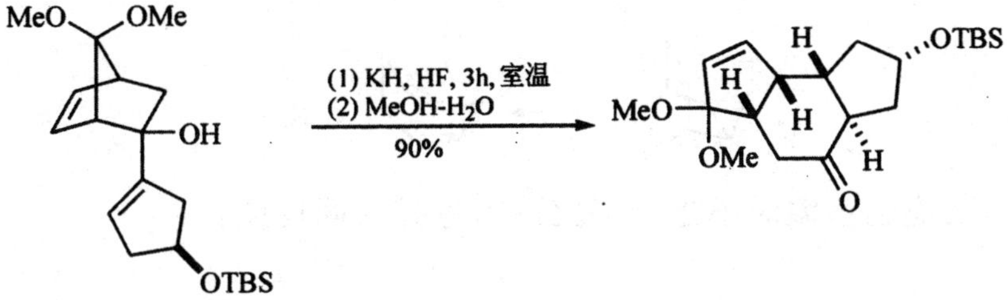

220°C

90%

(1) KH, HF, 3h, 室温
(2) MeOH-H_2O
90%

2.5.7 其他一些开环反应

(1)钳合型的消去反应。钳合型的消去反应又称钳合成环的逆反应。

例如：

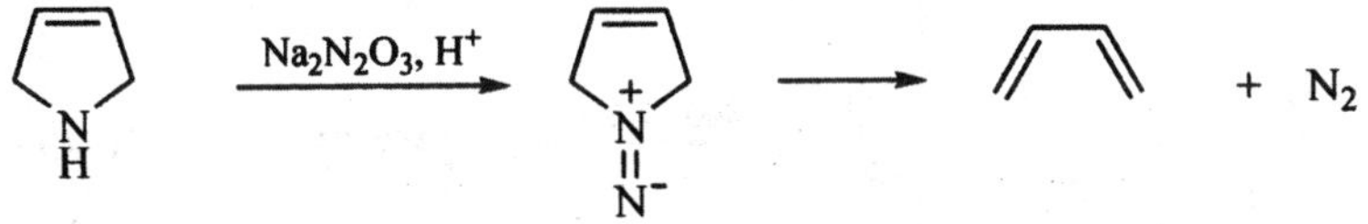

$Na_2N_2O_3$, H^+

$Na_2N_2O_3$ 是一个 N -硝基化的羟胺的钠盐。

又如：

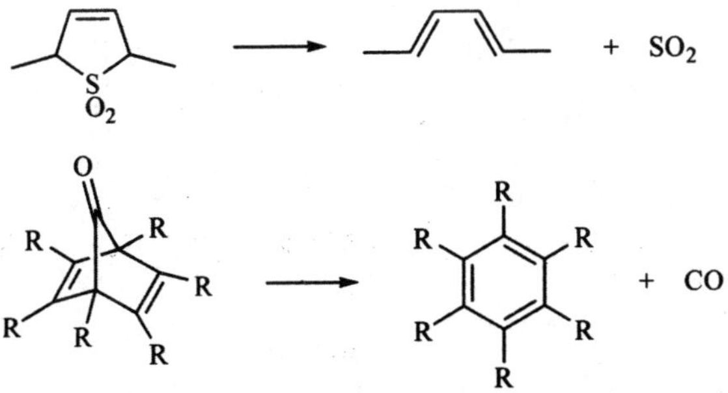

(2)环重氮化合物的分解。

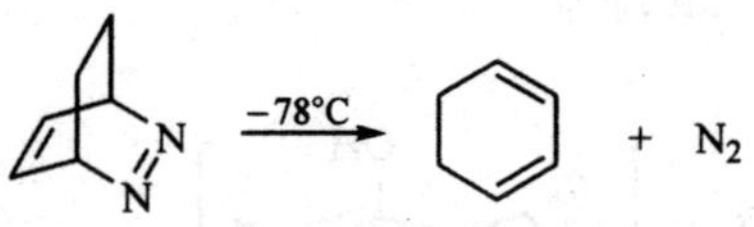

$$\xrightarrow{-78°C} + N_2$$

环重氮化合物极不稳定,低温下即分解,是协同反应和热解允许反应:

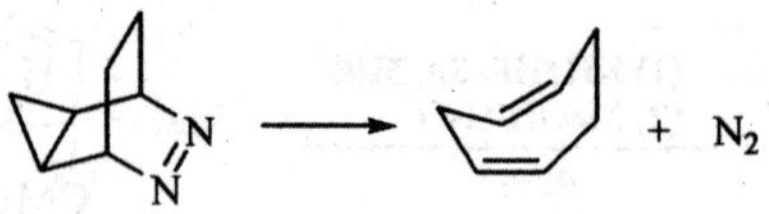

$$\longrightarrow + N_2$$

反应物室温时不稳定,易分解,也是协同反应:

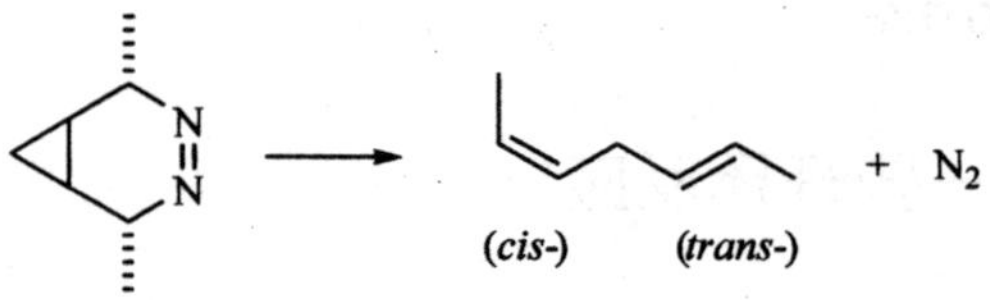

$$\longrightarrow + N_2$$

(cis-) (trans-)

(3)成环过渡态的消去反应。

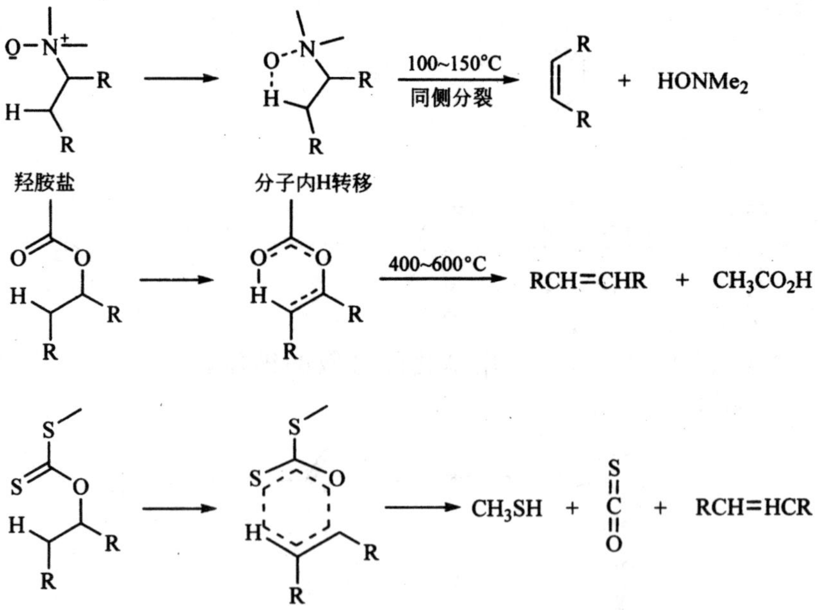

羟胺盐 → 分子内H转移 $\xrightarrow[\text{同侧分裂}]{100\sim150°C}$ + HONMe$_2$

$$\longrightarrow \xrightarrow{400\sim600°C} RCH{=}CHR + CH_3CO_2H$$

$$\longrightarrow \longrightarrow CH_3SH + S{=}C{=}O + RCH{=}HCR$$

第3章　逆合成法与路线设计

逆合成分析法(Retrosynthesis Analysis)也称作逆合成法、反合成分析,是诺贝尔化学奖得主、美国化学家E.J.Corey教授在总结复杂有机化合物全合成工作的基础上,所提出来的一种有机化合物的合成路线设计方法,从本质上来讲,逆合成分析法是对目标分子进行拆分,逐步将其拆解为更简单、更容易合成的前体和原料,从而完成合成路线的设计。该方法目前已成为最基本的有机合成路线。

3.1　逆合成法概述

逆合成分析法一般从目标化合物的结构着手,把分子按一定的方式切成几个片断,这些理想的片断通常被称作合成子(Synthon)。在进行逆合成分析时,结构上的每一步变化被称为转换(Transform),一般用双线箭头表示,能够进行一定转换的最小分子结构,称为反合成子(Retron);而通常合成步骤的每一步被称为反应(Reaction),一般用单线箭头表示。

逆合成分析:目标分子⇒C⇒B⇒起始原料。

合成路线:起始原料→B→C→目标分子。

例如,1-苯丙醇可以表示为:

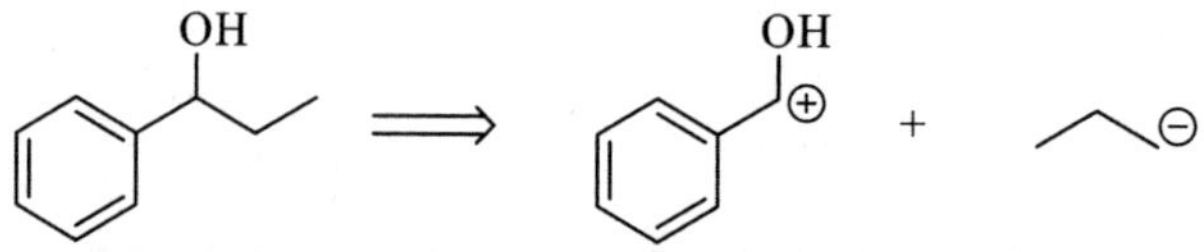

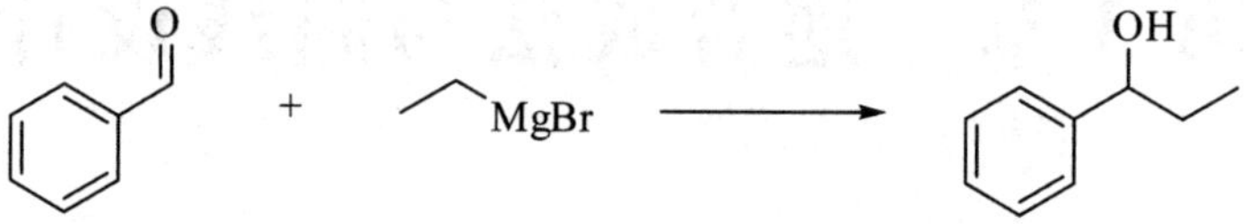

切断(Disconnection)是逆合成分析中最常用的手法,基本原则是这些片断可以通过已知的或可以信赖的化学反应进行重新连接。每一个片断必须有相对应的试剂,且该试剂应该比目标分子更容易得到。例如,1,4-丁炔二醇的两种切断方式都是合理的,但是方式(b)更可行,因为其相应的合成试剂乙炔和甲醛容易得到,且在碱作用下它们之间易发生加成反应。

(a) $\Longrightarrow$ $OH^{\ominus}$ + $\oplus$—≡—$\oplus$ + $OH^{\ominus}$

(b) $\Longrightarrow$ $\oplus CH_2OH$ + $\ominus$≡$\ominus$ + $\oplus CH_2OH$

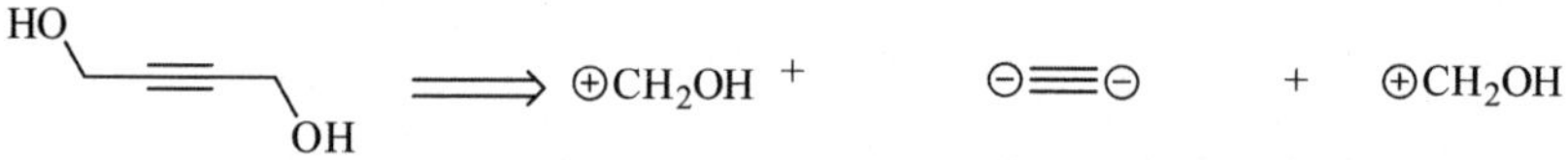

在靠近官能团的位置进行切断,有利于合成反应的实施。例如:

因此,其合成反应为:

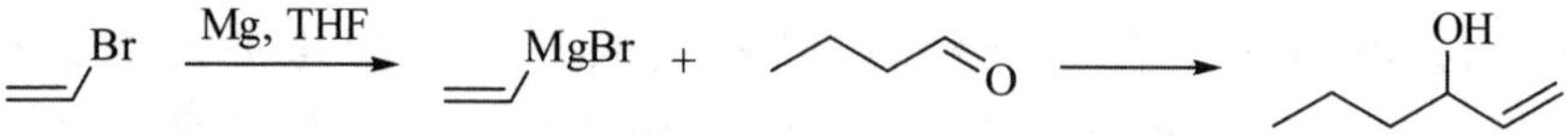

Mg, THF

利用目标分子的对称性进行切断往往可以简化合成步骤。例如:

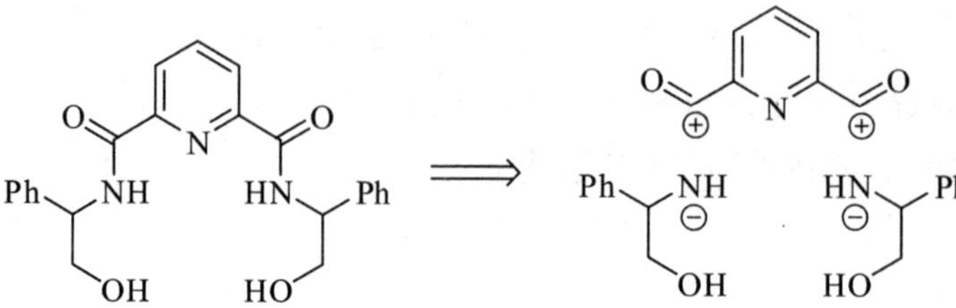

合成反应：

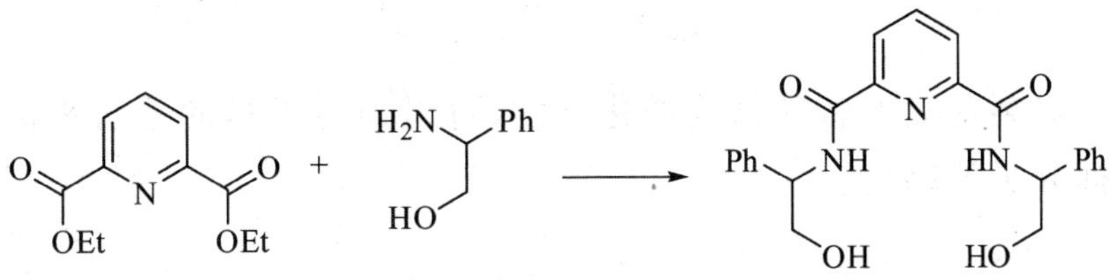

此外，C—C键偶联反应为分子骨架的切断提供了一种新的方式。例如：

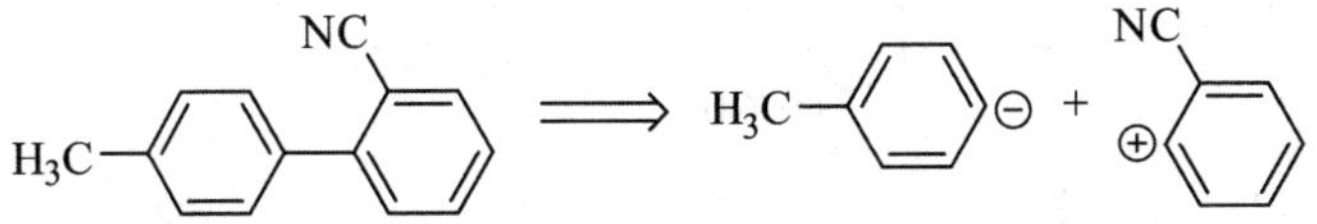

合成反应：

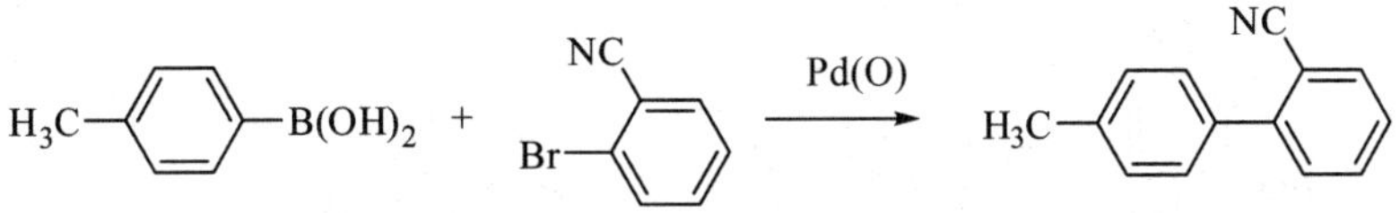

上式为Suzuki偶联反应。

对较复杂的化合物，为了更加合理地对分子进行切断，人们还可以采用下述手法对目标分子进行改造：官能团的连接和重排（Connection and Rearrangement，Con/Rearr）、官能团的互换（Functional group interconversion，FGI）、官能团的添加（Functional Group Addition，FGA）、官能团的移去（Functional Group Removal，FGR）。

这些手法的基本依据是具有可以利用的已知的简单化学反应。通过这些手法处理后，一般可以将目标分子转换成更容易得到的化合物。

对某些多官能团的化合物，可以通过连接的手法来减少目标分子中的官能团数，达到改造目标分子结构的目的。例如

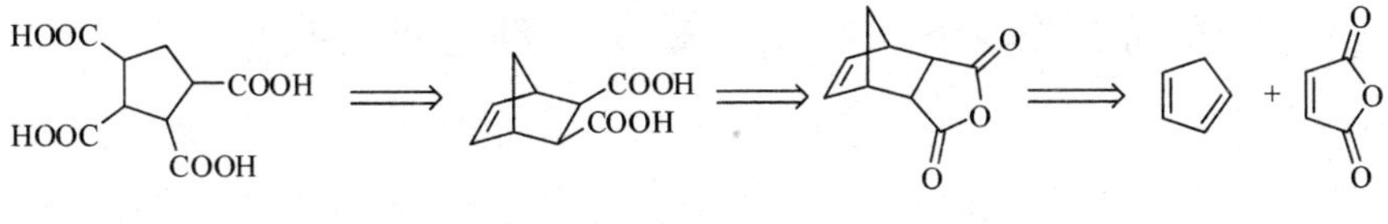

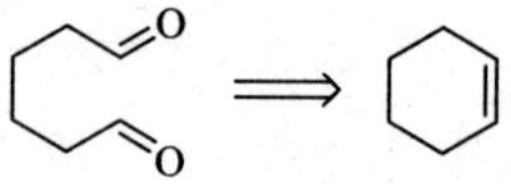

对某些具有特殊结构的化合物，可以通过重排的手法来简化目标分子的结构。

(a) 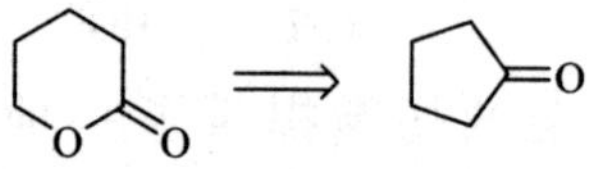 Baeyer-Villiger重排

(b) 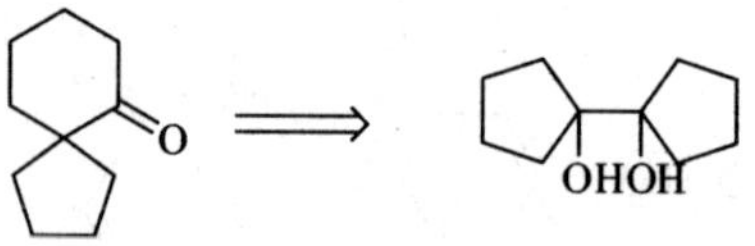 Pinacol重排

(c)

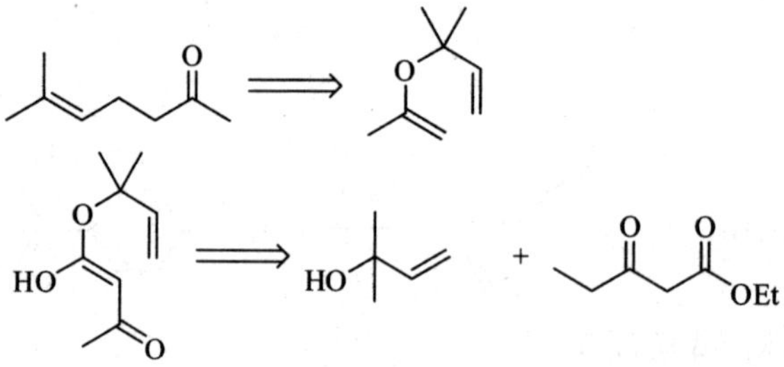

Claisen重排

(d)

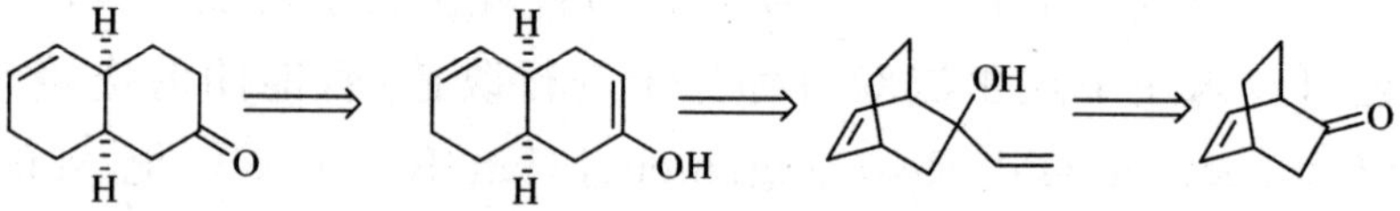

Cope重排

官能团的转换(FGI)、添加(FGA)或移去(FGR)也常可以用于改造目标分子的结构。例如：

(a) 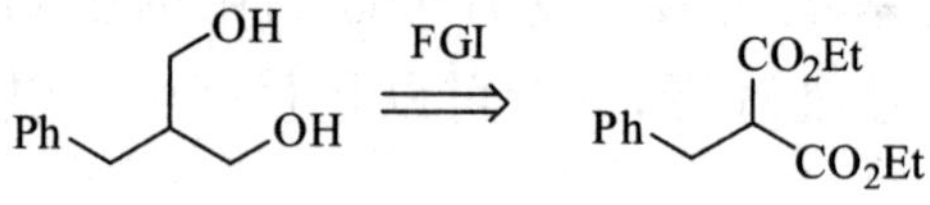 FGI

(b) 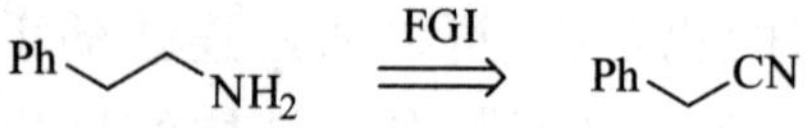 FGI

(c) 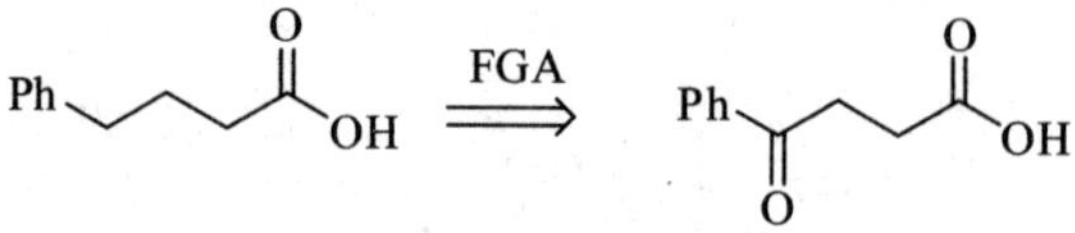 FGA

(d) 1,3,5-三溴苯 $\overset{FGA}{\Longrightarrow}$ 2,4,6-三溴苯胺

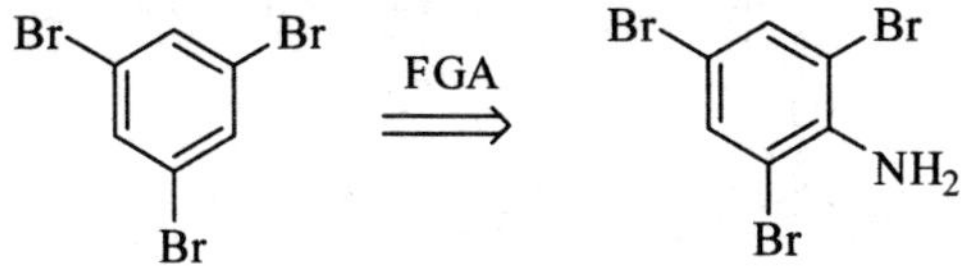

(e)

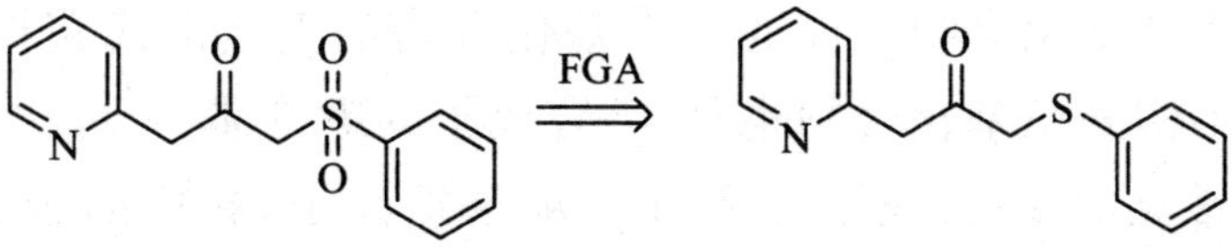

3.2　逆向合成分析

3.2.1　合成子和合成等价物

共价键被切断后得到两种结构片断，它们被称为合成子(Synthon)，与合成子相当的试剂和原料称为合成子的合成等价物(等价试剂)。根据合成子内反应中心碳原子与相应官能团(FG)间的位置不同，a-合成子又可以细分为 $a^0 \sim a^n$ 合成子，d-合成子分为 $d^0 \sim d^n$ 合成子。其中，n 值表示反应中心碳原子与相应官能团间的相对位置。

(1)a-合成子。常见的 a-合成子主要包括烷基、a^1、a^2 和 a^3 几种类型。烷基正离子可以看作是由 R—X 发生 C—X 键异裂后产生的。卤代烷和硫酸甲酯是它们最常用的合成等价体。此外，碳酸二甲酯、磺酸酯和磷酸三甲酯也可以作为烷基合成子的等价体。Meerwein 试剂(Me_3OBF_4)是一种很强的甲基化试剂。

羰基正离子是具有代表性的 a^1-合成子。其合成等价体包括酰氯、羧酸酐、羧酸、酰胺和黄原酸酯以及 *O*-三烷基硅基硫代半缩醛等。此外，羟烷基正离子、氨烷基正离子也属于 a^1-合成子，它们对应的合成等价体分别为醛酮和亚胺化合物。另外，氯甲基甲醚是甲氧基甲基正离子的合成等价体。

常见的 a^2-合成子主要有 α-羰基正离子和 β-羟基正离子，即

它们相应的合成等价体是 α-卤代羰基化合物和环氧乙烷。α-卤代羰基化合物可以通过羰基化合物的直接卤代获得。此外，α,β-不饱和硝基化合物也是 a^2-合成子的等价体。

常见的 a^3-合成子主要有 β-羰基正离子，相应的合成等价体是 α,β-不饱和羰基化合物、α,β-不饱和羧基化合物和 α,β-不饱和腈。烯丙基正离子和炔丙基正离子也可以视为 a^3-合成子，它们相应的合成等价体主要为 3-卤代丙烯、3-卤代丙炔、2-丙烯醇的磺酸酯和 2-丙炔醇的磺酸酯。此外，氧杂环丁烷有时也可以充当 a^3-合成子的合成等价体。

结构特殊的环丙基甲基化合物可以充当 a^4-合成子的合成等价体，具体结构如下：

(X=Cl,Br,I,OSO_2R)

此外，虽然人们已发现一些可以充当 a^5-和 a^6-合成子的化合物，但这类试剂在合成上很少加以使用。

(2)d-合成子。常见的 d-合成子主要有烷基、d^0、d^1、d^2 和 d^3 几种类型。d^0 合成子是指一些以杂原子为中心的亲核试剂。烷基负离子可以看作是烷烃分子 RH 失去一个质子后形成的，但由于烷烃的酸性一般都非常弱，烷基负离子通常由相应的卤代烃与金属间发生金属-卤素交换反应来制备的。与此类似，烯基负离子和芳基负离子也可以由同样的反应制备得到。例如：

$$CH_2{=}CHBr + 2\,Li(Na) \longrightarrow CH_2{=}CHLi + LiBr$$

$$PhBr + 2\,Li(Na) \longrightarrow PhLi + LiBr$$

末端炔烃的酸性较强（$pK_a=22$），其负离子可以由炔烃与强碱，如 $NaNH_2$、RLi 和 RMgX 等直接反应得到。例如

$$RC{\equiv}CH + C_2H_5MgCl \longrightarrow RC{\equiv}CMgCl + C_2H_6$$

一些连有含杂原子的强吸电子取代基的甲基或亚甲基化合物，因 α-H 具有较强的酸性，在强碱作用下易失去一个质子形成稳定的 d^1-合成子。常用的 d^1-合成子的合成等价体主要包括 CH_3NO_2、CH_3SOCH_3、$CH_3SO_2CH_3$、HCN、R_3SiCH_2Cl、Ph_3P^+-CH_2RX^-、硫叶立德试剂和硫代缩醛等。

连有醛基、酮基、酯基和氰基的甲基或亚甲基化合物，其 α-H 的酸性相当强，在强碱作用下可以形成稳定的 d^2-合成子。这类合成子常用的合成等价体包括 RCH_2CHO、RCH_2COPh、RCH_2CO_2Et、$CH_2(CO_2Et)$、$CH_3COCH_2CO_2Et$ 和 $CH_2(CN)_2$ 等。常用的强碱主要有：叔丁醇钾（$pK_a \approx 20$）、二异丙基氨基锂（LDA，$pK_a \approx 40$）、丁基锂（$pK_a > 40$）、氢氧化钠（$pK_a \approx 16$）、碳酸钾（$pK_a \approx 10$）。

具有活性 α-H 的醛酮与伯胺反应后形成的亚胺与 LDA 在醚类溶剂中发生去质子反应后，形成的亚胺负离子也属于 d^2-合成子，如下：

NH₂ —(RC(O)CH₂R')→ N=C(R)CH₂R' —(LDA/THF)→ [N=C(R)CHR']⁻ Li⁺

该合成子与亚胺之间通常不会发生自身的缩合。与此类似，与肼作用后生成的腙经去质子后也可以形成有利用价值的 d^2-合成子，它与亲电试剂反应常表现出很好的区域选择性和立体选择性。例如：

—(LDA/THF)→ —(CH_3I)→ 10% + 90%

NMe₂ / Li⁺ / Me₂ / CH₃

具有活性 α-H 的醛酮与仲胺反应后形成的烯胺（Enamine）是一类有用的电中性的 d^2-合成子，它可以与卤代烃、α，β-不饱和羰基化合物及丙烯腈等亲电试剂发生反应。常用的仲胺主要有四氢吡咯(Pyrrolidine)、六氢吡啶(Piperidine)和吗啡啉(Morpholine)。

具有活性 α-H 的羧酸与 2-氨基醇反应后可以得到 2-噁唑啉(2-oxazoline)。后者与 LDA 在 THF 中反应后得到的碳负离子是一种很有用的 d^2-合成子。利用该合成子可以合成 α-取代羧酸和 α-取代醛。

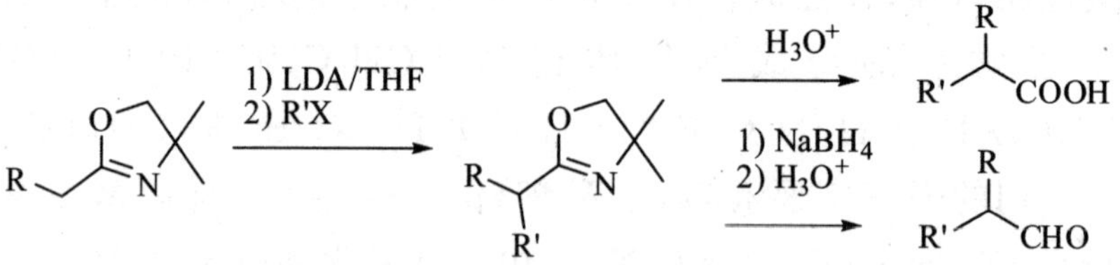

连有乙烯基和巯基的亚甲基化合物具有足够强的酸性与丁基锂等强碱发生质子交换反应,形成具有一定利用价值的 d^3-合成子。一些常见的 d^3-合成子及其合成等价体如下:

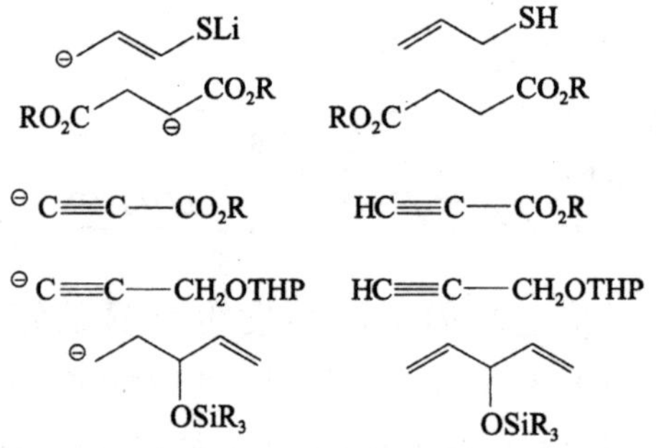

某些环丙烷衍生物也已经发展成为 d^3-合成子试剂,例如:

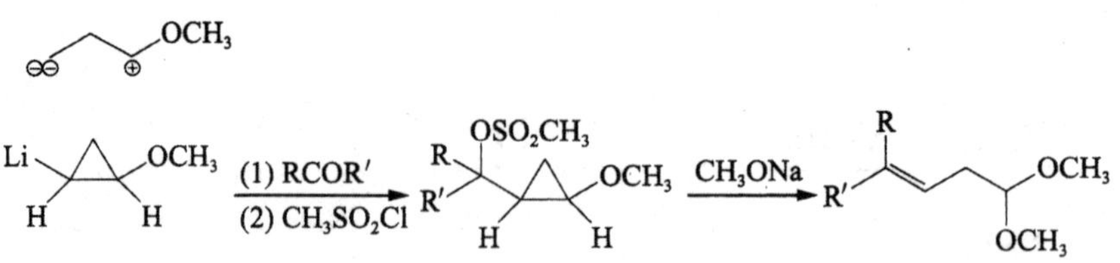

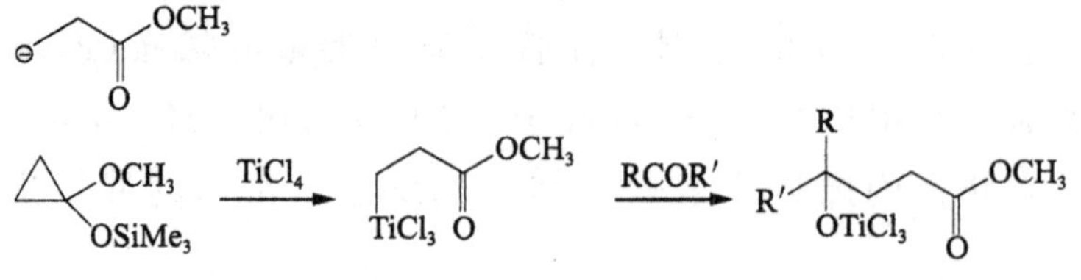

3.2.2　极性转换

某些作为 a-合成子的等价体，经过适当的化学反应后，可以转化成 d-合成子的等价体；反之亦然。这种导致合成子类型发生改变的过程，被称作极性转换。极性转换在较大程度上扩大了合成等价体的选择范围。

(1)杂原子的交换。通过交换合成试剂分子内的杂原子，可以使一些常见的 a-合成子转换成 d-合成子。卤代烃 RX 经与金属镁或锂等反应后形成有机金属试剂 RM，中心碳原子由缺电子反应中心变成富电子反应中心。卤代烃经与三苯基膦反应形成膦叶立德试剂后，中心碳原子的反应性发生了逆转。

$$RCl \longrightarrow R\text{-}M(M=Li,MgCl,Cu)$$

$$RCH_2X \longrightarrow RCH{=}PPh_3$$

醛的羰基碳原子为缺电子中心(a^1)，但它与 1,3-丙二硫醇反应形成的硫代缩醛与强碱作用后，原来醛基碳原子上的氢被移去，形成新的富电子中心(d^1)。酰氯是提供酰基正离子的有效合成试剂(a^1)，它与四羰基铁酸钠作用后可以转变成酰基负离子的合成试剂(d^1)。

$$RCHO \longrightarrow \text{(2-R-1,3-二噻烷-2-负离子)}$$

$$RCOCl \longrightarrow RCO\overset{\ominus}{Fe}(CO)_4$$

(2)杂原子的引入。普通的烯烃因分子内含有 π 电子，通常属于给电子试剂。若将烯烃氧化成环氧乙烷化合物，即引入一个氧原子后，那么原来双键上的碳原子的反应性就被逆转(d→a)。

$$= \longrightarrow \text{(环氧乙烷)}$$

烯醇负离子与卤素(通常为氯或溴)反应,即在分子内引入一个卤素原子后,其 α-碳原子的反应性由亲核性变成了亲电性($d^2 \rightarrow a^2$)。

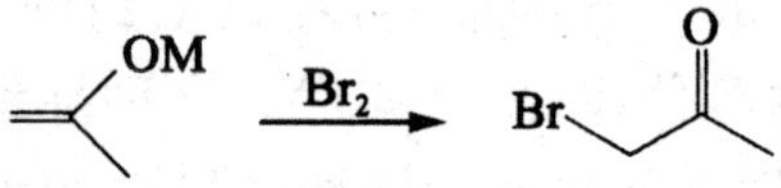

α,β-不饱和羰基化合物在碱性条件下与硫醇发生共轭加成反应,由此产生的 β-硫醚易被过氧化氢氧化成砜,后者在碱作用下可以在原化合物电正性的 β-碳原子上形成碳负离子($a^3 \rightarrow d^3$)。

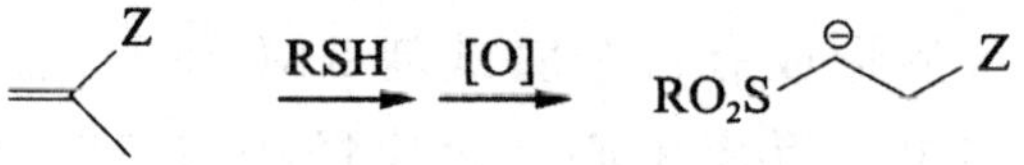

Z=CHO,COR,CO_2R,CN

(3)碳片段的引入。尽管在合成试剂分子内引入某些碳片段后可以使反应中心发生极性逆转或迁移,这方面的应用实例较少。芳香醛(a^1)与氰根加成及氢原子迁移后,使醛基碳原子的极性发生逆转(安息香缩合反应)。醛(a^1)与乙炔负离子加成得到的 2-炔醇经氧化成2-炔酮后,末端炔氢原子易被强碱攫取形成炔碳负离子(d^3),从而使反应中心的位置发生了迁移。

3.2.3 逆向切断、逆向连接和逆向重排

(1)逆向切断。逆向切断就是用切断适当的化学键的方法将目标分子拆分成各种类型的合成子的过程。切断不是随意的,它必须遵循以下三个基本原则:力求使合成最大限度的简化;形成易于得到、价格便宜的合成等价物;具有合理的反应机理和形成合理的合成子。

例如,设计合成化合物 (环己基)—C(CH_3)(OH)—CH_3。

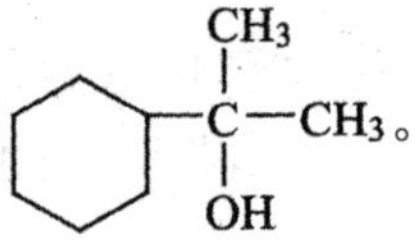

分析：

$$\text{C}_6\text{H}_{11}\text{-C(CH}_3)_2\text{OH} \overset{dis}{\Longrightarrow} \text{C}_6\text{H}_{11}\text{-}\overset{\oplus}{\text{C}}\text{(OH)-CH}_3 + {}^{\ominus}\text{CH}_3 \quad (\text{C}_6\text{H}_{11}\text{-CO-CH}_3 + CH_3MgI)$$

$$\text{C}_6\text{H}_{11}\text{-C(CH}_3)_2\text{OH} \overset{dis}{\Longrightarrow} \text{C}_6\text{H}_{11}^{\ominus} + {}^{\oplus}\text{C(CH}_3)_2\text{OH} \quad (\text{C}_6\text{H}_{11}\text{-MgBr} + CH_3COCH_3)$$

上述两种逆向切断都有合理的反应机理并有合理的合成子，但是第二种切断后的合成等价物比第一种的简单，因此第二种切断较优越。

合成：

$$\text{C}_6\text{H}_{12} \xrightarrow[\text{(2) Mg, THF}]{\text{(1) Br}_2,\ h\nu} \text{C}_6\text{H}_{11}\text{-MgBr} \xrightarrow[\text{(2) H}^{\oplus}\text{, H}_2\text{O}]{\text{(1) CH}_3\text{COCH}_3} \text{C}_6\text{H}_{11}\text{-C(CH}_3)_2\text{OH}$$

(2)逆向连接。将目标分子中两个适当的碳原子用新的化学键连接起来称为逆向连接(Connection，简写作 con)。这种变换是氧化断裂等反应的逆过程。

例如，设计合成化合物 $\text{OHC-CH}_2\text{-CH(COCH}_3\text{)-CH}_2\text{-CH}_2\text{-CHO}$。分析：

$$\text{OHC-CH}_2\text{-CH(COCH}_3\text{)-CH}_2\text{-CH}_2\text{-CHO} \overset{con}{\Longrightarrow} \text{4-乙酰基环己烯} \overset{dis}{\Longrightarrow} \text{CH}_2\text{=CH-CH=CH}_2 + \text{CH}_2\text{=CH-COCH}_3$$

[(1) O_3; (2) Zn , H_2O]

通过逆向连接将目标分子变换成环己烯衍生物，然后逆向切断成二烯体和亲二烯体。

合成：

$$\text{CH}_2\text{=CH-CH=CH}_2 + \text{CH}_2\text{=CH-COCH}_3 \longrightarrow \text{4-乙酰基环己烯} \xrightarrow[\text{(2) Zn, H}_2\text{O}]{\text{(1) O}_3} \text{OHC-CH}_2\text{-CH(COCH}_3\text{)-CH}_2\text{-CH}_2\text{-CHO}$$

(3)逆向重排。将目标分子的碳架拆开进行合理的重新组装称为逆向重排(Rearrangement，简写作 rearr)。这种变换是重排反应的逆过程。

例如，设计合成化合物（螺[4.5]癸-6-酮）。

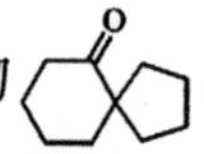

分析：

Pinacol重排

OHOH

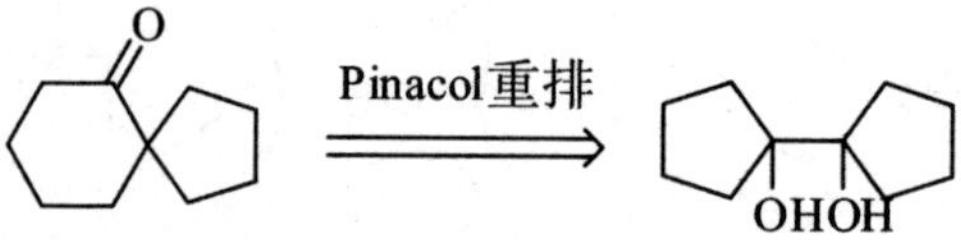

这是一个季碳酮，应由邻二叔醇经频哪醇重排反应得到。

合成：

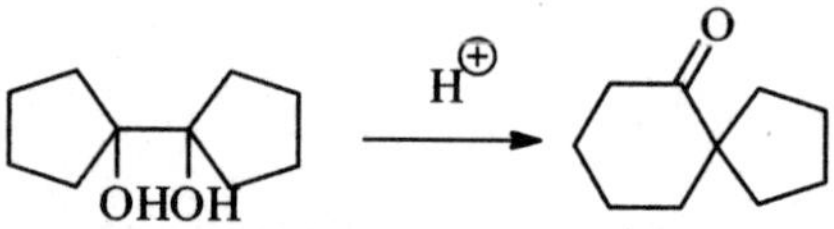

$H^{\oplus}$

OHOH

O

3.2.4 逆向官能团变换

在逆向合成分析中，只变更官能团的种类或位置而不改变碳架的变换称为逆向官能团变换。逆向官能团变换主要包括逆向官能团的互换(Functional Group Interconversion，FGI)和逆向官能团添加(Functional Group Addition，FGA)。官能团变换的目的：一是，为了便于作逆向切断、逆向连接和逆向重排等变换，将目标分子上原有不合适的官能团变换成合适的官能团，或者添加必需的官能团。二是，为了提高区域选择性或立体选择性，在碳架适当的位置添加致活、导向、阻断等基团。

例如，设计合成化合物（OH）。

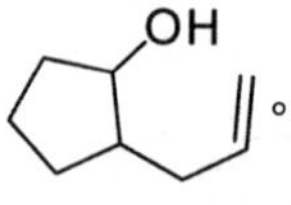

分析：在环与链的连接处逆向切断一般可以获得良好的逆向切断。羟基的β-碳上直接烃化是很困难的，因而先将羟基逆向变换为羰基。羰基的α-碳上直接烃化需在很强的碱(如 LDA)和低温(-78℃)条件下进行，因此将羰基逆向变换为亚胺盐，然后再切断，其正向合成是烯胺的烃化。或者在羰基旁α-碳原子上添加致

活基—$COOC_2H_5$ 后切断。添加的致活基—$COOC_2H_5$ 在烃化后可通过水解、酸化脱羧除去。即：

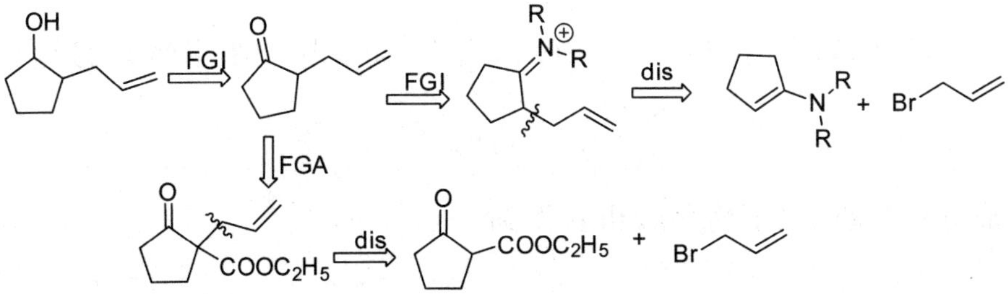

合成：

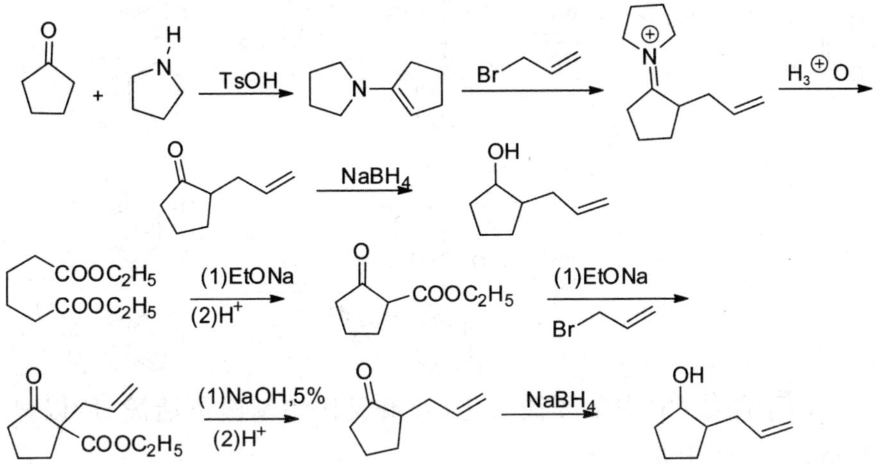

3.3　逆合成路线设计及实例

3.3.1　逆合成路线设计策略

(1)在不同部位将分子切断。在逆合成分析中,简化目标分子最有效的手段是切断。分子切断部位的选择是否合适,对合成的成败有决定性的影响。当分子有一个以上可供切断的部位时,更多的情况是在某一部位切断比在其他部位优越,甚至改在其他部位切断会导致合成的失败。因此,必须尝试在不同部位将分子切断，以便从中选择最合理的合成路线。

例如，对 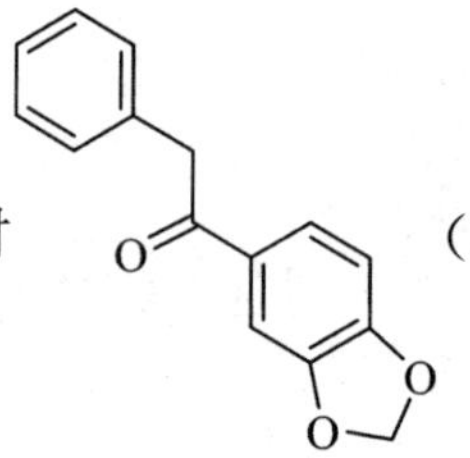 (3,4-甲二氧苯基苄基甲酮)的逆合成进行分析(以下简称分析)，得到

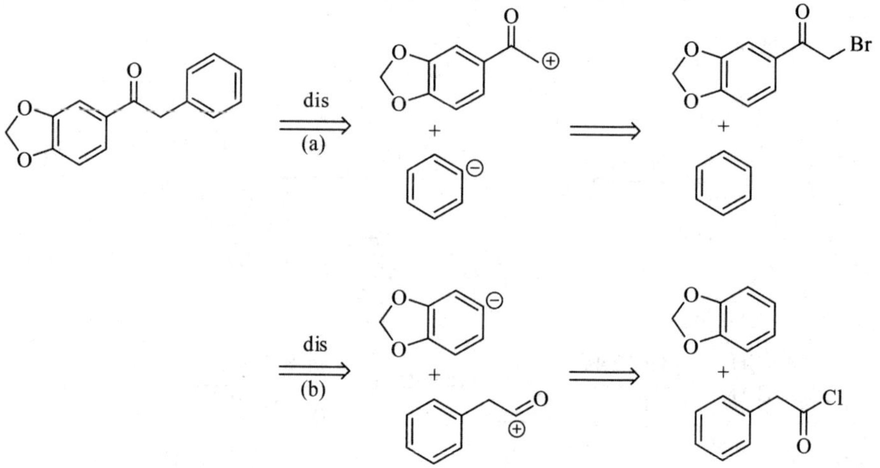

dis (a)

dis (b)

由于路线(b)中苯环被活化，且酰氯比烷基卤更活泼，所以显然路线(b)优于路线(a)。

又如，对 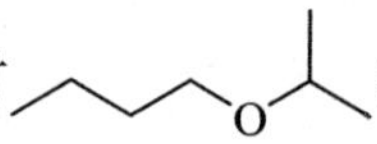 的分析：

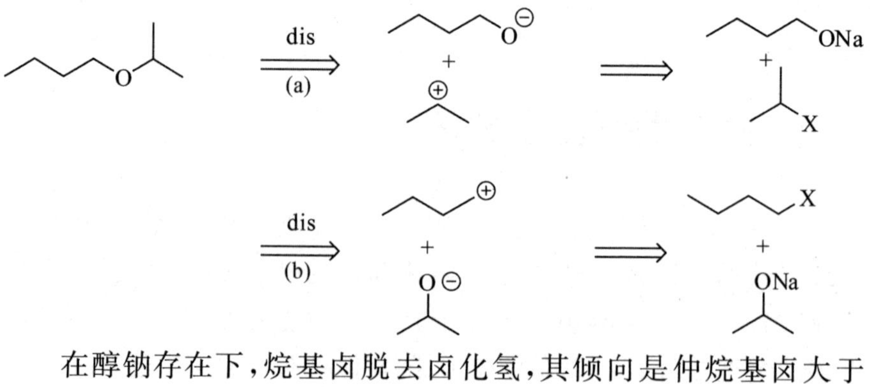

dis (a)

dis (b)

在醇钠存在下，烷基卤脱去卤化氢，其倾向是仲烷基卤大于伯烷基卤，所以应选择 b 处切断。

再如，对（4-硝基苯基-2-甲氧基-5-甲基苯基甲酮）的分析可知，硝基苯不能发生 Friedel-Crafts 反应，故(a)路线不通：

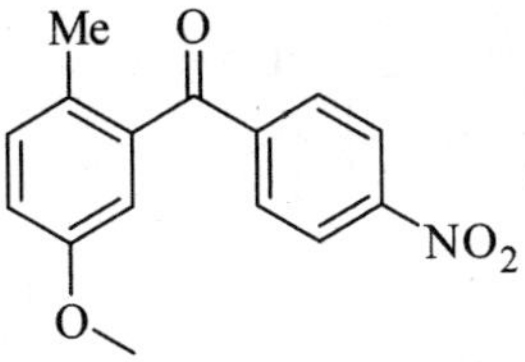

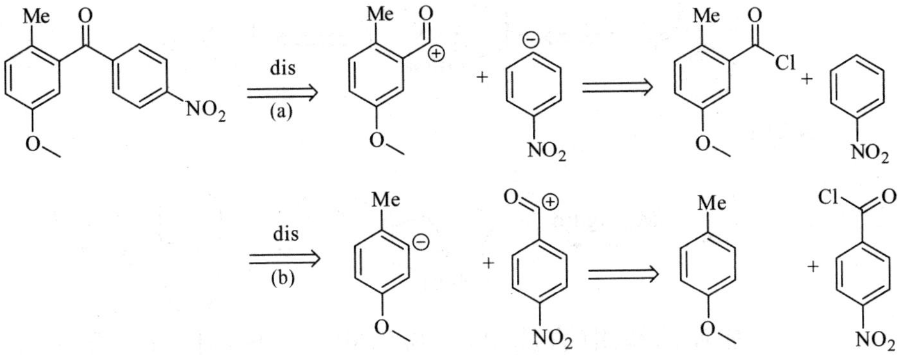

(2)在逆合成转变中将分子切断。有些目标分子并不是直接由合成子构成，合成子构成的只是它的前体，而这个前体在形成后，又经历了不包括分子骨架增大的多种变化才成为目标分子，所以，应先将目标分子变回到那个前体，然后进行切断。

例如，对 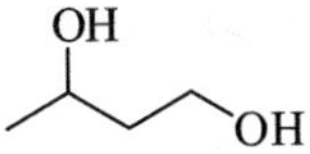 的分析：

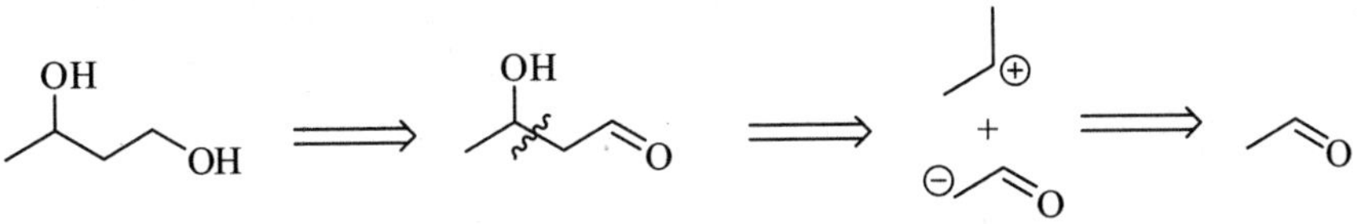

又如，对 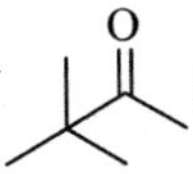 的分析：

注意频哪醇重排前后结构的变化：

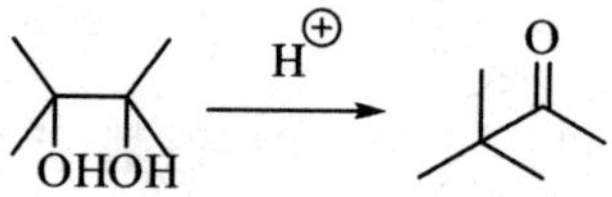

就可以解决的合成问题：

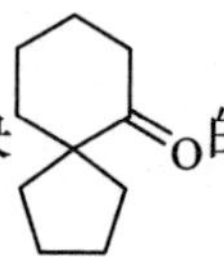

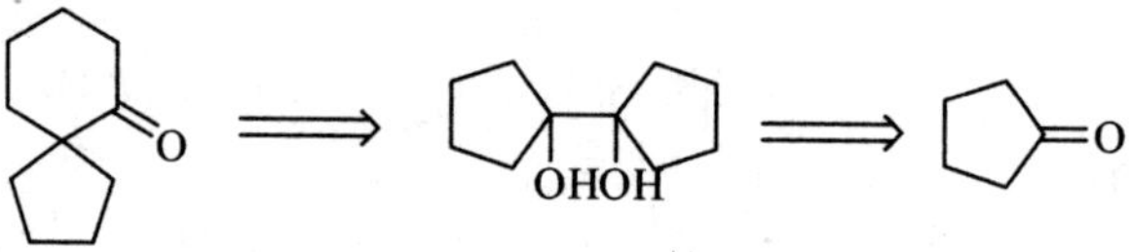

合成：

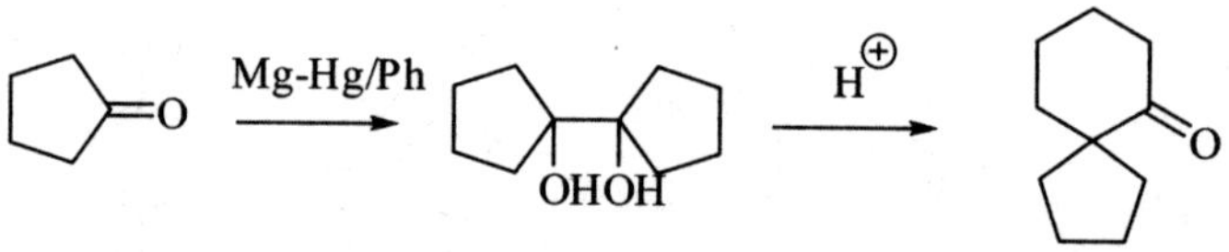

(3)添加辅助基团(官能团)后再切断。有些目标分子要加入某些基团(或官能团)才能切断,从而找出正确的合成路线。

例如,在对以下化合物的分析中,作为一个惰性的目标分子,当在环己基中引入羟基后,便可进行下一步的切断：

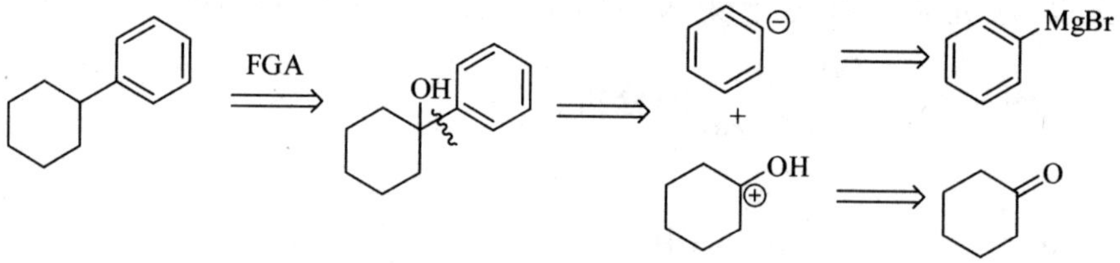

合成：

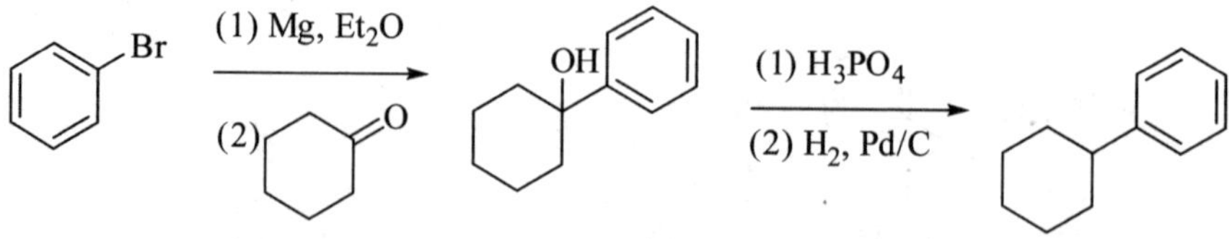

在进行逆合成转变时,可以省去亲核体和亲电体过程,对逆合成转变进一步简化。

又如，在对［1,4,6-三甲基萘］的分析中，在目标分子中加入［丙酮］，使分子活化，从而便于切断：

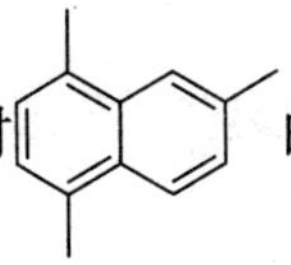

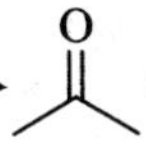

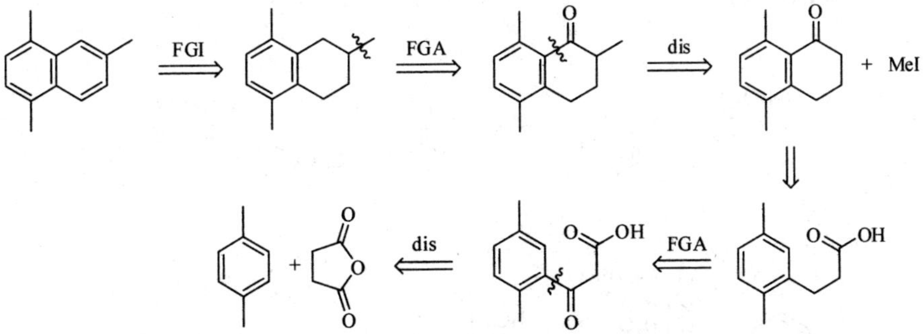

FGI　FGA　dis　+ MeI

dis　FGA

合成：

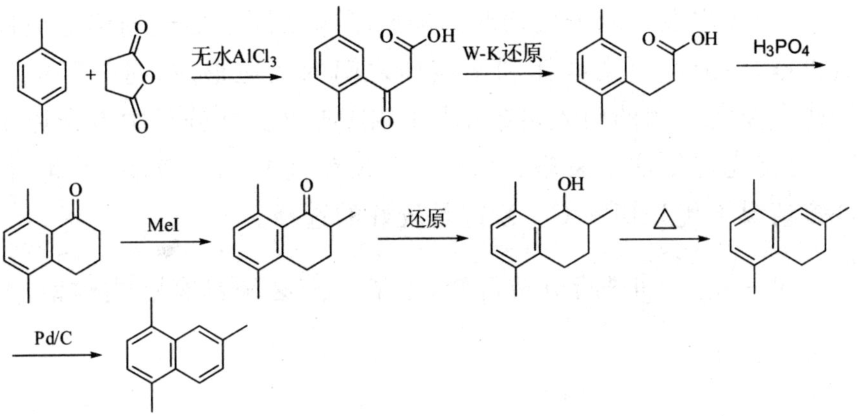

无水$AlCl_3$　W-K还原　H_3PO_4

MeI　还原　△

Pd/C

再如，在对［2-甲基-4-苯基-2-丁烯］的分析中，在目标分子中引入羟基帮助切断：

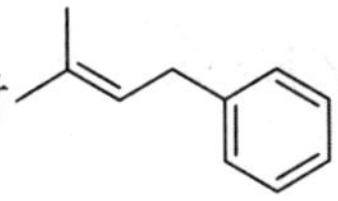

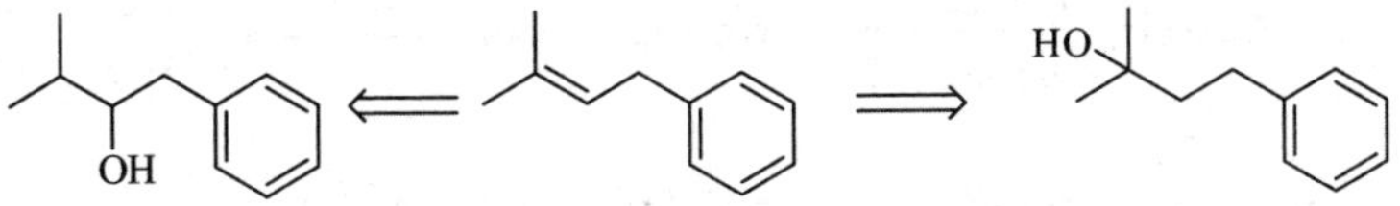

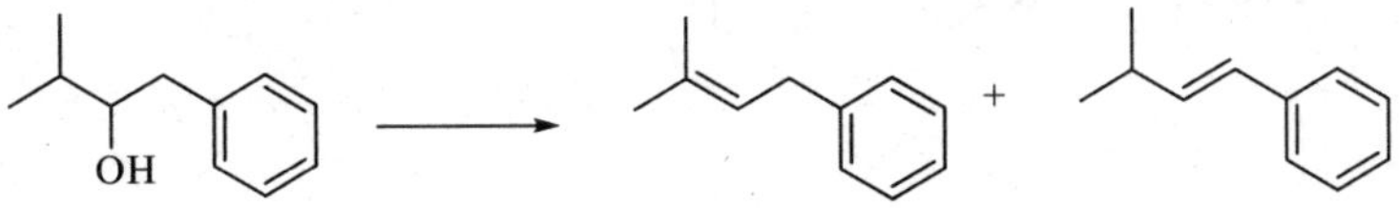

HO　OH

OH　+

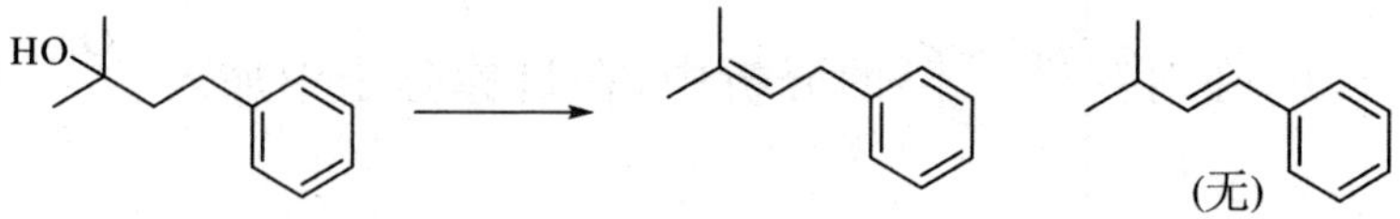
HO
(无)

所以，选用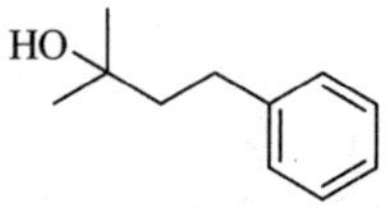，再做如下切断：

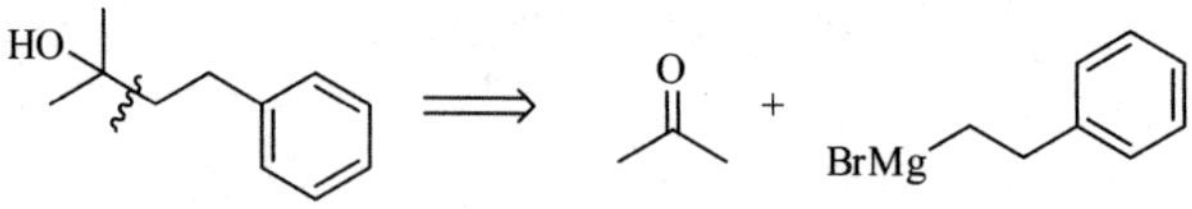
HO
O
+
BrMg

合成：

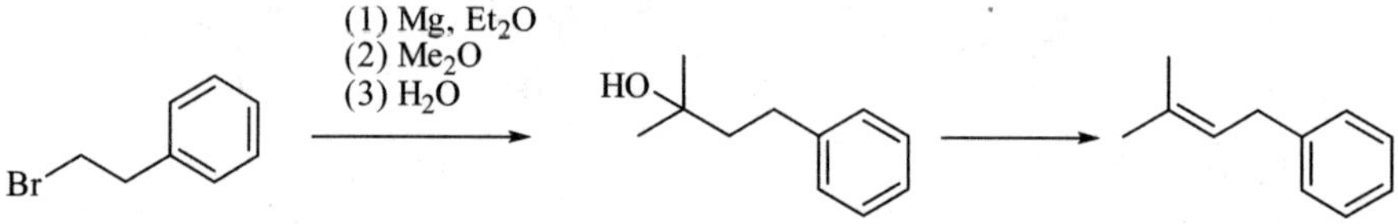
(1) Mg, Et2O
(2) Me2O
(3) H2O
Br
HO

(4)优先在杂原子处切断。碳原子与杂原子形成的键是极性共价键，一般可由亲电体和亲核体之间的反应形成，对分子框架的建立及官能团的引入可起指导作用，所以目标分子中有杂原子时，可优先选用这一策略。由于 C—X 键通常相对较弱，因此，在许多情况下优先切断 C—X 键是较好的选择。

对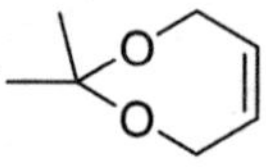进行分析可知，丁烯二醇必须具有顺式构型，方可进一步切断：

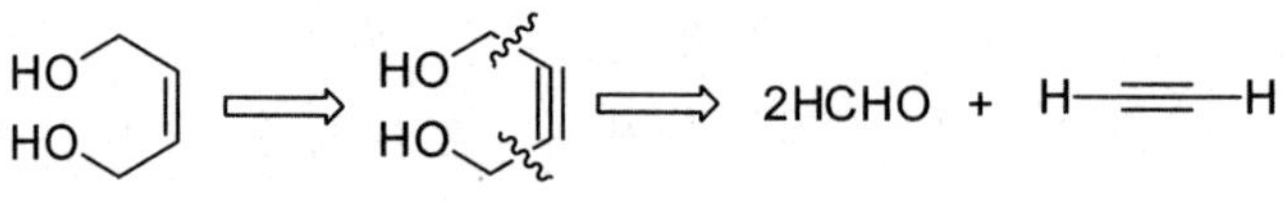
HO
HO
HO
HO
2HCHO + H—≡—H

合成：

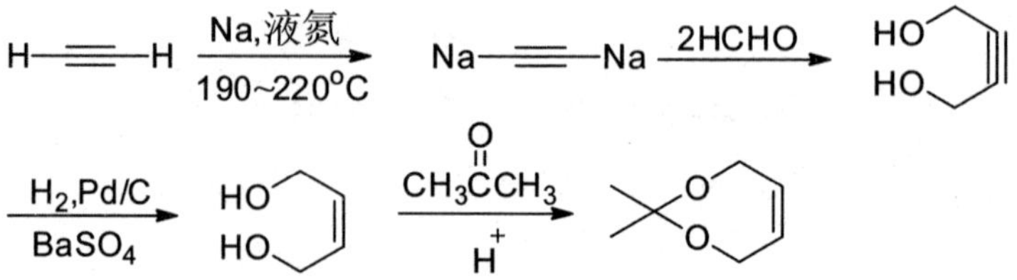
H—≡—H
Na,液氮
190~220°C
Na—≡—Na
2HCHO
HO
HO
H2,Pd/C
BaSO4
HO
HO
CH3CCH3
O
H+

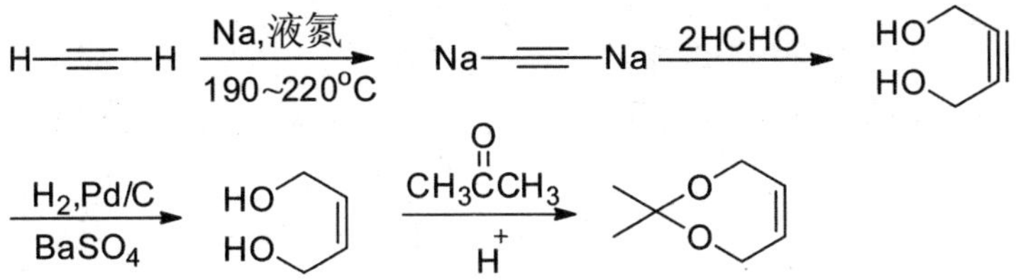

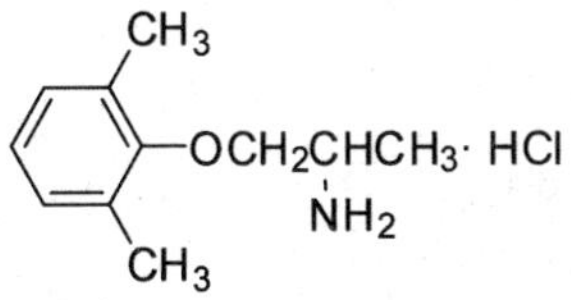

$H-C\equiv C-H \xrightarrow[190\sim220^{\circ}C]{Na,液氮} Na-C\equiv C-Na \xrightarrow{2HCHO} HOCH_2C\equiv CCH_2OH$

$\xrightarrow[BaSO_4]{H_2,Pd/C} HOCH_2CH=CHCH_2OH \xrightarrow[H^+]{CH_3COCH_3}$ 2,2-二甲基-1,3-二氧杂环庚-5-烯

2,6-二甲基苯基-$OCH_2CH(NH_2)CH_3 \cdot HCl$ 的合成有以下两种方法：

方法 1：

2,6-$(CH_3)_2C_6H_3OCH_2CH(NH_2)CH_3 \cdot HCl \Rightarrow$ 2,6-$(CH_3)_2C_6H_3O$-$CH_2CH(OH)CH_3 \Rightarrow$ 2,6-$(CH_3)_2C_6H_3OH + H_2C\overset{O}{-}CHCH_3$

2,6-$(CH_3)_2C_6H_3OCH_2CH(NH_2)CH_3 \cdot HCl \Rightarrow$ 2,6-$(CH_3)_2C_6H_3OCH_2C(=NOH)CH_3 \Rightarrow$ 2,6-$(CH_3)_2C_6H_3O$-$CH_2C(=O)CH_3 \Rightarrow$ 2,6-$(CH_3)_2C_6H_3OH + ClCH_2C(=O)CH_3$

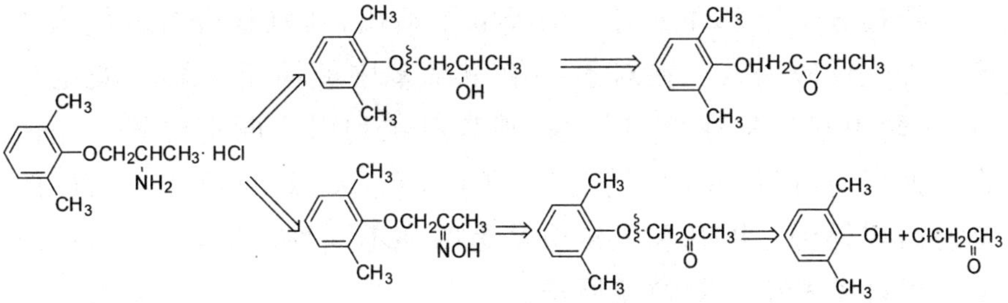

此法较成熟，但氯丙酮为催泪剂，操作不方便。

方法 2：

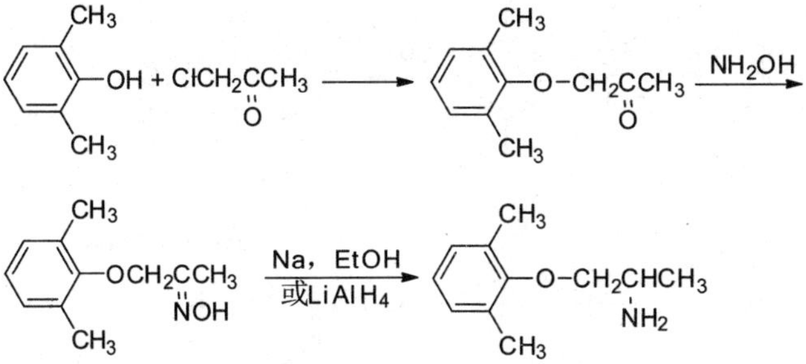

2,6-$(CH_3)_2C_6H_3OH + ClCH_2C(=O)CH_3 \longrightarrow$ 2,6-$(CH_3)_2C_6H_3O-CH_2C(=O)CH_3 \xrightarrow{NH_2OH}$

2,6-$(CH_3)_2C_6H_3OCH_2C(=NOH)CH_3 \xrightarrow[或LiAlH_4]{Na，EtOH}$ 2,6-$(CH_3)_2C_6H_3O-CH_2CH(NH_2)CH_3$

目标物 1-(2,6-二甲苯氧基)异丙胺盐酸盐是一种抗心律失常用药。

分析 2,6-$(NO_2)_2$-4-F_3C-$C_6H_2N(CH_2CH_2CH_3)_2$ 可知：

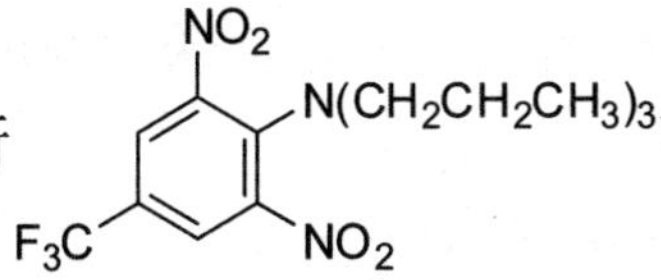

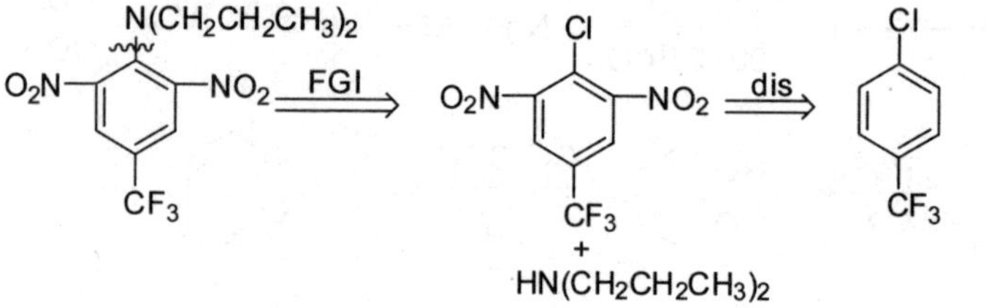

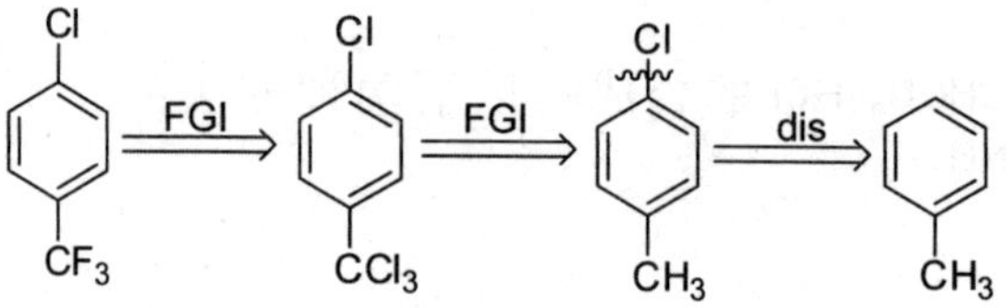

目标分子中苯环上有三个吸电子基团，其氨基可由卤代苯的亲核取代反应引入。在对氯三氟甲基苯中氯原子是第一类定位基，三氟甲基是强间位定位基，硝基可顺利引入既定位置。经卤素交换反应可将—CCl_3转变为—CF_3，而—CCl_3可以从—CH_3的彻底卤代得到。甲基和三氯甲基是两类不同性质的定位基，所以要在甲基阶段引入对位氯原子。

合成：

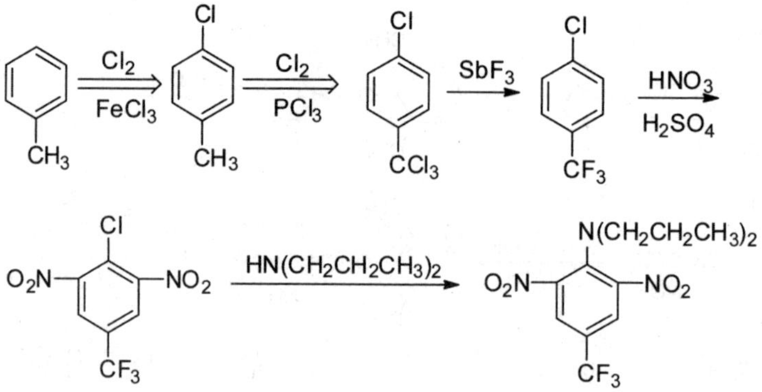

苯环侧链氯代是自由基反应。

(5)围绕官能团处切断。官能团是分子最活跃的地方。

例如，对 COOH 进行分析。

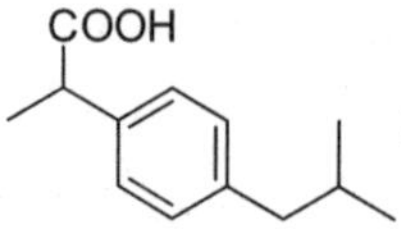

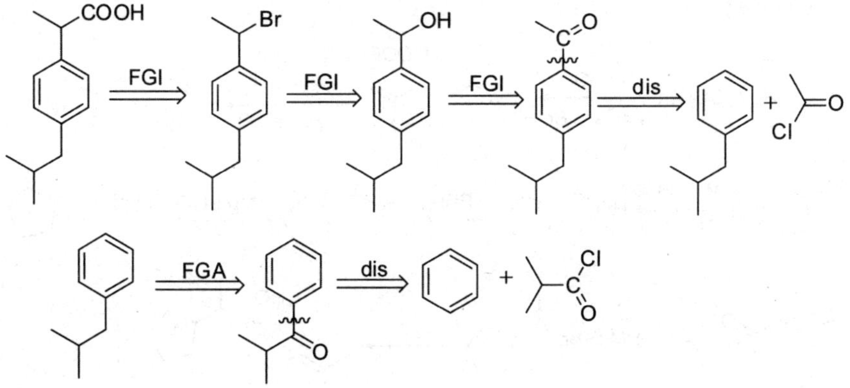

COOH　FGI　Br　FGI　OH　FGI　O　dis　+　O　Cl

FGA　dis　+　Cl　C　O　O

合成：

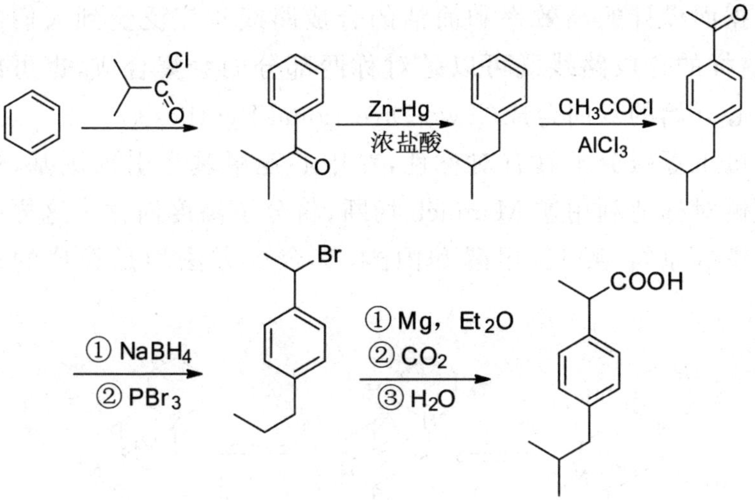

Cl　C　O　O　Zn-Hg　浓盐酸　CH_3COCl　$AlCl_3$　O

① $NaBH_4$　② PBr_3　Br　① Mg，Et_2O　② CO_2　③ H_2O　COOH

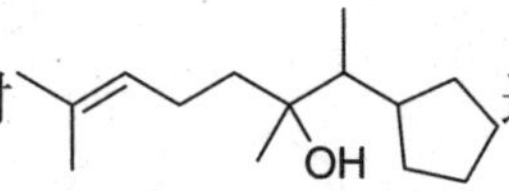

又如，对 OH 进行分析：

HO　Br　+　COOEt　O　(1) OH^-,H_2O　(2) $2H^+$, △　Br　+　O

HO　CH_3CHO　+　Br

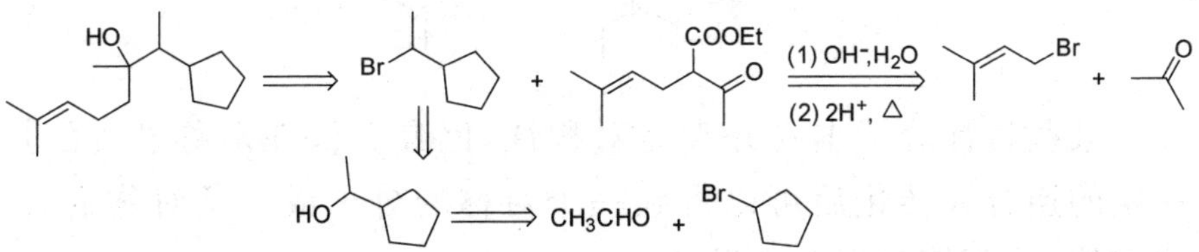

合成：

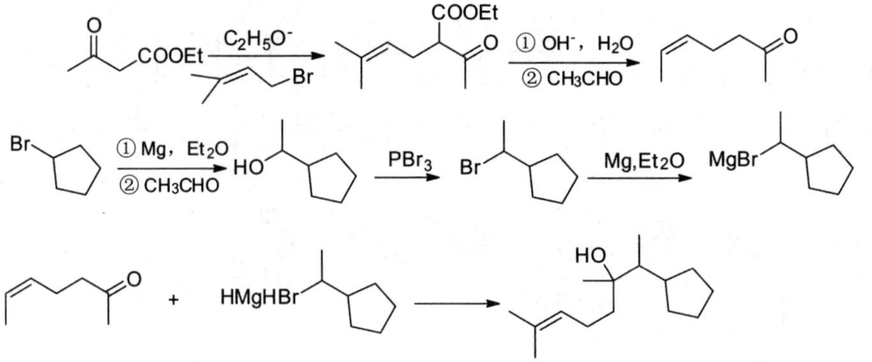

(6)分子对称性或潜在对称性的合理利用。以分子的对称性为依据而设计的高效率和简洁的合成路线正广泛受到人们的关注，这样的合成路线既可以是对称两部分的会集合成，也可以是从中心开始的双向合成(Two-Directional Synthesis)。

鹰爪豆碱分子具有对称性，在中心亚甲基上引入羰基，然后在两侧对称地利用逆 Mannich 切断，将分子高度简化。这样得到3种基本原料：哌啶、甲醛和丙酮，其合成方法均是经典的标准反应。

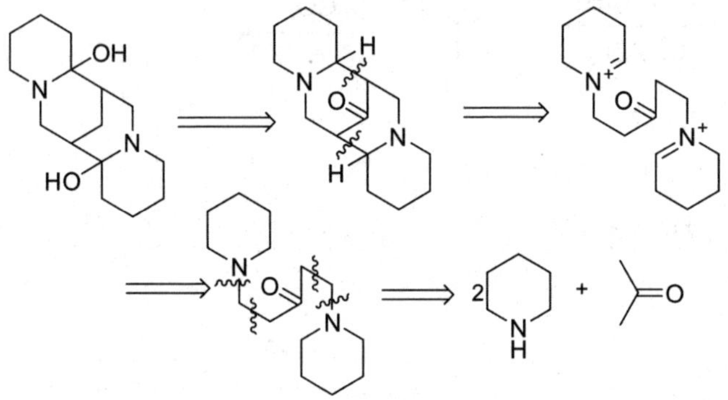

某些目标分子本身并没有对称性，但具有潜在对称性，经过一定的逆合成转化后可以得到一个对称的分子或一条对称的合成路线，从而简化了合成设计。

我们知道，普梅雷尔酮(Pummerer's Ketone)分子中并不存在对称因素，但经切断后得到的两个自由基都出自同一前体。

Corey 将其称为潜对称因素。

例如，从常见原料合成 5-(2-甲基丙烯)-2-氧代-1-环己甲酸乙酯。

分析：

①首先看骨架，进而看官能团，是一个多官能团环状化合物。

②有不饱和侧链，但表面看，还不是实在对称分子。

③根据优先拆开的部位的拆开原则，β-羰基-α-环己甲酸乙酯可由 Dieckmann 缩合反应而得。所以，分子可拆开如下：

合成：

4-(2-甲基丙烯)庚二酯二乙酯　　5-(2-甲基丙烯)-2-氧代-1-环己甲酸乙酯

再如，设计 2,4-二苯基-3-氯代丁酸乙酯的合成路线。

分析：

它又称 2,4-二苯基乙酰乙酸乙酯。

①从结构看，不是实在对称分子；

②其优先拆开部位，有两种拆法都可以拆开为实在对称分子。所以拆为：

2,4-二甲基-3-氯代丁酸乙酯

a → α，α'-二苯基丙酮 + EtO−C(=O)−OEt

b → α-苯基乙酸乙酯 + 相同更对称

③综合考虑，一种原料比两种更易获得，所以，应当选 b 种拆开的路线；

④原料再前推：

$PhCH_2CO_2Et \xRightarrow{FGI} PhCH_2CN \xRightarrow{dis} PhCH_2X$

$\Rightarrow$ 苯 CH_2O HCl + $ZnCl_2$ 或 甲苯 + SO_2Cl_2 或 甲苯 + NBS

合成：

甲苯 $\xrightarrow{SO_2Cl_2}$ $PhCH_2Cl$ $\xrightarrow{NaCN}$ $PhCH_2CN$ $\xrightarrow{EtOH,H^+}$

$PhCH_2C(=NH)OEt$ $\xrightarrow{H_3^+O}$ $PhCH_2C(=O)OEt$ $\xrightarrow{EtO^-}$ $PhCH_2COCH(Ph)CO_2Et$

以上两例说明，潜在对称分子的拆开，关键是第一步。逆推得好，技巧性很强，非常省力。上述立体中所涉及的“对称性”具有广义性，指切断后得到两种相同的原料。目标物是一个非对称分子，但是通过逆合成分析可知，它是通过环己酮的羟醛缩合而得。

2-亚环己基环己酮 $\xRightarrow{FGA}$ 2-(1-羟基环己基)环己酮 $\Rightarrow$ 环己醇 + 环己酮 $\equiv$ 2 环己酮

(7)优先考虑骨架的形成。分子骨架、官能团和立体构型是有机化合物三个重要组成部分。其中，并不是每个化合物都具有立体构型，然而骨架、官能团却是每一个有机分子的重要组成部分，因此，引入骨架形成和官能团是设计合成路线的最基本的两个过程。有机化合物的性质主要是由分子中官能团决定的，但它毕竟是附着在骨架之上，如果不优先考虑骨架的形成，官能团也就没有归宿，因此，将骨架的形成作为设计合成路线的核心。例如：

O_2N-C6H4-CH=CH-CHO ⟹ O_2N-C6H4-CHO + CH_3CH_2OH

3.3.2 逆合成路线设计的评价

目标物的合成可能有多种合成路线，其可行性及优劣可根据下列原则进行评价。

(1)总体考察。应当考虑是否符合原子经济学说和环境友好的要求，在该前提下，尽可能采用收敛型合成路线。

由原料 A 经不同路线得到产物 G 的分析表示如下：

①A ⟶ B ⟶ C ⟶ D ⟶ E ⟶ F ⟶ G

为直线型合成路线，经 6 步反应得到产物，假如每步反应的产率为 90%，则总产率为 54%；

② A ⟶ B ⟶ C；D ⟶ E ⟶ F；C + F ⟶ G

为收敛型合成路线，其总产率为 73%。可见收敛型路线比直线型优越。

合成路线一般是越短越好，最好是一步完成。即使是由多步构成的合成路线，最好不要将中间体分离出来，在同一反应器中连续进行，这就是逐渐引起人们重视的"一锅合成法"(One-pot Synthesis)。

(2)原料价廉易得。原料价廉易得是选择合成路线的重要依据。在设计合成路线时，无论是逆合成法或者以后介绍的其他方法，都必须考虑到原料的问题，只有原料选择适当，合成才具有实际意义。所谓适当，一般指原料容易得到，并且价格便宜。原料容易得到，才能组织生产，产生经济效益；价格便宜，才能降低成本。一般来说，出于降低成本的考虑，原料要尽量用次级的，能用主业品，就不用试剂级的，能利用“三废”的，就不用工业品的。为此，需要熟悉市场的供应情况。市场供应情况是随时随地而异，设计合成路线时，必须具体了解，做到心中有数。

(3)反应的选择性。要降低副反应产率，提高路线产率，就应当采用反应选择性好的合成路线。同时，按照这一路线进行，“三废”量也会得到有效降低。

(4)反应条件易于控制。反应条件包括溶剂的选择、温度的高低和控制、加热方式、压力、催化剂的选择、作用物比及作用物添加顺序等。

(5)整个过程的安全性。合成过程中所用原料或溶剂是否易燃易爆，反应是否急剧放热，作用物有无腐蚀性和毒性等都应作详细调查，路线确定后，对每种危险因素应有相应的防范措施。

全部符合上述条件的合成路线是非常难得的，这些条件只能是相对的。但我们应当积极朝着这些方面去努力工作。

3.3.3 逆合成路线设计的应用实例

(1)奎宁(Quinine)的合成。奎宁又称金鸡纳碱，是一种生物碱，属于喹啉类衍生物。它广泛存在于蓓草科金鸡纳树皮中。自20世纪40年代Woodward成功合成了奎宁以后，又有一些合成化学家从不同的起始原料出发，利用不对称合成技术直接合成了光学纯的奎宁。其中具有代表性的工作有G.Stork和E.N.Jacobsen分别提出的不对称全合成路线。

G.Stork提出的逆合成分析路线如下：

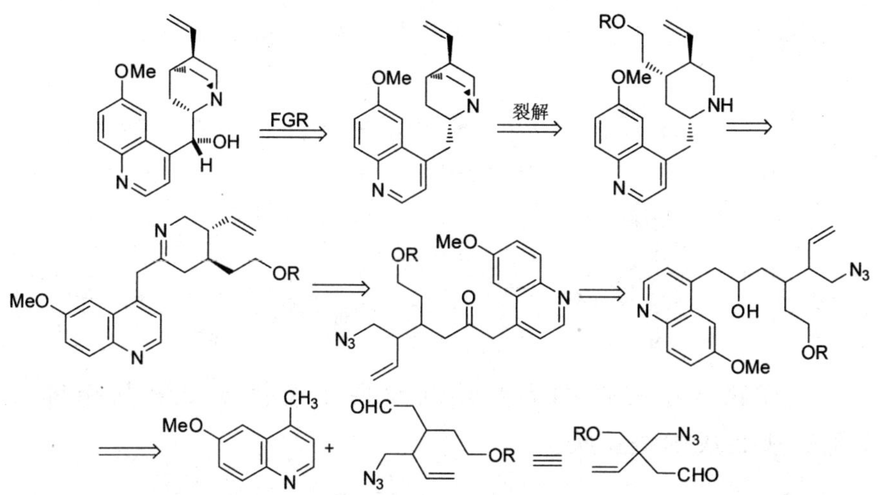

上述路线中提出的主要片断包括 4-甲基-6-甲氧基喹啉及 3，3-二取代-4-叠氮

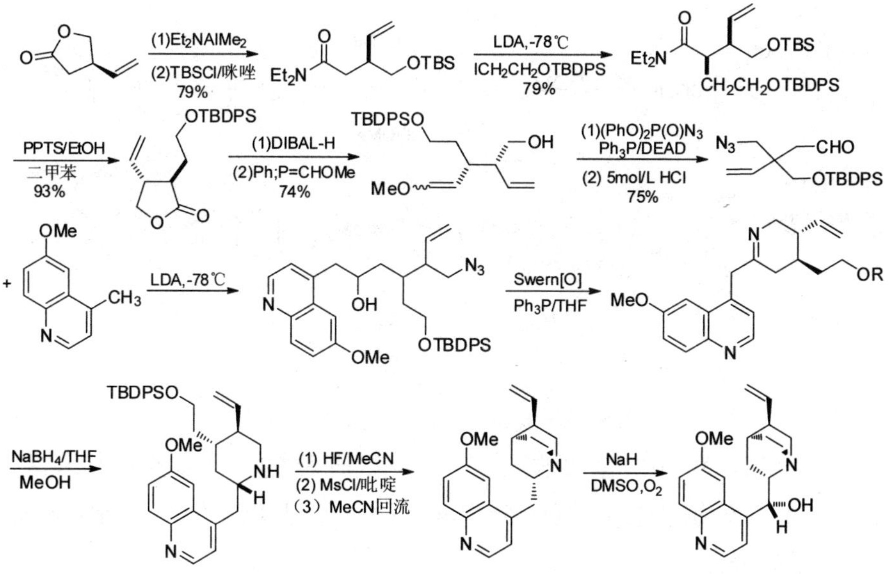

E.N.Jacobsen 提出的逆合成分析路线：

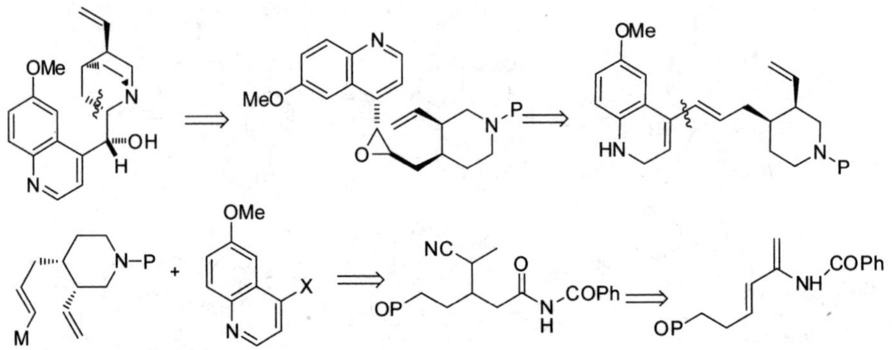

上述路线中提出的主要片断包括 4-卤代-6-甲氧基喹啉及5-烷氧基-2-戊烯酰亚胺。

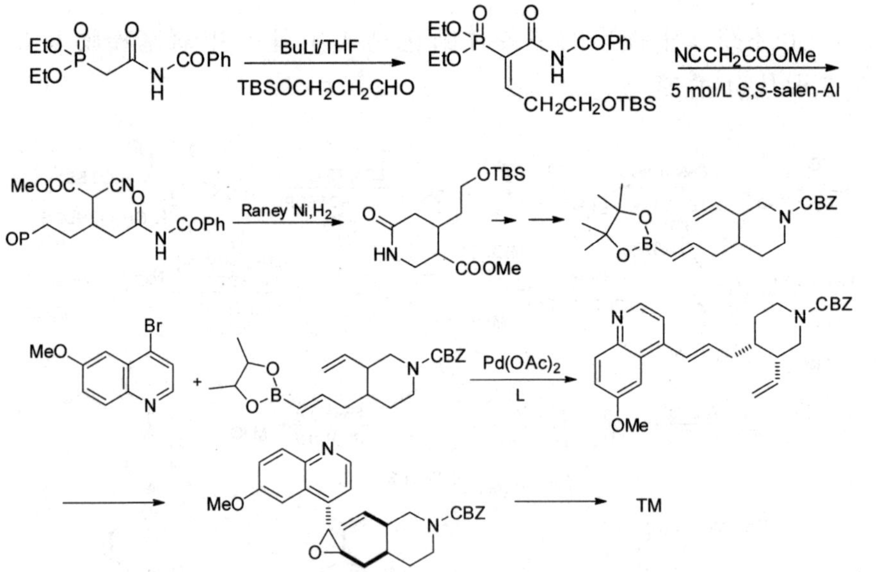

TM

(2)β-紫罗酮。紫罗酮是一类天然香料的总称，可从指甲花属、广木香等植物提取液中分离得到。β-紫罗酮($\Delta^{5,6}$-双键)是其中主要成分之一。

对 β-紫罗酮的逆合成分析主要有两条路线：

b
dis
FGI
CH_3
H_2C
O
dis
+
COOH
[3,3] a-移位重排
+
OH
dis
O
+
HC≡CH
Br
+
O
COOEt
CH_3
CH_2
3'
2'
3
2
1
1'

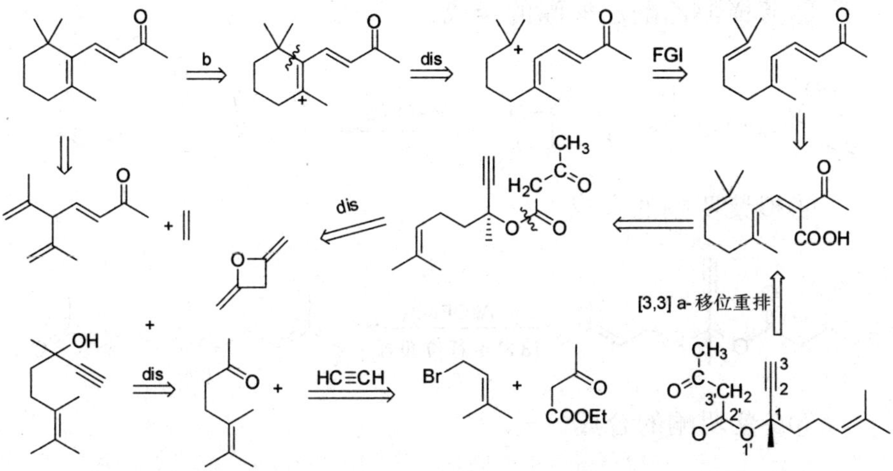

路线 a 是通过逆 Diels-Alder 转变将目标分子中的六元环切断为双烯体和亲双烯体进行简化的路线；路线 b 采用了分子内亲电加成成环及分子内[3,3]δ-移位重排的逆向转化，最终简化为普通原料。虽然路线 a 简短，但由于双烯合成反应产率很低而无实用价值，路线 b 尽管较长也较复杂，但因为采用了分子内反应，产率明显提高而具有实用性。其合成主要步骤如下：

①6-甲基-5-庚烯-2-酮的合成。

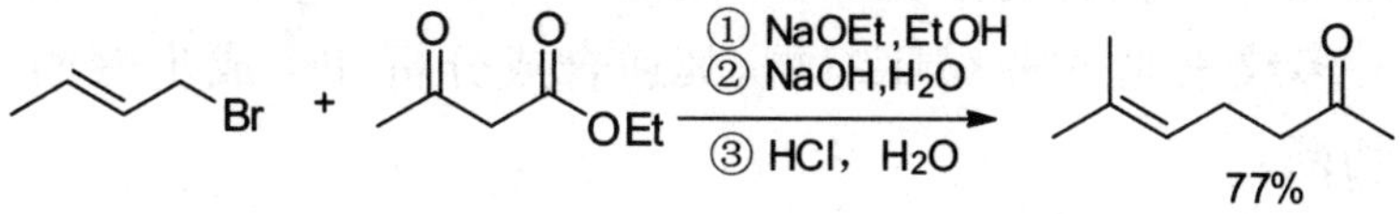

Br
+
OEt
① NaOEt,EtOH
② NaOH,H_2O
③ HCl，H_2O
77%

此化合物也可以通过逆醇醛缩合反应自 α,β-不饱和醛制备：

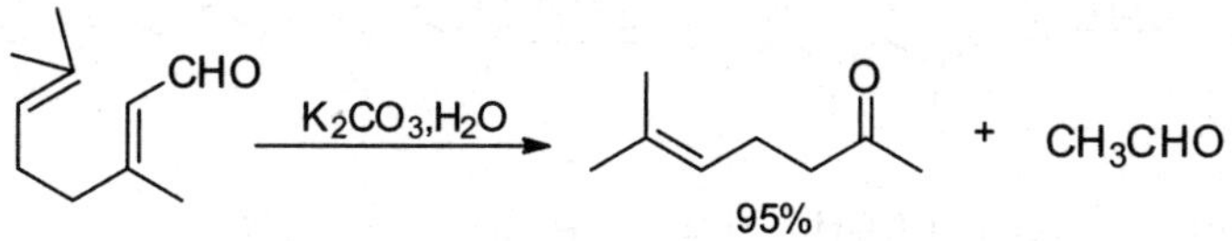

CHO
K_2CO_3,H_2O
+
CH_3CHO
95%

②3,7-二甲基-6-辛烯-1-炔-3-醇(芳樟醇)的合成。

HC≡CH,$NaNH_2$
HO
82%

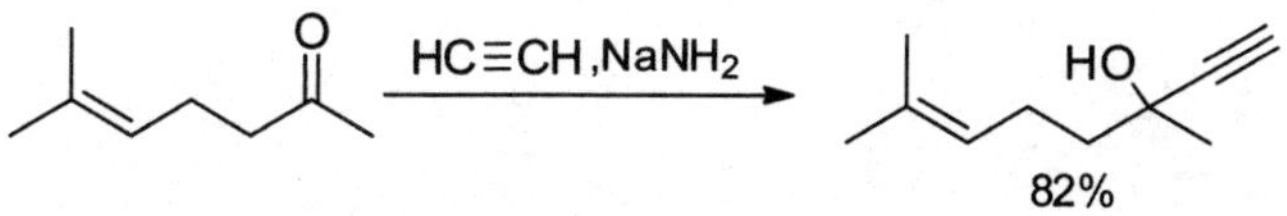

③芳樟醇乙酰乙酸酯的合成。

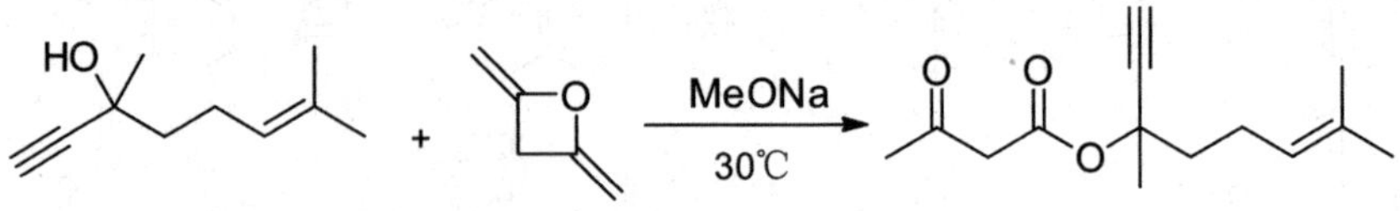
HO
+
O
MeONa
30℃
O
O
O

④拟紫罗酮的合成。

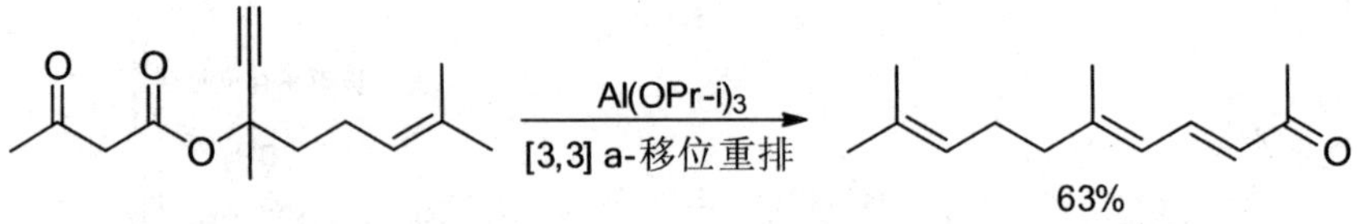
O
O
O
Al(OPr-i)3
[3,3] a-移位重排
O
63%

⑤β-紫罗酮的合成。

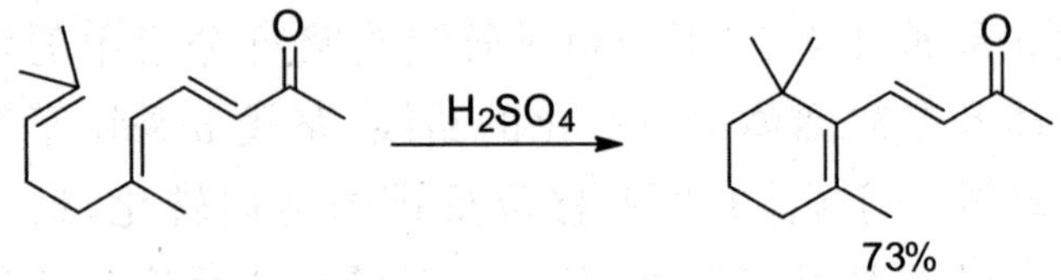
O
H2SO4
O
73%

(3)α-多纹素的合成。(1S,2R,4S,5R)-5-乙基-2,4-二甲基-6,8-二氧杂双环[3.2.1]辛烷(α-多纹素,α-multistriatin)是榆树害虫——小蠹虫的聚集信息素,合成这一信息素是为了寻找一种控制害虫而又不伤害有益昆虫的方法。

α-多纹素是一种双环缩酮,其逆合成分析和合成步骤如下:

切断:

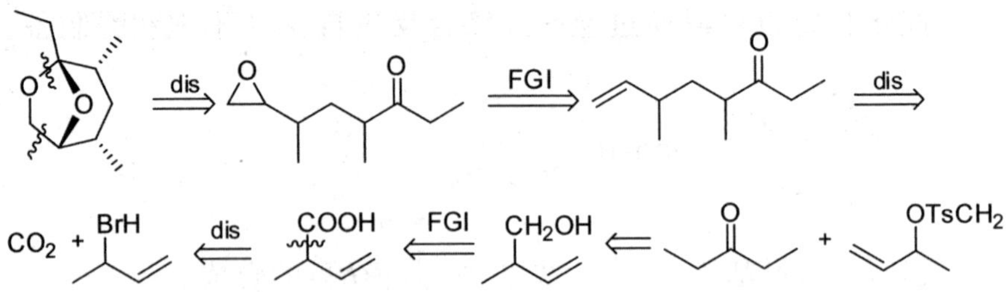
O
O
dis
O
O
FGI
O
dis
CO2
+
BrH
dis
COOH
FGI
CH2OH
O
+
OTsCH2

合成：

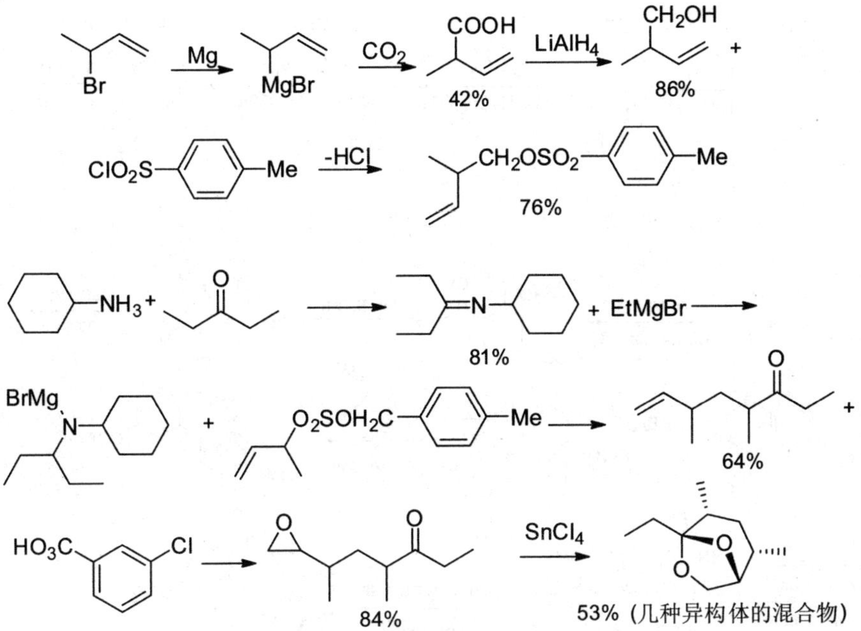

(4)NK-1 受体拮抗剂的合成。神经激肽 NK-1 受体拮抗剂是一类制药领域十分受人关注的物质。被 Merck 公司称为 Substance-P 的 NK-1 受体拮抗剂显示出良好的神经肽的抗抑郁活性。Maligres 等人发现下述螺环化合物也是一类临床候选的 NK-1 受体拮抗剂。其逆合成分析路线如下：

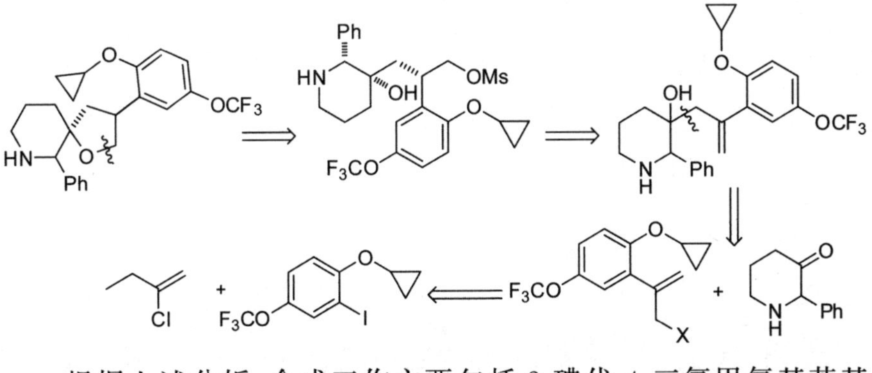

根据上述分析，合成工作主要包括 2-碘代-4-三氟甲氧基苯基环丙基醚的制备，碘的丙烯基化反应，以及最后与光学活性的

2-苯基-3-哌啶酮的加成反应。具体过程如下：

第 4 章　分子拆分法

根据已知的反应原理，将目标分子中把某些价键逐一打开，从而推导出合成它应使用的较小的“碎片”(Fragments)——合成子，对带电的合成子的解读可得到等效试剂。表示式如下：

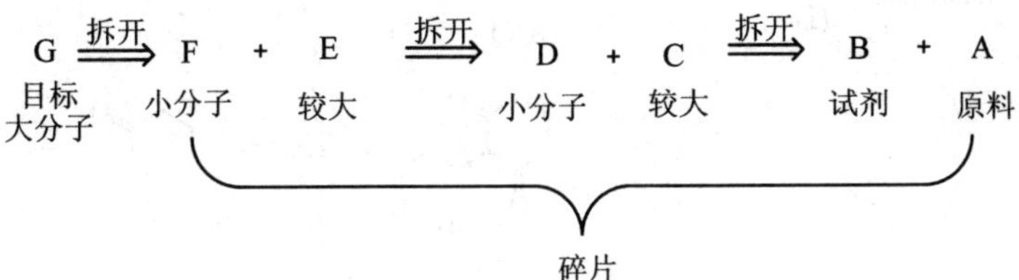

分子拆分方程中关系符号用双箭头表示“⇒”，符号左边的物质由右边的碎片合成，碎片是带正负电荷的合成子，合成子有对应等效试剂。目标大分子拆开键的部位，是随后合成时的连接部位，断裂方式一般为异裂。断裂是合成的逆向，逆向分析必须了解合成反应的机理，才能拆分得到正确的合成子。

4.1　分子拆分的原则

4.1.1　骨架的形成

“逆向合成法”分析目标分子，并对其拆分，主要考虑分子的骨架和官能团两方面因素。目标分子的骨架为逆向分析的主线，首先考虑目标分子的骨架形成，分子骨架决定它们的合成方向，而官能团可以通过添加或去除达到合成的要求。

例如,1-丙基双环[4.4.0]癸烷的合成从分子骨架上分析,它是一个环烷烃,碳链的增长可以选择活性亚甲基与 α,β-不饱和酮进行缩合得到,但是该目标分子没有相应的官能团,设计时可通过添加官能团(FGA)得到化合物(Ⅰ),然后将化合物(Ⅰ)拆分得到化合物(Ⅱ),化合物(Ⅱ)与溴化正丙基镁反应可以得到化合物(Ⅰ)。因此,分子骨架是合成设计中的主要因素。

1-丙基双环[4.4.0]癸烷 $\xRightarrow{FGA}$ (I) $\Longrightarrow$ (II) $\Longrightarrow$ (III) $\Longrightarrow$ +

4.1.2 官能团的形成

官能团在形成骨架中的作用重大,在碳-碳键形成中没有官能团也就没有相应的反应,受官能团的影响而产生的活泼部位是反应中心,思考骨架形成的同时要考虑官能团的存在和变化。

$$R—CH_2—\underset{\displaystyle HO}{\underset{|}{CH}}—\underset{\displaystyle R}{\underset{|}{CH}}—CHO$$

例如,化合物分析:分子骨架是怎样形成的?大骨架又是通过小分子的什么官能团反应形成的?

拆开:

$$R—CH_2—\underset{\displaystyle O—H}{\underset{|}{CH}}—\underset{\displaystyle R}{\underset{|}{CH}}—CHO \xRightarrow{\text{(醇醛缩合)}} R—CH_2—CHO + H—\underset{\displaystyle R}{\underset{|}{CH}}—CHO$$

"逆向合成法"将该化合物中的二个官能团之间的关系,称为1,3-二氧化官能团,设计合成路线把握住1,3-二氧化官能团的拆分重点,然后再从碳链为偶数或奇数去分析。偶数碳链可能是相同的醛、酮缩合，否则可能是其他缩合。

例如，利用格氏试剂与酮反应合成叔醇。

$$R^1MgX + R^2R^3C{=}O \xrightarrow{\text{绝对乙醚}} R^1R^2R^3C{-}OMgX \xrightarrow{H_3^+O} R^1R^2R^3C{-}OH$$

在格氏反应中，叔醇中官能团—OH 基所在的叔碳原子是由酮原料中提供的，而不是格氏试剂所提供的；应用此法可以制备三个烃基不同的叔醇。所以，叔醇的拆开可有三种不同的方法。

$$R^1R^2R^3C{-}OH \Longrightarrow \begin{cases} \xrightarrow{a} R^1MgX + R^2R^3C{=}O \\ \xrightarrow{b} R^2MgX + R^1R^3C{=}O \\ \xrightarrow{c} R^3MgX + R^1R^2C{=}O \end{cases}$$

4.2　分子拆分的一般方法

逆向切断目标分子，并且有规律地找出相应切断产生的等效试剂，这是有机合成的关键。通过有机碳-碳键的生成反应可找出官能团与切断的关系。碳上连接官能团后碳的氧化数提高，也称为被氧化的碳。被氧化的碳之间的相对位置，分别用 1，2-二氧化、1，3-二氧化、1，4-二氧化、1，5-二氧化、1，6-二氧化等碳氧化的相对关系表述。

4.3 分子拆分的重要反应

4.3.1 1,3-二羰基化合物的拆分与合成

1,3-二羰基化合物的骨架可看作有两部分构成:α-C 归于右边的羰基,该片断看作母体,α-C 左边的羰基看作残基。1,3-二羰基骨架是酰基取代了 α-H 形成的,拆开的方法应当是从酰基和 α-C之间的键断开,分成酰化试剂和带有活泼 α-H 的羰基衍生物。即:

$$\mathrm{RCO{-}CH(R')COY} \xRightarrow{\text{dis}} \mathrm{RCOX} + \mathrm{R'CH_2COY}$$

1,3-二羟基化合物　　X=Cl,Br,RCOO,RO　酰化试剂　　Y=H,R,OH,OR,RCOO

1,3-二羰基化合物的合成反应中常用的合成方法是 Claisen 酯缩合反应。即一种具有 α-H 的酯和另一分子相同或不相同的酯在碱性试剂存在下进行的缩合反应。反应的结果是脱掉一分子醇形成 β 羰基酸酯。现在把提供酰基的化合物,如酯、酰氯、酸酐与酯、醛、酮、腈(提供 α-H)的反应都称为 Claisen 缩合反应。即:

$$\mathrm{RCOX} + \mathrm{H{-}C(R')(R'')COY} \xrightarrow{\text{碱}} \mathrm{RCO{-}C(R')(R'')COY}$$

常用的碱性试剂有醇钠、氨基钠、三苯甲基钠等。

相同酯间的结合——Claisen 酯缩合反应,典型的反应以二分子乙酸乙酯在乙醇钠作用下,自身缩合生成乙酰乙酸乙酯。

反应历程:

(1) $$\underset{pK_a\approx 24}{H_3C{-}C({=}O){-}OC_2H_5} + C_2H_5O^- \rightleftharpoons {}^-H_2C{-}C({=}O){-}OC_2H_5 + \underset{pK_a\approx 16}{C_2H_5OH}$$

(2) $$H_3C{-}C({=}O){-}OC_2H_5 + {}^-H_2C{-}C({=}O){-}OC_2H_5 \rightleftharpoons H_3C{-}C(O^-)(OC_2H_5){-}CH_2COOC_2H_5$$

(3) $$H_3C{-}C(O^-)(OC_2H_5){-}CH_2COOC_2H_5 \rightleftharpoons H_3C{-}C({=}O){-}CH_2{-}C({=}O){-}OC_2H_5 + C_2H_5O^-$$

$$H_3C{-}C({=}O){-}CH_2{-}C({=}O){-}OC_2H_5 + C_2H_5O^- \longrightarrow H_3C{-}C({=}O){-}\overset{-}{C}H{-}C({=}O){-}OC_2H_5 + C_2H_5OH$$

(4) $$H_3C{-}C({=}O){-}\overset{-}{C}H{-}C({=}O){-}OC_2H_5 \xrightarrow{H^+} H_3C{-}C({=}O){-}CH_2{-}C({=}O){-}OC_2H_5$$

乙酰乙酸乙酯中活泼亚甲基上的氢受两个羰基的影响，酸性比乙醇强，是一个较强的酸（$pK_a\approx 11$），能与 $C_2H_5O^-$ 作用形成稳定的负离子，反应是不可逆的。因此，体系中浓度虽然很低，一旦形成就不断反应，从而使反应能趋于完成。

若酯的碳上只有一个氢，则缩合反应不能在 $C_2H_5O^-$ 的作用下进行。只有使用更强的碱，如三苯甲基钠，才能使缩合反应顺利进行。

$$2\ (CH_3)_2CH{-}C({=}O){-}OC_2H_5 \xrightarrow[(2)H_3^+O]{(1)C_2H_5O^-/C_2H_5OH} \underset{(0)}{(CH_3)_2CH{-}C({=}O){-}C(CH_3)_2{-}COOC_2H_5}$$

$$2\ (CH_3)_2CH{-}C({=}O){-}OC_2H_5 \xrightarrow[(2)H_3^+O]{(1)Ph_3C^-} (CH_3)_2CH{-}C({=}O){-}C(CH_3)_2{-}COOC_2H_5$$

二元或多元酯的分子内缩合称为 Dieckmann 环化缩合反应。含有 α-H 的二元酯在强碱 EtONa 等存在下，分子内发生酯缩合反应，形成一个环状 β-酮酸酯。再经水解加热脱羧反应得到五元或六元环状酮。

$$CH_3CH(COOEt)CH_2CH_2COOEt \xrightarrow[\Delta]{NaOEt} \text{2-甲基-2-氧代环戊烷羧酸乙酯 (COOEt, O, } CH_3) \xrightarrow[(2)H^+,\Delta]{(1)OH^-} \text{2-甲基环戊酮 (O, } CH_3)$$

酯的缩合反应也可在不同的酯之间进行,当二个酯都有 α-氢时无实用意义。选择无 α-氢的酯与另一含 α-氢的酯缩合,可以得到有实用意义的酯缩合产物。

草酸二乙酯的酰化反应及其应用,草酸二乙酯为无 α-氢的酯与含 α-氢的酯可以酯缩合,用于活化含一个吸电子基的亚甲基,该反应在有机合成中有其特殊用途。例如,草酸二乙酯与苯乙酸乙酯的反应。

$$Ph—CH_2COOEt + EtOOC—COOEt \xrightarrow{NaOEt} Ph—CH(COOEt)—CO—COOEt$$

α-草酰酯直接受热脱去羰基放出 CO。例如:

$$Ph—CH(COOEt)—CO—COOEt \xrightarrow[\text{软玻璃粉}]{170°C} Ph—CH(COOEt)_2 + CO_2\uparrow$$

这是制备 α-苯基丙二酸二乙酯的合理方法,因为直接在丙二酸二乙酯的 α-碳上引入苯基或其他芳基是不可能的。

α-草酰酯先通过酸水解,再受热时,羰基的 β 位羧基失去,生成 α-羰基羧酸,这也是 α-羰基酸的常用制法。此反应既可以用作 α-羰基酸的制备,也可用来制备含有羰基的二元羧酸。

$$Ph—CH(COOEt)—CO—COOEt \xrightarrow[\text{回流}]{10\%H_2SO_4} PhCH_2—CO—COOH + CO_2 + 2EtOH$$

4.3.2 1,4 和 1,6-二羰基化合物的拆分

(1)1,4-二羰基化合物的拆分。1,4-二羰基化合物的拆分后

一个合成子带正电，另一个带负电，带负电连接的X或Y吸电子能力更大些，使它能产生活性亚甲基，带正电的合成子一般连接卤素。

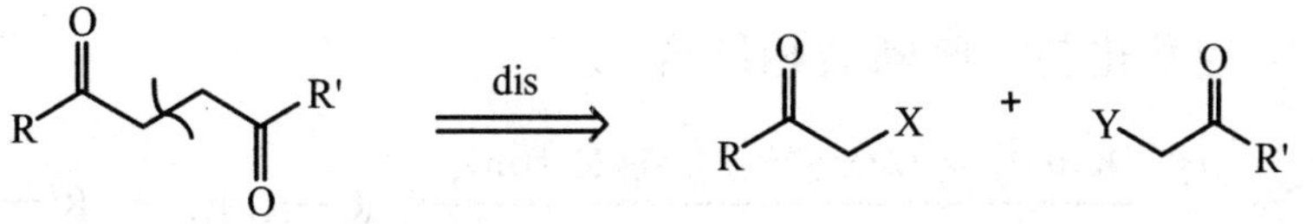

其中，Y为—H、—COONH或潜在的—COOH、X为卤原子。

1,4-二酮常由乙酰乙酸乙酯的羰基衍生物的酮式分解来制得，2,5-己二酮的合成。

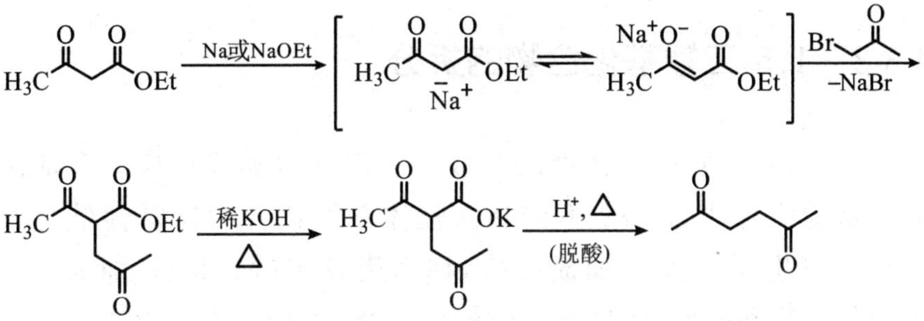

(2)1,6-二羰基化合物的拆分。六元环烯烃的碳-碳双键氧化断裂，即可得到1,6-二羰基化合物。通式如下：

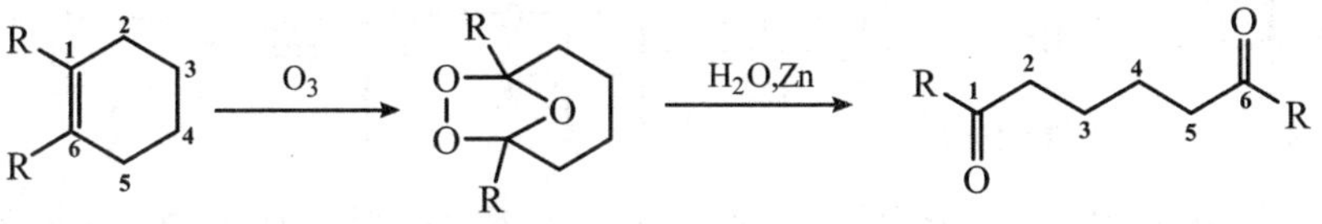

其中，R可以是H、烃基或其他复杂的碳链基团，其键断裂的方法，可使用臭氧化锌还原水解等方法。

①臭氧化然后还原后处理：

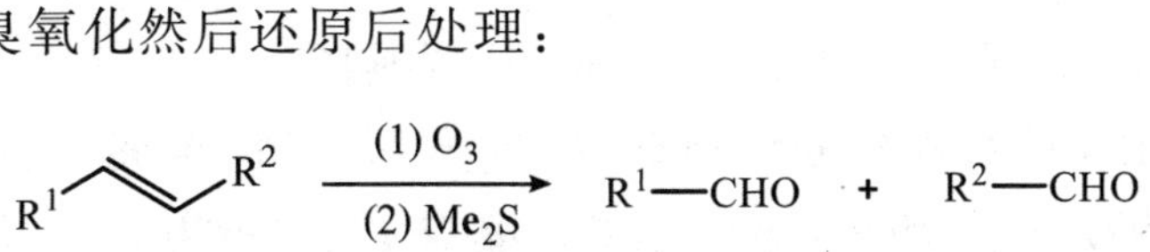

$$R^1CH=CHR^2 \xrightarrow[(2)\ Me_2S]{(1)\ O_3} R^1\text{—CHO} + R^2\text{—CHO}$$

②臭氧化后继续氧化处理：

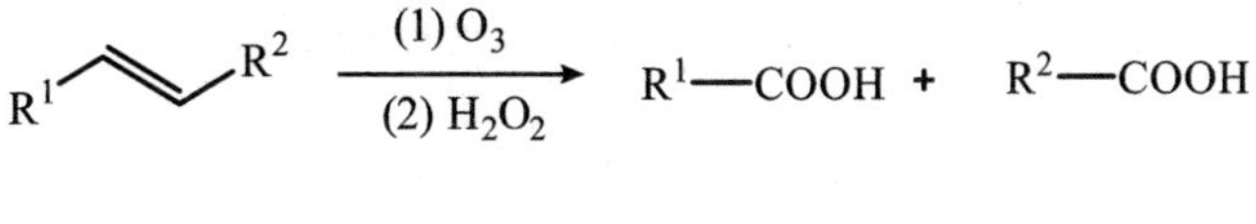

$$R^1CH=CHR^2 \xrightarrow[(2)\ H_2O_2]{(1)\ O_3} R^1\text{—COOH} + R^2\text{—COOH}$$

③氧化成邻二醇及邻二醇的开裂：

$$R^1CH=CHR^2 \xrightarrow[\text{或稀、冷中性}KMnO_4]{OsO_4} R^1CH(OH)-CH(OH)R^2 \xrightarrow[\text{或}Pb(OAc)_4]{NaIO_4} R^1-CHO + R^2-CHO$$

④羟基化与二醇断裂相结合：

$$R^1CH=CHR^2 \xrightarrow{KMnO_4\text{或}OsO_4\text{催化剂；过量}NaIO_4} R^1-CHO + R^2-CHO$$

1,6-羰基化合物的拆开，实质为重接(Reconnection)，可以用Recon表示，即1,6-二羰基化合物去掉氧，围拢成1,6-环己烯或其衍生物。

4.3.3 1,5-二羰基化合物的拆分

(1)1,5-二羰基化合物的合成——迈克尔加成反应。含活泼亚甲基的化合物与α,β-不饱和共轭体系的化合物在碱性催化剂存在下发生1,4-亲核加成反应，称为迈克尔(Michael)加成。不饱和化合物通常称为Michael受体，活泼亚甲基的化合物为亲核试剂。其通式如下：

$$\underset{\text{受体(A)}}{-C=C-\overset{O}{\overset{\|}{C}}-} + \underset{\text{给予体(D)}}{H-\underset{X}{\overset{H}{C}}-Y} \underset{(1,4\text{-加成})}{\overset{\text{碱(催化量)}}{\rightleftharpoons}} \left[\begin{array}{c} -C-C=C-OH \\ -\underset{X}{C}-Y \end{array}\right] \underset{}{\overset{(\text{重排})}{\rightleftharpoons}} \begin{array}{c} -C-\underset{H}{C}-\overset{O}{\overset{\|}{C}}- \\ -\underset{X}{C}-Y \end{array}$$

受体可以是α,β-不饱和醛、酮、酯、酰胺、腈、硝基物、砜等；给予体中的X、Y为吸电子的活化基，其中之一很强时反应即可进行。常见的给予体中的X或Y为：$-COOR$，$-COR$，$-CN$，$-CONH_2$，$-NO_2$，$-CHO$，$-SO_2R$等基团。

常用的催化剂都是较强的碱，如六氢吡啶、醇钠、二乙胺、氢氧化钠(钾)、叔丁醇钾(钠)、三苯甲基钠、氢化钠等。

产物如为1,5-二羰基化合物，合成正反应为如下：

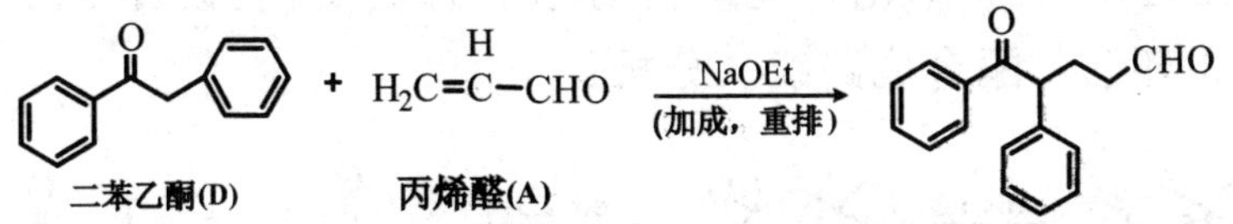

二苯乙酮(D) + $H_2C=CH-CHO$ 丙烯醛(A) —NaOEt (加成，重排)→ 产物(CHO)

Michael 反应的选择性，如果给予体为不对称的酮时，Michael 反应发生在含活泼氢较少的碳原子上（或者说受体主要引入到取代较多的 α-碳原子上）。即活性：次甲基＞亚甲基＞甲基。例如：

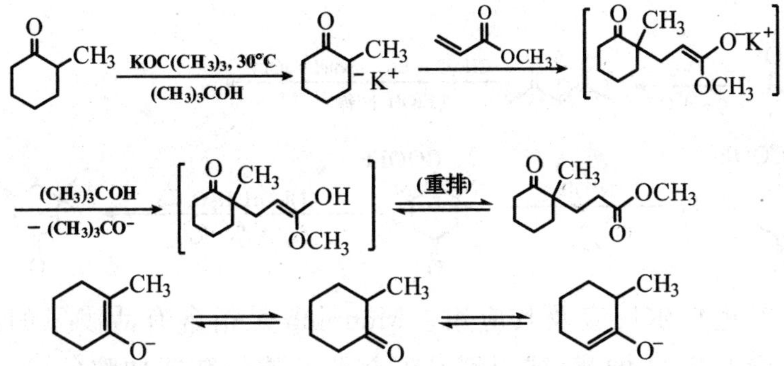

$KOC(CH_3)_3$, 30°C；$(CH_3)_3COH$；OCH_3；O^-K^+；$(CH_3)_3COH$；$-(CH_3)_3CO^-$；(重排)

在条件允许的情况下，可进一步缩合，得到环状化合物，例如：2-辛酮与丙烯酸乙酯的反应。

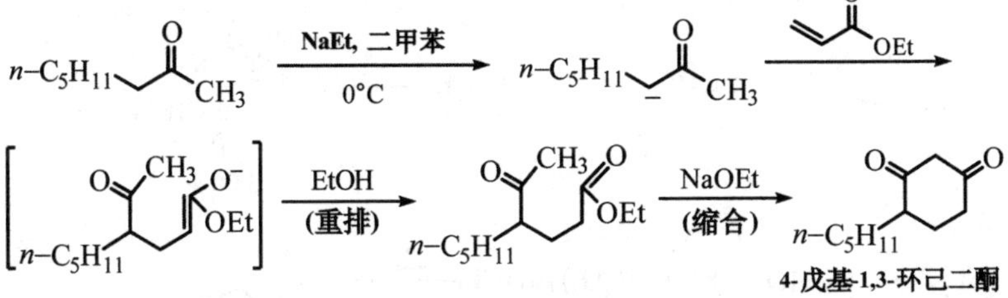

NaEt, 二甲苯，0°C；EtOH (重排)；NaOEt (缩合)

4-戊基-1,3-环己二酮

Michael 反应是一种可逆反应，因此在强碱催化下一般得到混合产物；催化剂用量 1/6mol NaOEt 时反应正常，当碱用量大于 1mol 时，则得到反常的加成产物。

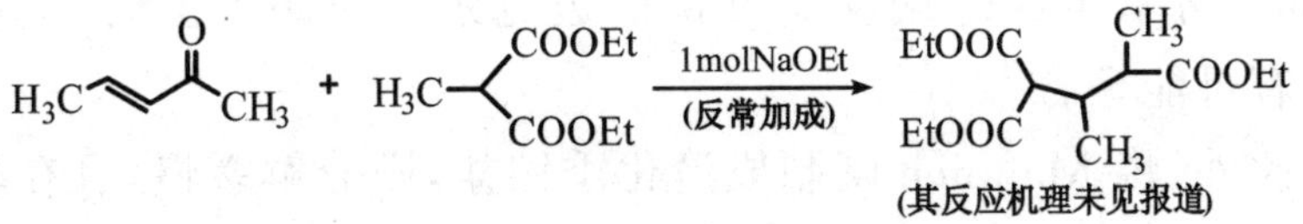

1molNaOEt (反常加成)

(其反应机理未见报道)

(2)1,5-二羰基化合物的拆分法。合成实例:设计5,5-二甲基-1,3-环己二酮合成路线。分析:

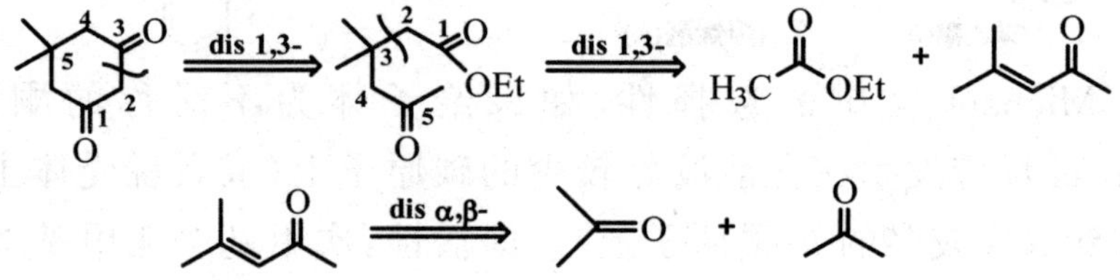

合成:

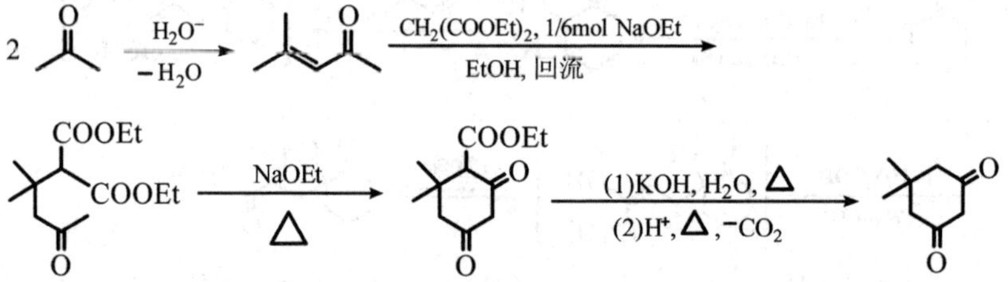

(3)迈克尔反应及其应用。Mannich是指含有活泼氢的化合物,如含有α-H的醛(或甲醛)、酮与脂肪族伯胺或仲胺(一般为仲胺)的缩合反应,得到活泼氢原子被取代的胺甲基化合物——Mannich碱。

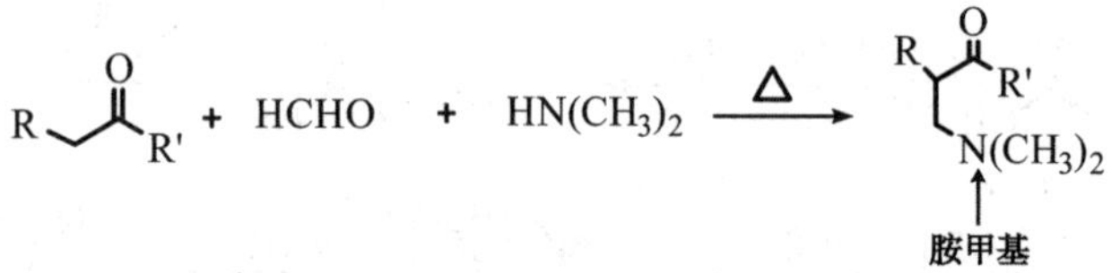

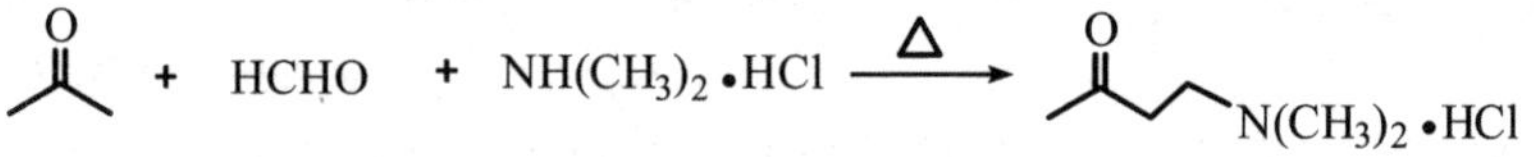

Mannich碱受热立即发生β-消除分解反应生成α,β-不饱和化合物(烯酮)、仲胺等。所得的烯酮直接用于Michael反应。但是,如果分解生成烯酮反应过快而迈克尔反应跟不上时,活泼烯酮仍有可能聚合。

此外,将Mannich碱制成溴化季铵盐,则分解缓慢,且在较低的温度下可析出不饱和酮。

$$CH_3COCH_2CH_2N(CH_3)_2 + CH_3I \longrightarrow CH_3COCH_2CH_2\overset{+}{N}(CH_3)_3I^- \xrightarrow[\text{缓慢}]{\Delta} CH_3COCH{=}CH_2 + N(CH_3)_3 \cdot HI$$

碘化季铵盐

4.3.4　α-羰基酸化合物的合成与拆分

α-羰基酸的合成常用的方法主要有两种：α-卤代酸的水解；羰基的羟基氰化反应，然后氰基的彻底水解——双官能团变化，该法较常用。

$$(CH_3)_2C{=}O + HCN \xrightarrow[\text{(羟氰化反应)}]{} -\underset{OH}{\underset{|}{C}}-CN \xrightarrow{H_3^+O,\Delta\ 沸} -\underset{OH}{\underset{|}{C}}-COOH$$

α-羰基酸的拆开：

$$-\underset{OH}{\underset{|}{C}}-COOH \xRightarrow{FGI} -\underset{OH}{\underset{|}{C}}-CN \xRightarrow{dis} (CH_3)_2C{=}O + HCN$$

4.3.5　β-羟基羰基化合物和α,β-不饱和羰基化合物的拆分

(1)β-羟基羰基化合物的拆分。含有活性α-H的醛(酮)，在稀碱(常用)或稀酸的催化作用下，发生缩合生成β-羟基(醇)醛(酮)的反应，称为"醇(羟)醛(酮)型"缩合反应。该反应具有可逆性。

乙醛碱催化的缩合反应历程如下：

夺取α-H

$$OH^- + H-\overset{H_2}{C}-\overset{O}{\overset{\|}{C}}-H \underset{}{\overset{-H_2O}{\rightleftharpoons}} \left[H_2\overset{-}{C}-\overset{O}{\overset{\|}{C}}-H \rightleftharpoons H_2C{=}\overset{O^-}{\overset{|}{C}}-H \right]$$

亲核进攻

$$\mathrm{H_3C{-}\overset{\delta^+}{C}(=\overset{\delta^-}{O}){-}H} + \mathrm{H_3\bar{C}{-}C(=O){-}H} \rightleftharpoons \mathrm{H_3C{-}CH(O^-){-}CH_2{-}C(=O){-}H}$$

水解

$$\mathrm{H{-}OH} + \mathrm{H_3C{-}CH(O^-){-}CH_2{-}CHO} \rightleftharpoons \mathrm{H_3C{-}CH(OH){-}CH_2{-}CHO} + \mathrm{OH^-}$$

若为酮(如丙酮),则有

$$\mathrm{(H_3C)_2C{=}O} + \mathrm{H{-}CH_2{-}C(=O){-}CH_3} \xrightarrow[\text{回流}]{\mathrm{Ba(OH)_2}} \mathrm{(H_3C)_2C(OH){-}CH_2{-}C(=O){-}CH_3}$$

丙酮酸催化下的缩合反应历程如下:

烯醇式重排

$$\mathrm{H_3C{-}C(=O){-}CH_3} \underset{}{\overset{H^+}{\rightleftharpoons}} \mathrm{H_3C{-}C(={\overset{+}{O}}H){-}CH_2{-}H} \overset{-H^+}{\rightleftharpoons} \mathrm{H_3C{-}C(OH){=}CH_2}$$

亲核进攻

$$\mathrm{H_3C{-}C(OH){=}CH_2} + \mathrm{H_3\overset{\delta^+}{C}{-}C(=\overset{\delta^-}{O}){-}CH_3} \rightleftharpoons \mathrm{H_3C{-}C(={\overset{+}{O}}H){-}CH_2{-}C(OH)(CH_3){-}CH_3}$$

脱去 H^+

$$\mathrm{H_3C{-}C(={\overset{+}{O}}H){-}CH_2{-}C(OH)(CH_3){-}CH_3} \overset{-H^+}{\rightleftharpoons} \mathrm{H_3C{-}C(=O){-}CH_2{-}C(OH)(CH_3){-}CH_3}$$

醛、酮的交叉缩合反应,产率不太高。原因是醛或酮自身都有缩合反应。例如:

$$\mathrm{H_3C{-}C(=O){-}H} + \mathrm{H{-}CH_2{-}C(=O){-}CH_3} \xrightarrow[-\mathrm{H_2O}]{\text{稀}\mathrm{OH^-},\ \text{低热}} \underset{75\%}{\mathrm{H_3C{-}CH(OH){-}CH_2{-}C(=O){-}CH_3}}$$

碱催化反应的机理是碱首先夺取α-C上氢形成碳负离子，接着碳负离子同另一分子碳基发生亲核加成反应，生成β-羟基羰基化合物。通常用的碱有：氢氯化钠、乙醇钠、叔丁醇铝等。酸催化反应使羰基氧质子化，增加羰基碳正电性，从而增加活性。

β-羟基羰基化合物的逆向拆分，从羰基起，将α，β-C—C键打开，β-羟基回到α-C上，β-C恢复为原来的羰基。

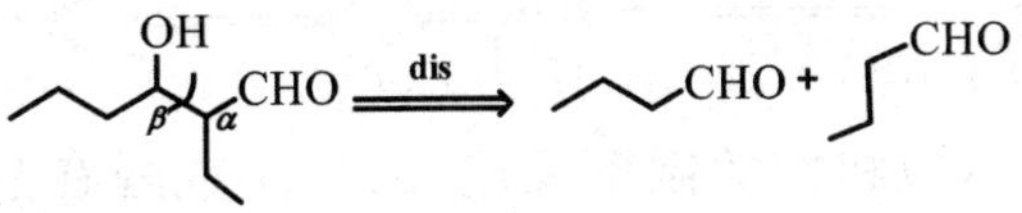

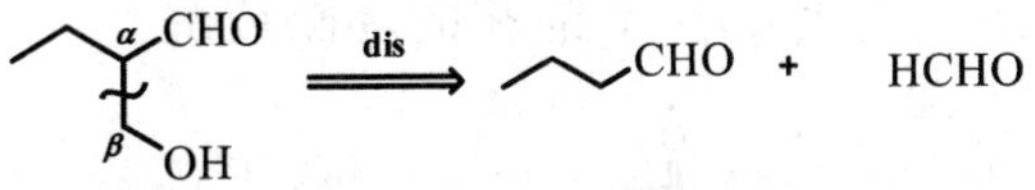

能使α-H活化的基团，除了醛、酮的碳基外，还有其他的强吸电子基，如：$—NO_2$、—CN、$—CO_2H$、$—CO_2R$，甚至卤原子、不饱和键等也有致活作用。

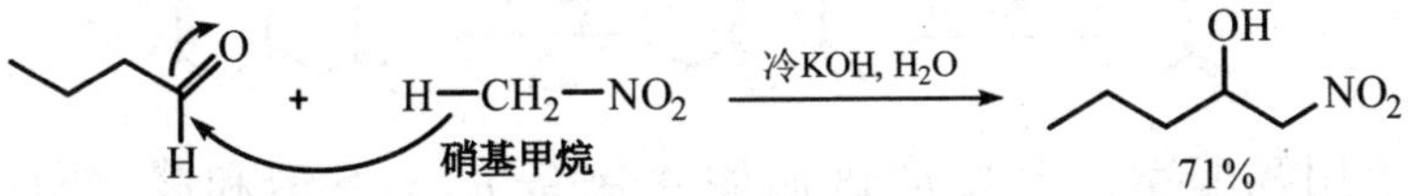

因此，可以推而广之，把这类化合物叫做β-羟基-α-吸电子基化合物。

(2)α，β-不饱和羰基化合物的切断。

①α，β-不饱和羰基化合物的形成。β-羟基醛、酮的脱水反应，可以制备α，β-不饱和羰基化合物，如下列反应方程是开链α，β-不饱和羰基化合物的制备。易脱水的原因：β-羟基和羰基之间α-H受二者吸电子的影响更为活泼；脱水后形成π-π共轭体系很稳定。

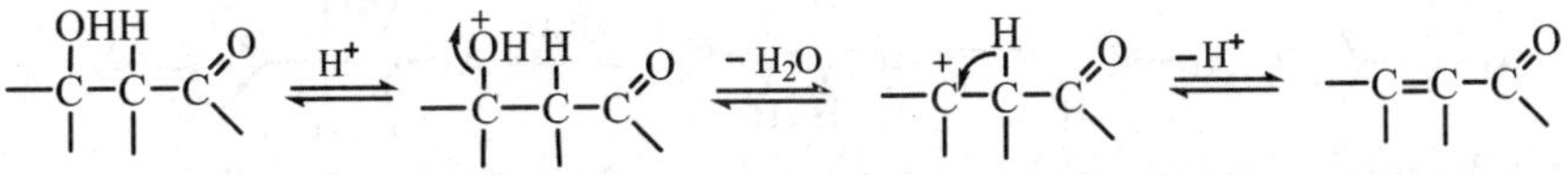

在上面反应中，缩合后碳原子数大于6时，反应要求温度较高，该缩合反应能自动脱水生成α，β-不饱和羰基化合物；若酸催化，就容易进一步发生不可逆的失水反应，得到α，β-不饱和羰基

化合物。

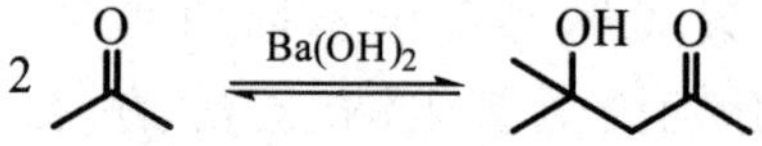

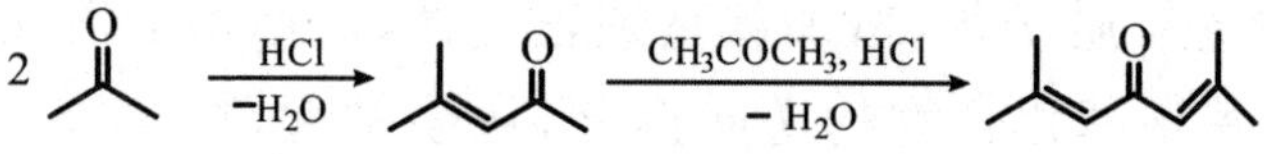

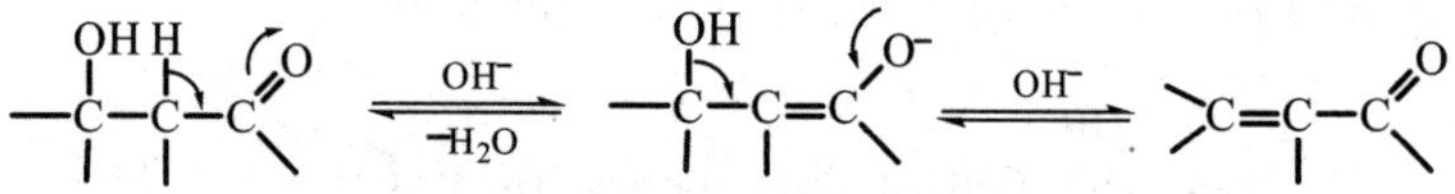

环状 α,β-不饱和酮的制备反应,二元酮或醛在酸或碱的催化下发生缩合反应,生成 α,β-不饱和的环酮或醛。

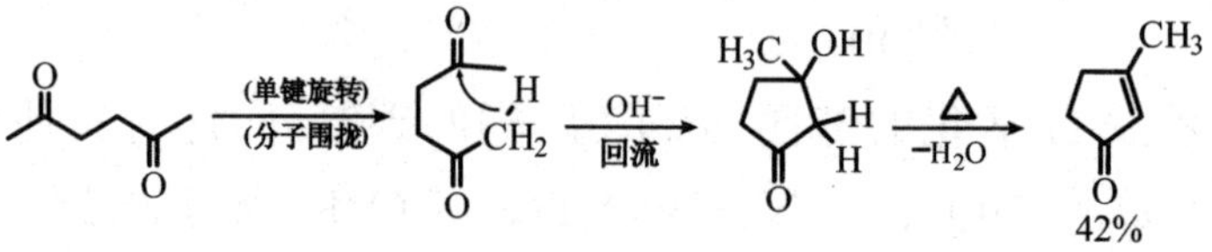

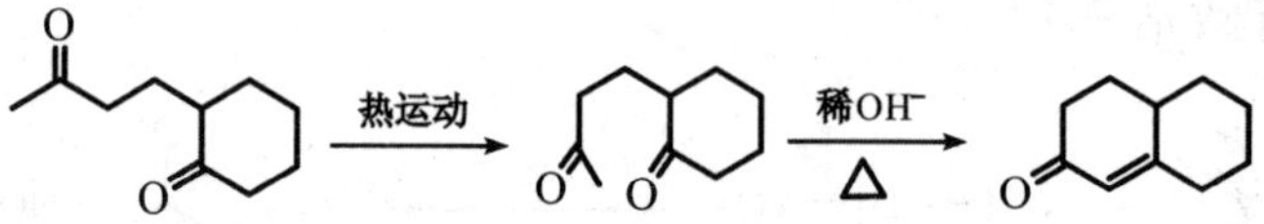

当用醇醛型缩合反应进而脱水制备 α,β-不饱和醛、酮时,若其分子内仍含 γ-H 原子,在足量强碱的作用下,仍能继续进行缩合反应,甚至最终导致缩聚物的生成。所以,这类反应不能使用太浓的强碱。

Claisen-Schmidt 反应,在稀的强碱存在下,含有 α-H 的脂肪醛、酮与芳醛进行交叉缩合反应,生成 α,β-不饱和醛、酮。其历程为:

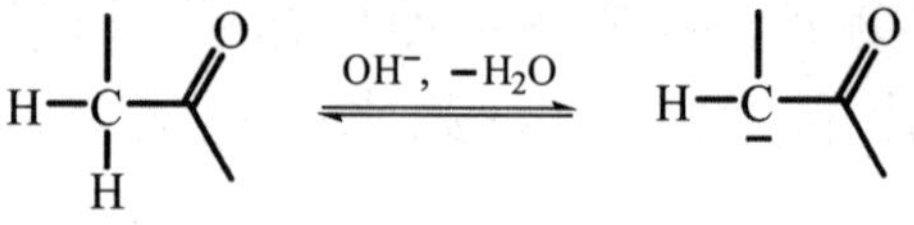

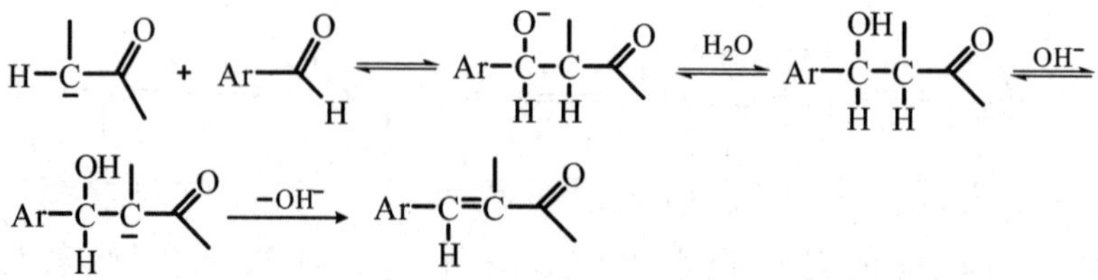

Claisen-Schmidt 反应在有机合成上应用广泛。其规律如下：芳醛与甲基酮或环酮反应最终产物为脱水生成 α,β-不饱和酮。芳醛与不对称酮缩合，总是取代基较少的 α-C 参加反应，取代基较多的 α-C 不易进行缩合反应。

Ph—CHO + H_3CCOPh —NaOH, H_2O/醇→ PhCH=CHCOPh 85%

Ph—CHO + 环己酮 —KOH, H_2O 回流→ 2-亚苄基环己酮 75%

H_3CCOCH(CH_3)COOEt —(1)稀NaOH (2)H_3^+O→ H_3CCOCH(CH_3)COOH —Ph-CHO,缓冲pH=7, H_2O, 25°C, $-CO_2$→ PhCH=CHCOC_2H_5 (主) + H_3CCOCH(CH_3)CH(OH)Ph (次)

H_3CCOC_2H_5 + Ph—CHO —NaOH, H_2O, 25°C→ H_3CCOCH(CH_3)CH(OH)Ph —H_2SO_4, EtOH, 25°C, $-H_2O$→ H_3CCOC(CH_3)=CHPh 9%

Claisen-Schmidt 反应总是生成反式构型的烯，Claisen-Schmidt 反应芳醛与不对称酮反应，酮取代基较少的 α-C 参加反应。

PhCHO + H_3CCOCH_3 ⇌(OH^-) PhCH(OH)CH$_2$COCH_3 ⇌(OH^-) PhCH(OH)$\overset{-}{C}$HCOCH_3 —$-OH^-$→ PhCH=CHCOCH_3 65%~68%

PhCHO + H_3CCOC$(CH_3)_3$ ⇌(OH^-) PhCH(OH)CH$_2$COC$(CH_3)_3$ ⇌(OH^-) PhCH(OH)$\overset{-}{C}$HCOC$(CH_3)_3$ —$-OH^-$→ PhCH=CHCOC$(CH_3)_3$ 88%~93%

Knoevengel 缩合反应，醛或酮与具有丙二酸型活泼亚甲基的化合物，在碱性催化剂作用下，缩合成为 α,β-不饱和羧酸衍生物的反应。简化之可用下面通式表示。

$>C=O$ + CH_2(CN)COOR —吡啶，少量哌啶 / 苯，HAc 或 EtOH→ $>C=C$(CN)COOR + H_2O

反应机理：

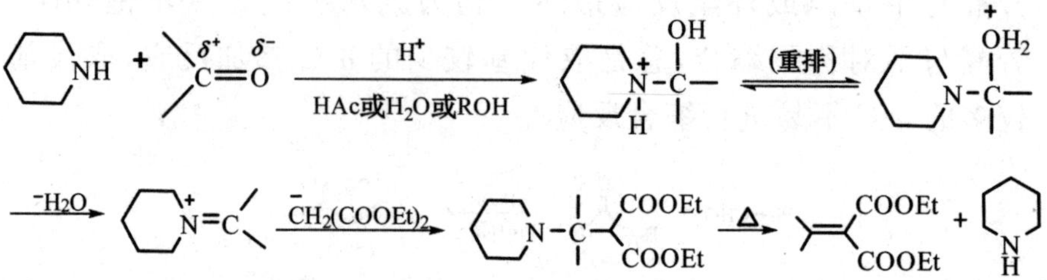

Claisen 缩合反应，无 α-H 的醛与含两个 α-H 的酯在碱性条件下发生缩合反应，生成 α，β-不饱和酯。

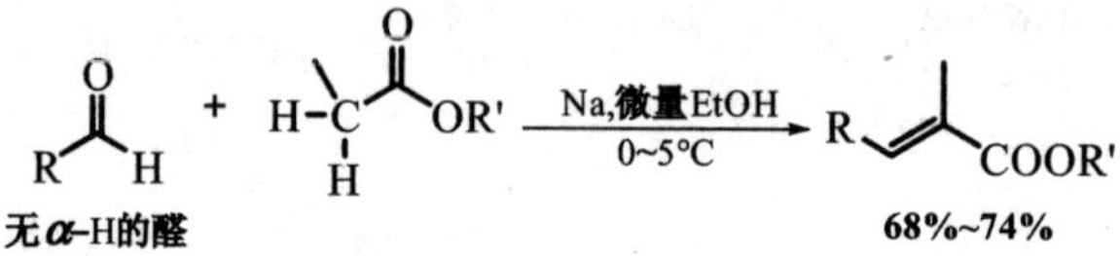

无α-H的醛　　68%~74%

羧酸盐在反应中起碱的作用。反应首先是羧酸盐负离子夺取酸酐中的 α-H，使之形成碳负离子，后者与芳醛亲核加成。机理如下：

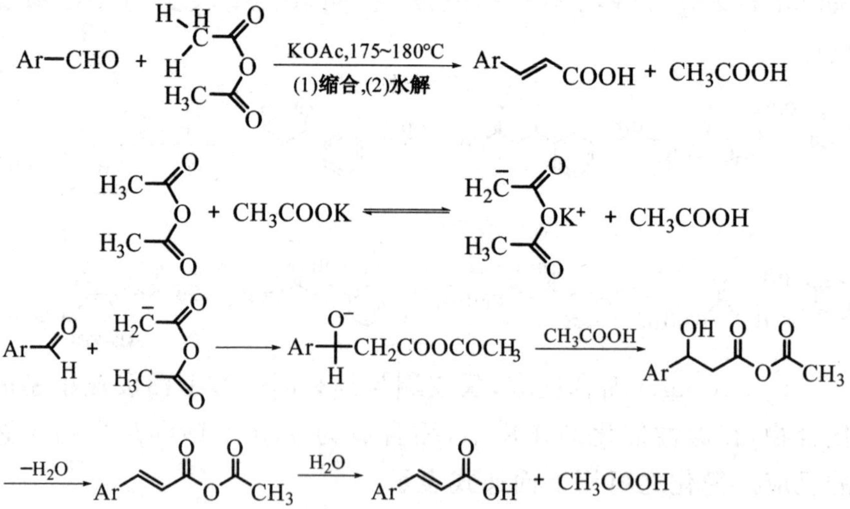

总结以上讨论的缩合反应，合成 α，β-不饱和羰基化合物的方法，即

$$\mathrm{{>}C{=}O} + \mathrm{X{-}CH_2{-}\overset{O}{\overset{\|}{C}}{-}Y} \xrightarrow[\Delta,\ H_2O]{\text{碱性条件}} \mathrm{{>}C{=}C(X){-}\overset{O}{\overset{\|}{C}}{-}Y}$$

醛或酮　　　　　　　　　α,β-不饱和羰基化合物

X 为 H 或吸电子基，—OH，—OR、—OAc 等，所以，α,β-不饱和羰基化合物的拆开就容易理解了。

②α,β-不饱和羰基化合物的拆开。

$$\mathrm{{>}C{=}\overset{|}{C}{-}\overset{O}{\overset{\|}{C}}{-}} \xRightarrow{\text{dis}} \mathrm{{>}C{=}O} + \mathrm{{-}CH_2{-}\overset{O}{\overset{\|}{C}}{-}}$$

$$\mathrm{{-}\underset{|}{\overset{H}{\overset{|}{C}}}{-}\underset{|}{\overset{H}{\overset{|}{C}}}{-}\overset{O}{\overset{\|}{C}}{-}} \xRightarrow{\text{FGA}} \mathrm{{-}\underset{|}{C}{=}\overset{|}{C}{-}\overset{O}{\overset{\|}{C}}{-}} \xRightarrow{\text{dis}} \mathrm{{>}C{=}O} + \mathrm{{-}\underset{|}{\overset{H}{\overset{|}{C}}}{-}\overset{O}{\overset{\|}{C}}{-}}$$

如果是有 α,β—H 且为饱和的羰基化合物，也能按上式那样拆开，但需要多几步。

4.4　合成路线设计的原则及程序

4.4.1　设计合成路线的原则

运用分子的拆开法设计合成路线，应遵循下列原则：

①了解各种反应的机理。

②具有鉴别某些易得化合物的能力。

③运用各种可靠反应的知识。

④了解对立体化学并具备立体选择性合成的必要手段。

4.4.2　设计合成路线的程序

(1)分析。

①认出目标分子中的官能团及其逻辑变化关系。

②依据已知的可靠方法进行切断，必要时采用 FGI 使产生合适的官能团供切断。

③必要时重复进行切断，以便获取易得的起始原料。

在进行切断时，对由两种官能团结合形成的官能团应特别予以注意，先拆为原来的官能团；C—X 键处，X 为杂原子或官能团；双官能团相间的碳数（$n=1\sim6$）；链的分支处；连接芳环与分子剩余部分的键；邻接于羰基的键等。

（2）合成。

①逆向分析，写出合成计划，加上试剂和反应条件。

②检查是否安排好一个合理的次序。

③检查是否把化学选择性的各个方面考虑周到，避免任何不必要的反应发生，必要时应使用保护基或导向基。

④根据实验失败或成功来修改计划。

第 5 章　基团的保护

有时将有机合成的路线进行一些策略性的安排，可使原来不能进行的反应得以实现，或简化反应步骤，或减少副产物的生成使产率提高。这些策略的安排主要有基团的保护和导向基的应用。

在有机合成中，不少反应物分子内往往存在不止一个可发生反应的基团，在这种情况下，不仅常使产物复杂化，而且有时还会导致所需反应的失败。因此，需要采用基团的保护策略。

5.1　概述

在有机合成反应中，特别是多官能团复杂分子的合成，除特定部位或基团发生预期反应外，还常常导致其他部位或基团发生变化，结果使得反应产物极其复杂。为使反应按预期进行，需对有机化合物中一些活性基团如羟基、羰基、氨基、羧基、巯基、磷酸酯基、叁键、共轭双键以及活性 C—H 键等加以保护，将其转化为不受后续反应影响的衍生物，待反应结束后除去保护基恢复原来的官能团。为了保护其他官能团而引入分子内的官能团，称为“保护基”。

5.1.1　官能团的引入

（1）饱和碳原子上官能团的引入。饱和碳原子上官能团的引入主要是通过自由基取代反应来完成的。通过自由基取代，可在饱和碳原子上引入卤素、硝基和磺酸基等官能团。其中在有机合成中起重要作用的为卤素的引入。因为在有机化合物分子中引入卤素将使其极性增大，反应活性也随之提高。因此，这里主要介绍卤代反应。

①饱和烃的卤代反应。饱和烃上的氢原子活性比较小，需用卤素在高温气相条件下或紫外光照射下，或在其他自由基引发剂存在下才能进行反应。此反应大多属于自由基历程。若无立体因素影响，烷烃的氢原子的活性次序为

伯氢＜仲氢＜叔氢

而卤素的活性次序为

$$F_2 > Cl_2 > Br_2$$

但是卤素的活性越高，选择性就越差。鉴于 I_2 的反应活性太差，与烷烃不发生取代反应，F_2 反应活性过于强烈，不容易控制。因此，只有饱和烃的氯代和溴代反应才具有实际意义。

$$CH_3CH_2CH_3 + X_2 \xrightarrow[\text{或}\triangle]{hv} CH_3CH_2CH_2X + CH_3\underset{\displaystyle X}{\underset{|}{C}}HCH_3 \text{(X=Cl,Br)}$$

除氯和溴外，卤代试剂还有硫酰氯、磺酰氯、次卤酸叔丁酯、*N*-卤代仲胺、*N*-溴代丁二酰亚胺(NBS)等，且后三者的选择性均好于卤素。例如：

$$HO(CH_2)_6CH_3 + [(CH_3)_2CH]_2NCl \xrightarrow[H_2SO_4/H_2O]{hv} HO(CH_2)_6CH_2Cl + [(CH_3)_2CH]_2NH$$

②烯丙基化合物和烷基芳烃的 α-卤代。烯丙位和苄位氢活性较高，在高温、光照或自由基引发剂的存在下，容易发生卤代反应。此反应也属于自由基历程。

烯丙基化合物的 α-卤代是合成不饱和卤代烃的重要方法。其中以 α-溴代反应更为普遍。最常用的溴化试剂为 *N*-溴代丁二酰亚胺(NBS)。

$$RCH_2CH{=}CH_2 + \text{NBr(NBS)} \longrightarrow RCHBrCH{=}CH_2 + \text{NH（丁二酰亚胺）}$$

例如：

$$C_6H_5CH{=}CHCH_3 \xrightarrow{NBS} C_6H_5CH{=}CHCH_2Br$$

除 NBS 外，常用的溴化试剂还有三氯甲烷磺酰溴、二苯酮-N-溴亚胺、N-溴代邻苯二甲酰亚胺、N-溴代乙酰胺等。例如：二苯酮-N-溴亚胺与环己烯在紫外光照射下，于 80℃反应，生成-3-溴环己烯：

$$\text{环己烯} + (C_6H_5)_2C{=}NBr \xrightarrow[80℃]{h\nu} \text{3-溴环己烯 (Br)} + (C_6H_5)_2C{=}NH$$

烷基芳烃的 α-氢也易被卤素取代，这是合成 α-卤代芳烃的重要方法。例如：

$$\text{1-}CHBr_2\text{-萘} \xleftarrow{NBS(2mol)} \text{1-}CH_3\text{-萘} \xrightarrow{NBS(1mol)} \text{1-}CH_2Br\text{-萘}$$

上述烯丙基化合物的卤代试剂均适用于烷基芳烃的卤代。

烯丙基化合物和烷基芳烃的 α-氯代，可以采用活泼的氯化试剂，常用的氯化试剂有三氯甲烷磺酰氯、次氯酸叔丁酯、N-氯代丁二酰亚胺、N-氯化-N-环己基苯磺酰胺等。例如，用 N，N-氯苯磺酰胺与环己烯作用生成的 N-氯化-N-（2-氯环己基）苯磺酰胺，可使烯烃的 α-位顺利氯代：

$$C_6H_5SO_2NCl_2 + \text{环己烯} \longrightarrow \text{2-Cl-环己基-}N(Cl)SO_2C_6H_5$$

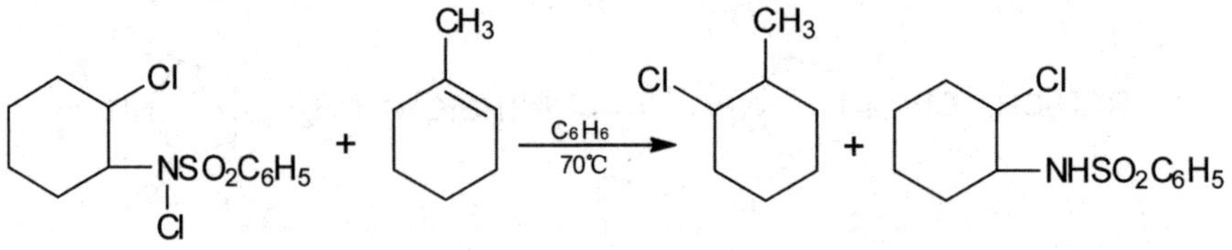

$$\text{2-氯环己基-}NClSO_2C_6H_5 + \text{1-甲基环己烯} \xrightarrow[70℃]{C_6H_6} \text{2-氯-1-甲基环己烷} + \text{2-氯环己基-}NHSO_2C_6H_5$$

(2)芳环上官能团的引入。苯的亲电取代反应是在苯环上引入官能团的重要方法。其亲电取代反应如图 5-1 所示。

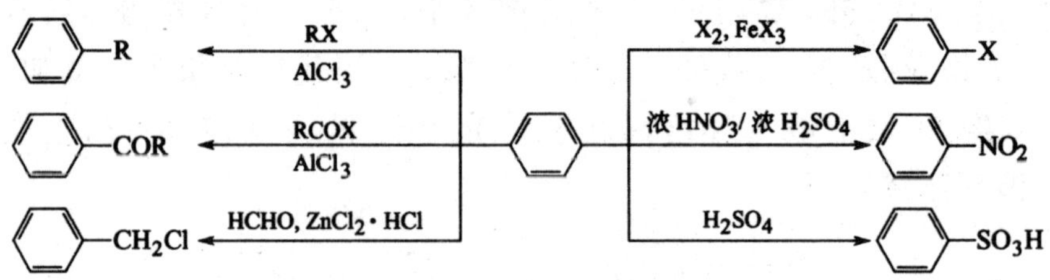

图 5-1　苯的亲电取代反应

苯的卤化反应一般指氯化和溴化，F_2 反应活性过于强烈，不宜与苯直接反应。苯在 CCl_4 溶液中与含有催化量氟化氢的二氟化氙反应，可制得氟苯。

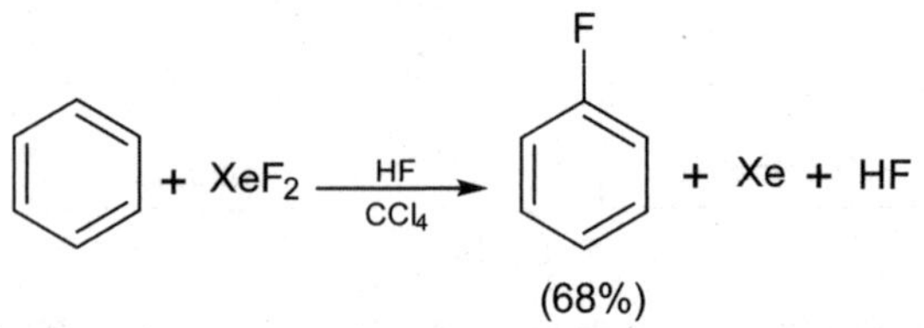

$$C_6H_6 + XeF_2 \xrightarrow[CCl_4]{HF} C_6H_5F\ (68\%) + Xe + HF$$

碘很不活泼，只有在硝酸等氧化剂的作用下才可与苯发生碘化反应。

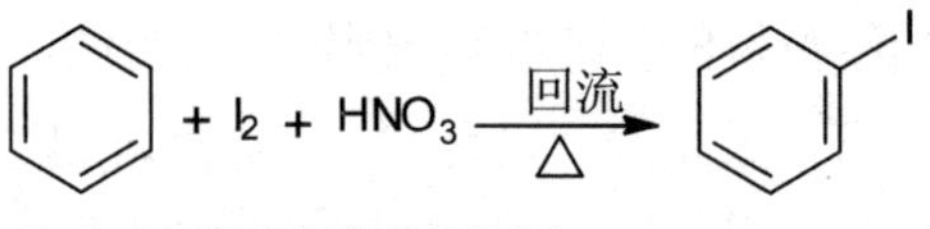

$$C_6H_6 + I_2 + HNO_3 \xrightarrow[\triangle]{\text{回流}} C_6H_5I$$

此外，氯化碘也是常用碘化试剂。

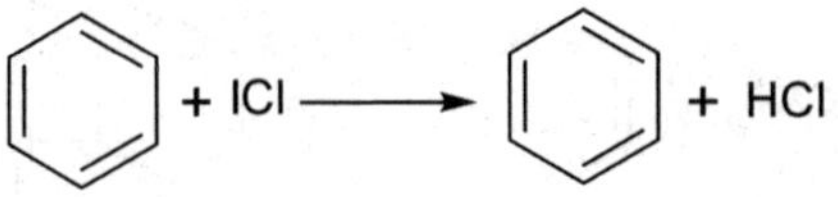

$$C_6H_6 + ICl \longrightarrow C_6H_5I + HCl$$

磺化反应属于可逆反应。此反应的可逆性在有机合成中非常有用，在合成时可通过磺化反应保护芳环上的某一位置，待进一步发生反应后，再通过稀硫酸将磺酸基除去，即可得到所需化合物。

$$C_6H_5SO_3H \xrightarrow[100\sim170℃]{稀H_2SO_4} C_6H_6 + H_2SO_4$$

例如，用甲苯制备邻氯甲苯：

$$C_6H_5CH_3 \xrightarrow{H_2SO_4} p\text{-}CH_3C_6H_4SO_3H \xrightarrow{Cl_2/Fe} 4\text{-}CH_3\text{-}3\text{-}Cl\text{-}C_6H_3SO_3H \xrightarrow[150℃]{稀H_2SO_4} o\text{-}CH_3C_6H_4Cl$$

氯甲基化反应生成的氯化苄上的氯十分活泼，$—CH_2Cl$ 可进一步转化为 $—CH_2OH$、$—CHO$、$—CH_2CN$、$—CH_2COOH$、$—CH_2NH_2$ 等。

$$C_6H_5CH_2Cl \xrightarrow{NaOH} C_6H_5CH_2OH \xrightarrow{[O]} C_6H_5CHO$$

$$C_6H_5CH_2Cl \xrightarrow{KCN} C_6H_5CH_2CN \xrightarrow{H_3O^+} C_6H_5CH_2COOH$$

$$C_6H_5CH_2Cl \xrightarrow{NH_3} C_6H_5CH_2NH_2$$

烷基苯侧链的卤代为自由基历程，在光热或加热条件下进行。

$$C_6H_5CH_2CH_3 + Cl_2 \xrightarrow{h\nu} C_6H_5CHClCH_3$$

烷基苯易被氧化，在 $KMnO_4$ 或 $K_2Cr_2O_7$ 等氧化剂作用下，烷基侧链被氧化为—COOH。

不管链有多长，只要与苯环相连的碳上有氢原子，氧化的最终产物均为只含一个碳的羧基。若苯环上有两个不等长碳键，通常是长的侧链先被氧化。

CH_3, $CH_2CH_2CH_3$ $\xrightarrow{KMnO_4}$ CH_3, $COOH$ $\xrightarrow{KMnO_4}$ $COOH$, $COOH$

5.1.2 官能团之间的相互转换

在有机合成中，许多目标分子的合成总是通过官能团之间的相互转换来实现的，同时碳骨架的形成也不能脱离官能团的作用和影响。因此，有机化合物官能团之间的相互转换是有机合成的基础和重要工具。下面主要讨论基本的官能团的转换。

(1)烯烃的官能团化。烯烃官能团化集中表现在碳-碳双键及双键的邻位、稀丙位两个位置上。现以丙烯为例，烯烃在合成上应用价值较大的反应如图 5-2 所示。

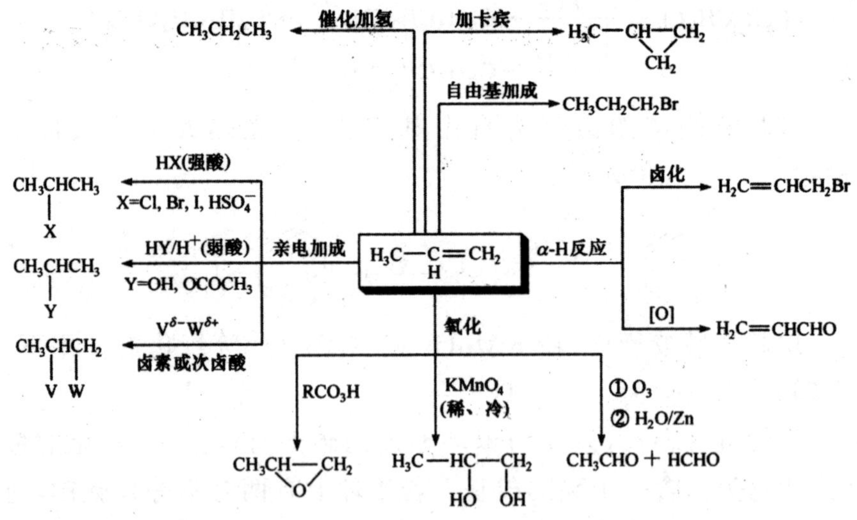

图 5-2 丙烯官能团化图示

在碳-碳双键的反应中，就反应而言，包括亲电加成反应和自由基加成反应；就产物而言，亲电加成是马尔科夫尼科夫(Markovnikov)产物(硼氢化—氧化反应实际上仍符合不对称加成规则)，而自由基加成一般得反马氏产物。例如：

$$H_3C-CH(OH)-CH_2Br \xleftarrow{HOBr} H_3C-CH=CH_2 \xrightarrow{ICl} H_3C-CHCl-CH_2I$$

$$H_3C-CH_2-CH_2Br \xleftarrow[\text{过氧化物}]{HBr} H_3C-CH=CH_2 \xrightarrow[\text{无过氧化物}]{HBr} H_3C-CHBr-CH_3$$

$$H_3C-CH=CH_2 \longrightarrow H_3C-CH_2-CH_2OH$$

烯烃与卡宾的加成反应是合成环丙烷衍生物的重要方法。例如：

$$CH_2N_2 \xrightarrow{h\nu} :CH_2 + N_2$$

$$H_3C-CH=CH_2 + :CH_2 \longrightarrow CH_3-CH-CH_2 \text{（环丙烷，}C H_2\text{）}$$

亲电加成的立体化学表明，除硼氢化-氧化为顺式加成外，其余均为反式加成。例如：

$$\text{环戊烯} \xrightarrow[(HOBr)]{Br_2} \text{溴鎓离子}(Br^+) \xrightarrow{Br^-} \text{反-1,2-二溴环戊烷}$$

$$(Z)\text{-}CH_3CH=CHCH_3 \xrightarrow{HOCl} CH_3CHCl-CH(OH)CH_3 \xrightarrow{OH^-} \text{顺式环氧化物}$$

(Z)　　　　顺式

$$(E)\text{-}CH_3CH=CHCH_3 \xrightarrow{HOCl} CH_3CHCl-CH(OH)CH_3 \xrightarrow{OH^-} \text{反式环氧化物}$$

(E)　　　　反式

碳—碳双键相邻的碳-氢键(烯丙位氢)对氧化和卤化是敏感的。烯丙位氢的氧化反应常用 SeO_2 和过酸酯作为氧化剂,产物为相应的 α,β-不饱和醇。例如:

$\xrightarrow{SeO_2}$ OH

$$CH_3CH_2\overset{CH_3}{\overset{|}{C}}=CHCH_3 \xrightarrow{SeO_2} H_3CH\underset{HO}{\underset{|}{C}}\overset{CH_3}{\overset{|}{C}}=CHCH_3$$

$$H_3C-\underset{CH_3}{\underset{|}{C}}=CHCH_3 \xrightarrow{SeO_2} H_3C-\underset{CH_2OH}{\underset{|}{C}}=CHCH_3$$

SeO_2 氧化烯丙位氢通常发生在取代基较多的双键碳原子的 α-位,其顺序为—CH—CH_2>CH_3

N-溴代丁二酰亚胺(NBS)在光催化反应条件下,可使多种甾烯的亚甲基发生氧化,具有良好的区域选择性。例如:

H_3CCOO $\xrightarrow[THF/H_2O]{hv/NBS/CaCO_3}$ H_3CCOO O

81%

用 NBS 进行溴化,因为反应涉及烯丙基自由基中间体,所以得到溴代烃的混合物。例如:

$$RCH_2CH=CH_2 \xrightarrow[(PhCO_2)_2]{NBS} R-\dot{C}H-CH=CH_2 \longleftrightarrow R-CH=CH-\dot{C}H_2$$

$$\xrightarrow{NBS} R-\underset{}{\overset{Br}{\overset{|}{C}H}}-CH=CH_2+R-CH=CH-\overset{Br}{\overset{|}{C}H_2}$$

(2)炔烃的官能团化。炔烃的官能团化主要表现在碳碳叁键上,其主要反应如图 5-3 所示。

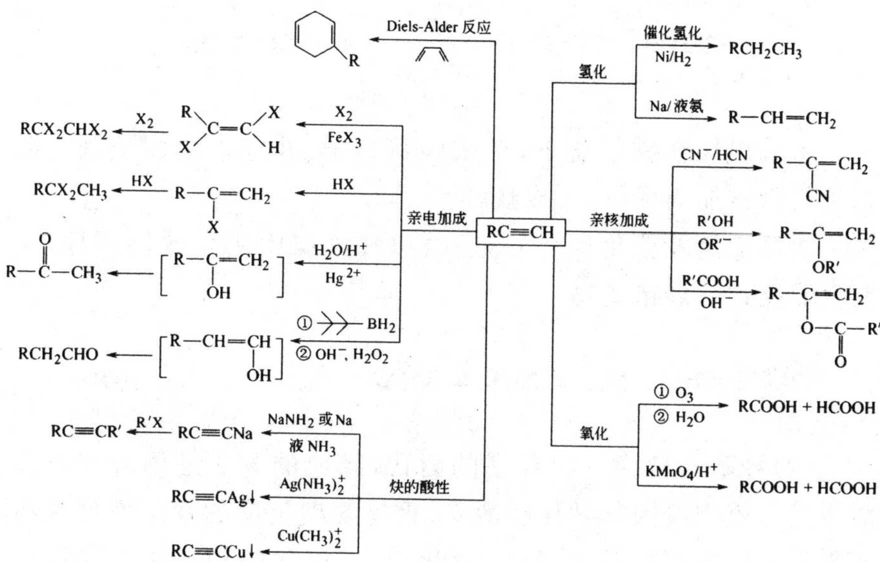

图 5-3　炔烃的主要反应

炔烃与烯烃相似，也可发生亲电加成，不对称炔烃与亲电试剂加成时也遵循马氏规则，多数加成也为反式加成。

溴化氢与炔烃加成时，与烯烃相同，在有过氧化物存在下，进行自由基加成，得反马氏规则产物。

炔烃与水的加成，常用汞盐作为催化剂。一元取代乙炔与水加成产物仅为甲基酮（$RCOCH_3$），而二元取代乙炔 $RC\equiv CR'$ 的水加成产物通常为两种酮的混合物，若 R 为 1°烃基，R′为 2°或 3°烃基，则主要得到羰基与 R′相邻的酮。

$$CH_3(H_2C)_2C\equiv CH + H_2O \xrightarrow[HgSO_4/H_2SO_4,70℃]{HOAC} CH_3(CH_2)_2COCH_3$$

$$CH_3C\equiv C-\underset{CH_3}{\overset{CH_3}{\underset{|}{\overset{|}{C}}}}-CH_3 + H_2O \xrightarrow[Hg^{2+}]{H^+} CH_3CH_2-\overset{O}{\overset{\|}{C}}-\underset{CH_3}{\overset{CH_3}{\underset{|}{\overset{|}{C}}}}-CH_3$$

炔烃与烯烃的明显不同表现在亲核加成反应上，炔烃可以和有活泼氢的有机化合物如—OH、—NH_2、—COOH、—$CONH_2$ 等发生加成反应生成含有双键的产物。如：

$$HC \equiv CH + C_2H_5OH \xrightarrow[150\sim180^\circ C,\ 0.1\sim1.5MPa]{碱} H_2C = CHOC_2H_5$$

末端炔烃在碱催化下，形成碳负离子，并作为亲核试剂与羰基进行亲核加成反应，生成炔醇。

炔烃加氢除催化氢化外，还可以在液氨中用金属钠还原，主要生成反式烯烃衍生物。

$$CH_3C \equiv CCH_3 + 2Na + 2NH_3 \xrightarrow{液氨} \begin{matrix} H_3C & & H \\ & C=C & \\ H & & CH_3 \end{matrix} + 2NaNH_2$$

(3)羟基的转换。醇羟基的卤代，经典的方法是用醇与氢卤酸作用。该方法因其常伴随消除、重排等副反应的发生而使其应用受到一定限制。现在，除三卤化磷、五卤化磷和卤化亚砜可作卤化试剂外，还有一些反应条件温和、选择性好、副反应少、产率高的卤代新试剂，如 *N*-氯代丁二酰亚胺与三苯基膦、四溴化碳与三苯基膦、碘甲烷与亚磷酸酯等。

酯的合成一般选用酸和醇反应制得。反应过程中，一般用过量的醇或酸，或利用共沸蒸馏等方法除去生成的水。采用三氟化硼-乙醚的络合物作催化剂可使芳酸、不饱和酸及杂环芳酸的酯化收到满意的效果。

为了中和生成的酸，在醇与酰卤或酸酐的酯化反应中通常要加入碱性试剂，以便促进反应的进行。

在 OH^- 条件下，醇与 RX 等作用生成醚；在酸性条件下，醇与 3,4-氢吡喃作用生成混合缩醛，用于保护羟基。醇与醛、酮反应，在酸催化下生成缩醛(酮)，用于保护羰基。醇失水生成烯烃，可用多种布朗斯台德(Brönsted)酸和 Lewis 酸作催化剂促进反应的进行。

醇的官能团转换如图 5-4 所示。

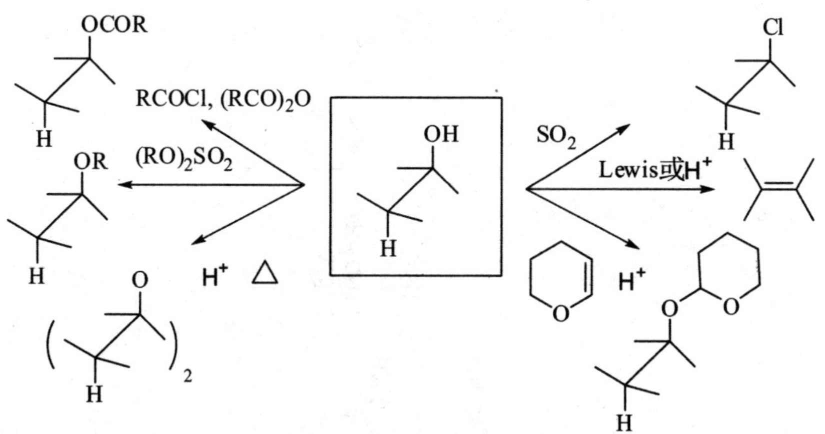

图 5-4　醇羟基的转换图示

(4)氨基的转换。氨基是碱性基团,它作为亲核试剂与卤代烷发生反应,得到胺和铵盐,与酰卤和酸酐作用得到酰胺。在氨基转换的反应中,伯芳胺转换为重氮盐的反应在合成上有重要意义。氨基转换的有关反应如图 5-5 所示。

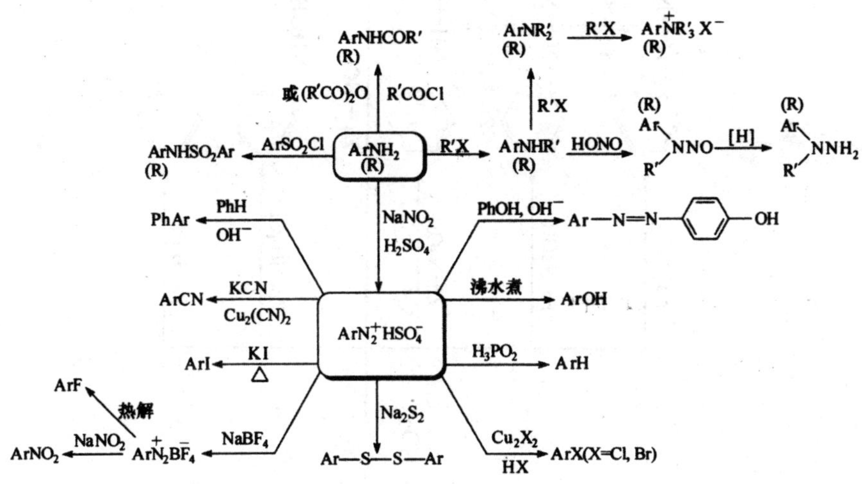

图 5-5　氨基的转换图示

(5)硝基的转换。硝基是一个强的间位定位基,在芳香族化合物的合成中,起到非常重要的作用。它的一个重要转换就是还原为氨基,后者发生重氮化反应,可以被多种原子或基团取代,生成一系列化合物。其主要反应如图 5-6 所示。

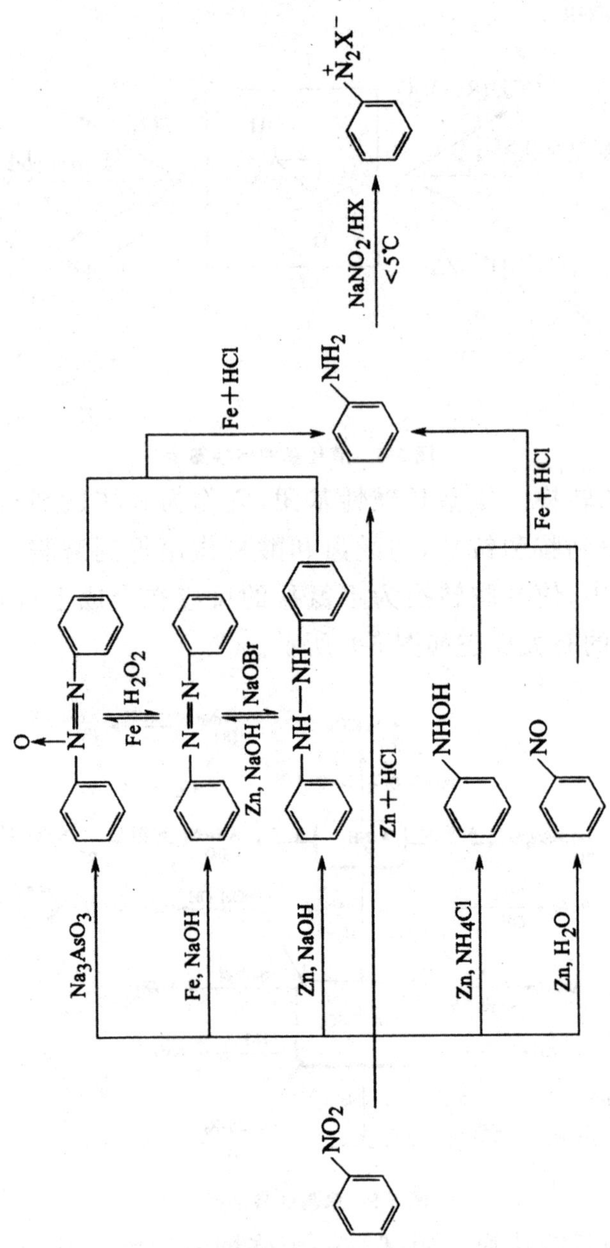

图 5-6　硝基的转换反应

(6)醛和酮的转换。醛和酮会发生缩合反应，亲核加成和还原反应等，生成各种化合物，在合成上具有重要应用价值。有关反应如图 5-7 所示。

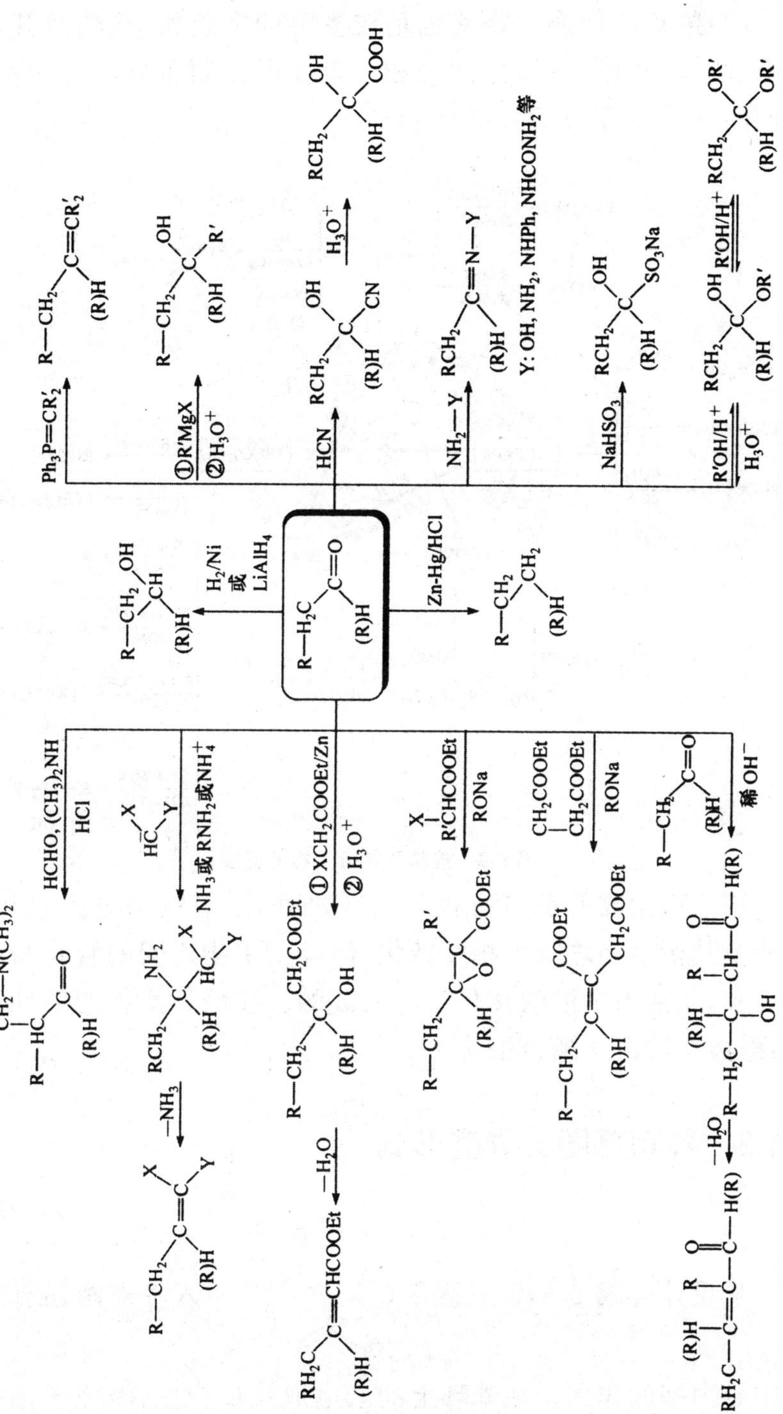

图 5-7 醛和酮羰基的转换图示

(7)羧基的转换。羧基也是较重要的官能团,羧酸及其衍生物酯、酰卤、酸酐、酰胺之间的相互转换既是制备方法之一,又是它们的重要性质,如图 5-8 所示。

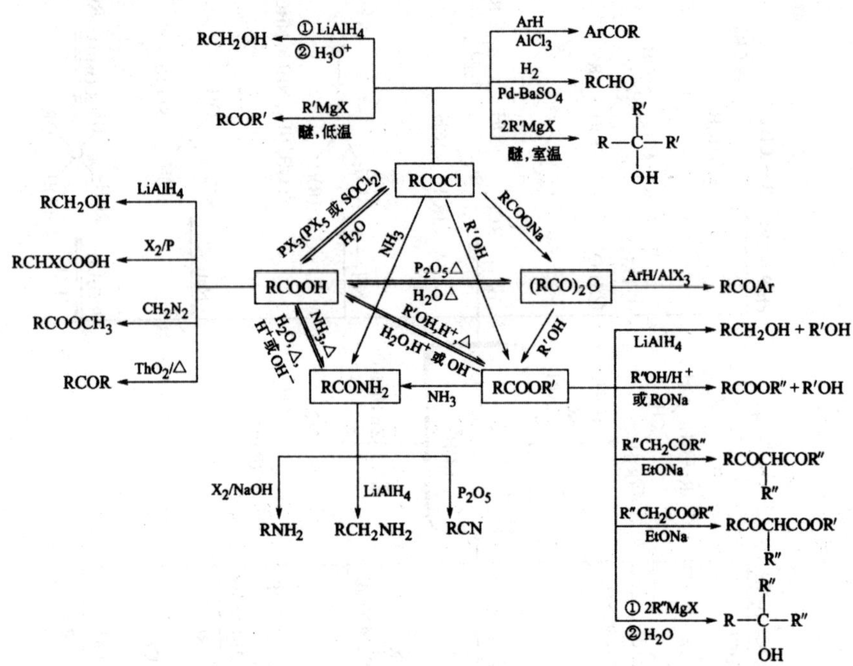

图 5-8 羧基及其衍生物的反应

羧酸衍生物的反应有很多共同之处,反应机制也大致相同。羧酸及其衍生物之间可相互转化,但是衍生物之间的转化与其活性有关,往往由活泼的转化为不活泼的。羧酸衍生物的活性次序为:酰卤>酸酐>酯>酰胺。

5.1.3 导向基团的导向形式

从设计合成 1,3,5-三溴苯(Br、Br、Br 三取代苯环结构)入手来阐述有机合成中导向基的作用。在苯环上的亲电取代反应中,溴原子是一个邻位、对位定位基,而待合成的化合物中溴原子互为间位,显然,不能够由溴苯中溴原子本身的定位效应来直接引入另外两个溴原子。它们互居间位,可以推测这是由于有一个具有强的邻位、对位定位基存在,它的定位效应比溴原子大,使溴原子在发生芳基亲电取代时,分别进入了该定位基的邻位、对位,从而使溴基团本身处于互为间位。不过在产物中并没有这个基团的存在,显然它是在合成过程中引入,任务完成后去掉的。此基团在有机合成中称为导向基。

(1)活化导向。上例中氨基所以能充任导向基,是由于它对邻位、对位有较强的活化作用。反之,要想在芳环上间位进行取代,就要用硝基、羰基等。但总的来说,利用活化作用导向手段是使用最多的。除芳环取代外,直链化合物的取代,也可用引入活化基的办法。

例如,合成苄基丙酮。

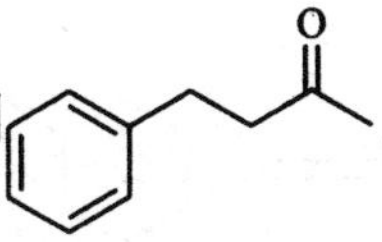

分析:

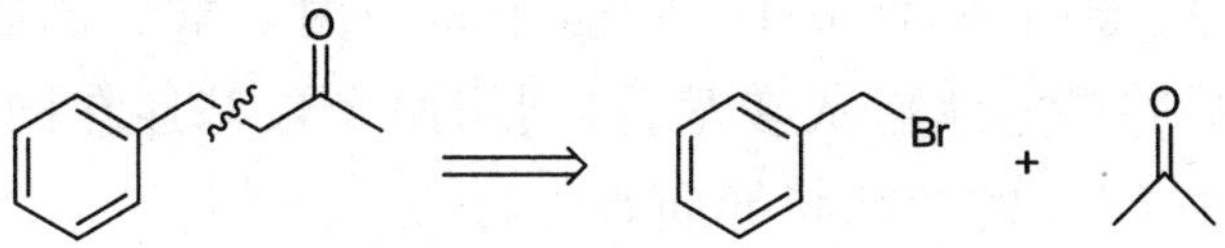

Br

+

直接采用上述方法制备的苄基丙酮收率低,因为反应中除了副反应丙酮的自身缩合外,还会有对称的二苄基丙酮等副产物形成:

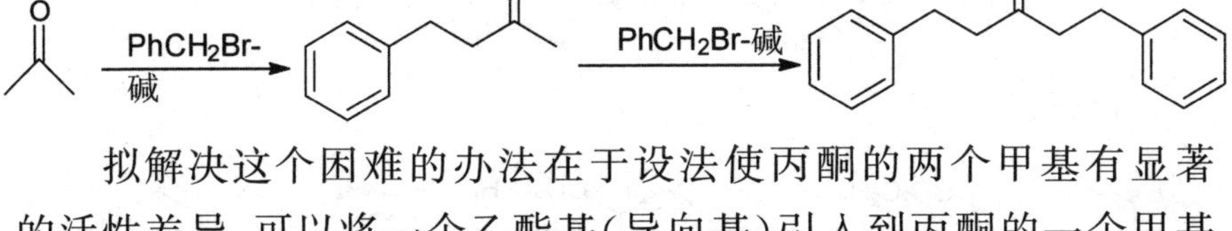

$PhCH_2Br$-碱

$PhCH_2Br$-碱

拟解决这个困难的办法在于设法使丙酮的两个甲基有显著的活性差异,可以将一个乙酯基(导向基)引入到丙酮的一个甲基上,这样就使所在碳上的氢较另一个甲基中的氢有大得多的活性,使这个碳成为苄基溴进攻的部位,因此在合成时使用的原料是乙酰乙酸乙酯而不是丙酮。任务完成后将乙酯基水解成羰基,再利用 β-酮酸易于脱羧的性质(一般在室温或略高于室温即可脱羧)将导向基去掉。

合成：

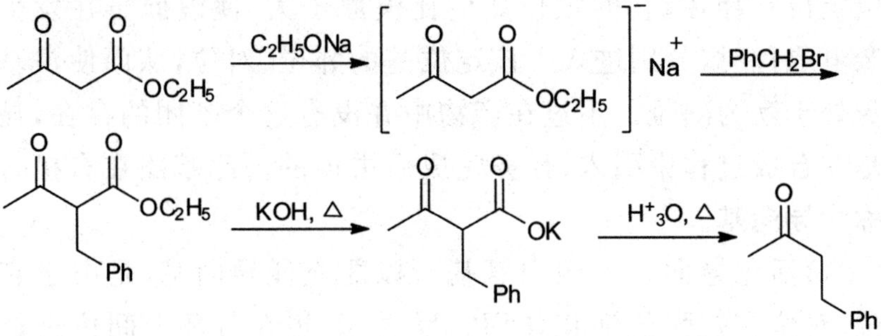

PhCH₂Br

KOH, △

H^+_3O, △

又如，设计化合物 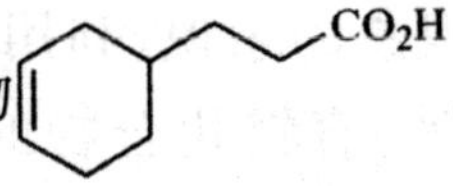 。

分析：

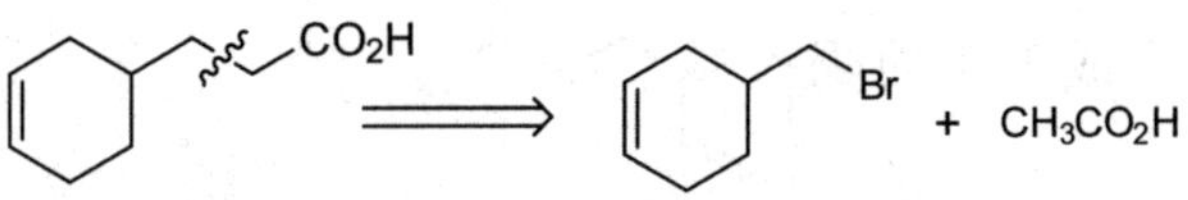

但是乙酸的 α-H 不够活泼，为使烷基化在 α-碳上发生，需经引入乙酯基（导向基）使 α-H 活化，于是用丙二酸二乙酯为原料。任务完成后将酯基水解成羧基，再利用两个羧基连在同一碳上受热容易失去 CO_2 的特征将导向基去掉：

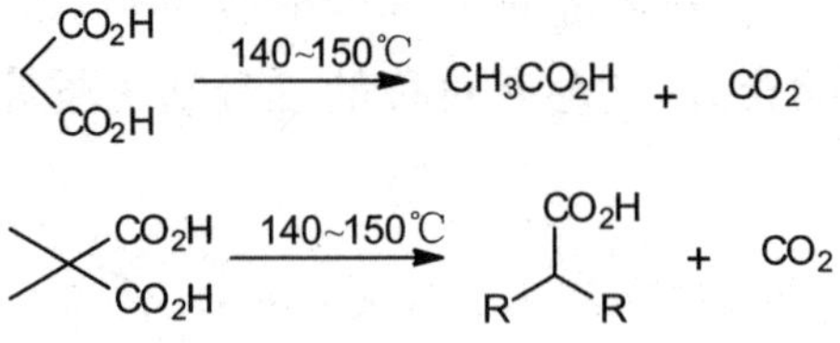

140~150℃ CH_3CO_2H + CO_2

140~150℃ + CO_2

合成：

(1) $LiAlH_4$ (2) PBr_3

(1) H^+_3O, (2) △

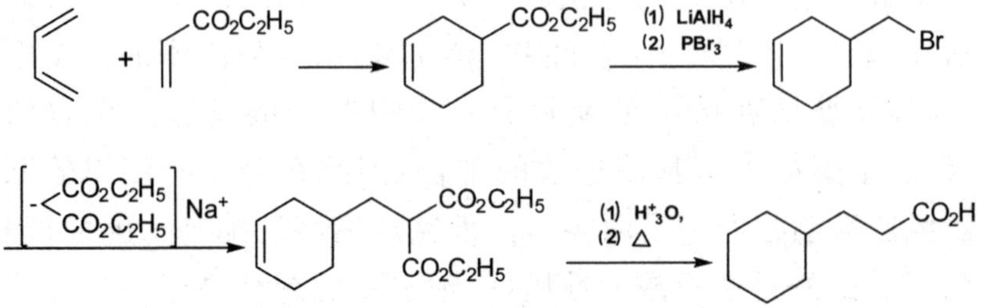

再如，设计 1-环戊基-3-苯基丙烷（结构式）的合成路线。

分析：这个化合物是一个没有官能团的烃类化合物，要拆开很困难，为将两个环之间的饱和碳链拆开，不妨设想在合成过程中碳链上曾存在着官能团。

首先设想 C_1 是个羰基的碳原子，做这样的设想是允许的，因为羰基通过下列反应是可以转变成亚甲基。

$$\mathrm{>C=O \xrightarrow{NaBH_4} >CHOH \xrightarrow{\mathit{p}\text{-}CH_3C_6H_4SO_2Cl} >CHOTs \xrightarrow{LiAlH_4} >CH_2}$$

再设想在 C_2 与 C_3 之间有个双键，这也是允许的，因为通过催化氢化可以方便地将双键转化为单键：

$$\mathrm{>C=C< \xrightarrow{H_2,催化剂} >CH-CH<}$$

这样就将 1-环戊基-3-苯基丙烷设想是从环戊基苯乙烯基甲酮变化来的：

1-环戊基-3-苯基丙烷 $\Longrightarrow$ 环戊基苯乙烯基甲酮

环戊基苯乙烯基甲酮可以如下拆开：

环戊基苯乙烯基甲酮 $\Longrightarrow$ 环戊基甲基酮 + 苯甲醛（CHO）

环戊基甲基酮 $\Longrightarrow$ 1,4-二溴丁烷（Br，Br） + 丙酮

（需要活化向导）

合成：

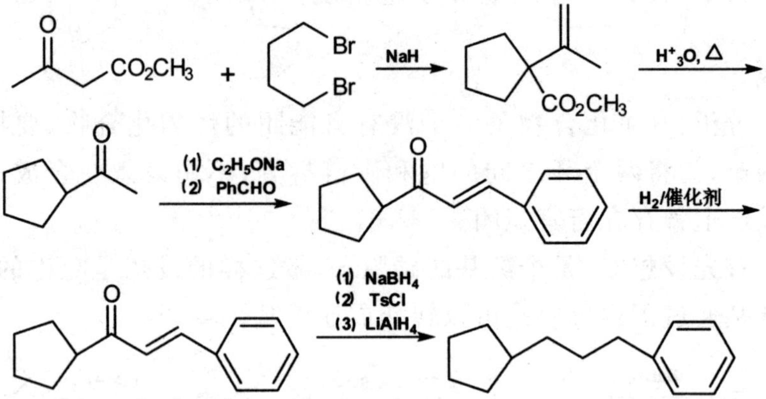

$\xrightarrow{NaH}$ $\xrightarrow{H^+_3O, \Delta}$ $\xrightarrow{(1)\ C_2H_5ONa\ (2)\ PhCHO}$ $\xrightarrow{H_2/催化剂}$ $\xrightarrow{(1)\ NaBH_4\ (2)\ TsCl\ (3)\ LiAlH_4}$

再如，制备化合物 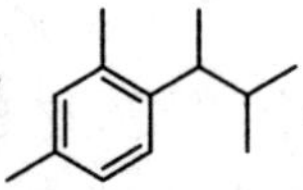 。

分析：若用最大的侧链中的分支点为指南，就可以放入一个羟基：

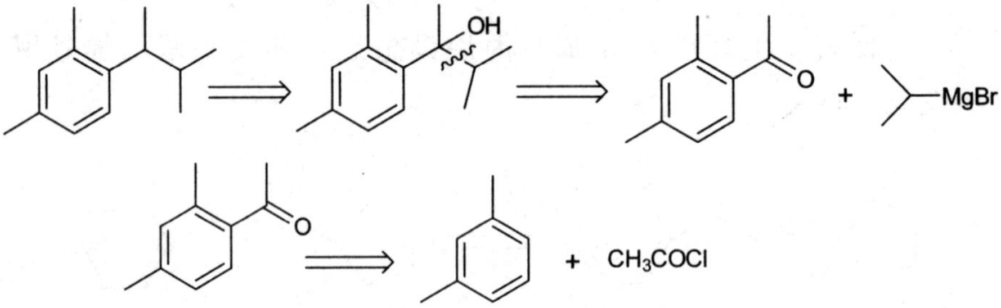

$\Longrightarrow$ $\Longrightarrow$ + MgBr

$\Longrightarrow$ + CH_3COCl

合成：要注意，对这个化合物的付氏反应来说，只有被两甲基活化的位置方可发生反应，即两个甲基的邻位、对位，而不是两个甲基中间的那个位置（空间位阻影响）。

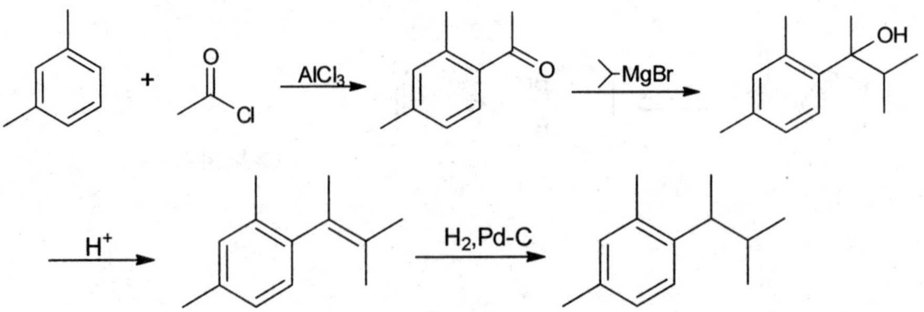

+ $\xrightarrow{AlCl_3}$ $\xrightarrow{MgBr}$

$\xrightarrow{H^+}$ $\xrightarrow{H_2,Pd-C}$

(2)钝化导向。以设计对溴苯胺的合成为例对钝化导向。

分析：氨基在芳环的亲电取代反应中是很强的邻位、对位定位基。在进行取代反应时，容易生成多元取代物。例如，苯胺与过量的溴水反应，生成 2,4,6-三溴苯胺的白色沉淀，此反应是定量的，因此，可作为苯胺的定性与定量分析：

$$\text{(4-溴苯胺)} + 3Br_2 \longrightarrow \text{2,4,6-三溴苯胺}\downarrow + 3HBr$$

要想在苯胺的苯环上只引进一个溴取代基，必须将氨基的活性降低，这可以通过氨基乙酰化反应来实现：

$$H_3C-\overset{O}{\overset{\|}{C}}-\ddot{N}H-C_6H_5$$

当乙酰苯胺进行溴化时，主要产物是对位溴代乙酰苯胺。

合成：

$$C_6H_5NH_2 \xrightarrow{CH_3COCl} C_6H_5NHCOCH_3 \xrightarrow{Br_2/Fe} p\text{-}BrC_6H_4NHCOCH_3 \xrightarrow{H_3^+O} p\text{-}BrC_6H_4NH_2$$

再如，设计 *N*-丙基苯胺的合成路线。

分析：

$$C_6H_5NHCH_2CH_2CH_3 \Longrightarrow C_6H_5NH_2 + BrCH_2CH_2CH_3$$

目标分子如上拆开结果不好，因为反应的产物的亲核性比原料的更强，容易发生多烷基化的反应：

$$PhNH_2 \xrightarrow{RBr} PhNHR \xrightarrow{RBr} PhNR_2$$

解决的办法是将苯胺首先酰化，生成的酰胺可用 $LiAlH_4$ 进一步还原成为所需要的胺：

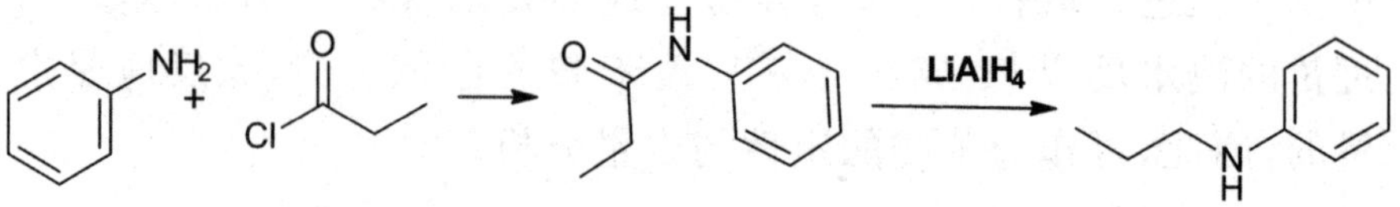

丙酰基苯胺中氮原子上未共享电子对与丙酰基的羰基形成 $p—\pi$ 共轭，使得丙酰苯胺比原来的苯胺的活性要小，不会形成多酰基化的酰胺。

(3)封闭特定位置进行导向。利用特定位置加以封闭，即是引入阻塞基。

例如，试设计邻-硝基苯胺的合成路线。

分析：苯胺容易被氧化。如果苯胺直接用硝酸作为硝化剂，则苯胺容易被氧化成为复杂的氧化产物。如果用混酸硝化，则主要产物是间硝基苯胺：

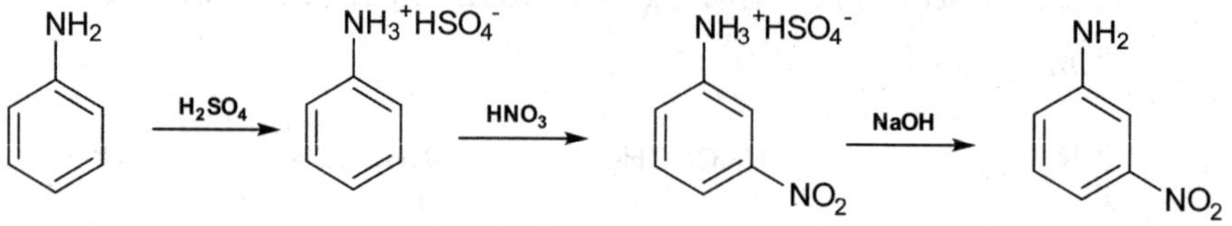

反应同时生成一定量的邻位和对位的硝基苯胺，但间位硝基苯胺的收率则随硫酸的浓度增加而提高。

如果要防止在用硝酸作用时苯胺被氧化，又要使引入的基团主要进入到原来氨基的邻位、对位处，则需要首先使苯胺乙酰化，使苯胺以 *N*-乙酰基衍生物参加反应，但主要得到的产物是对硝基苯胺：

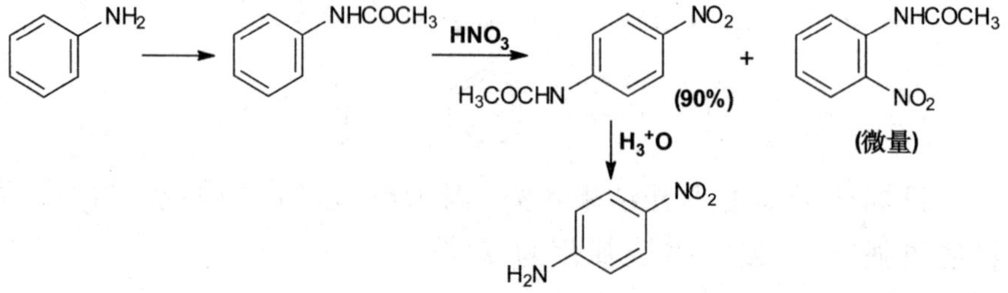

要想制备邻-硝基苯胺，则需采用封闭特定位置进行导向合成。

合成：

$$C_6H_5NH_2 \longrightarrow C_6H_5NHCOCH_3 \xrightarrow{H_2SO_4} p\text{-}HO_3S\text{-}C_6H_4\text{-}NHCOCH_3 \xrightarrow{HNO_3} \text{2-}NO_2\text{-}4\text{-}SO_3H\text{-}C_6H_3NHCOCH_3 \xrightarrow{57\%H_2SO_4} o\text{-}NO_2\text{-}C_6H_4NH_2$$

在反应的过程中，用磺酸基封闭乙酰氨基的对位，这就是以“先来居上”的手段，用磺酸基占去对位，以使在随后的硝化的硝基只能进入氨基的邻位。最后水解，利用磺化反应的可逆性质，不仅使占位的磺酸基除去，同时，也能使乙酰胺基水解为氨基。

又如，合成化合物 2-溴-1,3-苯二酚（OH、Br、HO 取代的苯环）。

分析：

$$\text{2-Br-1,3-}C_6H_3(OH)_2 \Longrightarrow \text{1,3-}C_6H_4(OH)_2 + Br_2$$

间苯二酚的直接溴化要控制在一取代是非常困难的，这是因为羟基对芳环有很强的致活效应，而且，由于两羟基互居间位，对其邻位、对位具有相互增强活化的作用。解决这一问题的办法是在溴化之前先引入一个羧基，封闭一个溴原子要进入的部位，同时也降低了芳环上亲电取代的活性，溴化完毕后再将羧基除去。

合成：

$$\text{间苯二酚} \xrightarrow[57\%—60\%]{CO_2—KOHCO_3} \text{2,4-二羟基苯甲酸} \xrightarrow[57\%—60\%]{Br_2—HOAc}$$

$$\text{5-溴-2,4-二羟基苯甲酸} \xrightarrow[90\%—92\%]{H_2O,\triangle} \text{4-溴间苯二酚}$$

该方法无论羧基的引入和脱去都利用了间-苯二酚的结构特点,原来两个互居间位的羟基有利于在芳环上引入羧基(称为Kolbe反应)。而在脱羧反应中,羧基的邻位、对位的两个羟基又有利于它的脱去。

再如,邻二氯苯酚的合成。

分析：

$$\text{2,6-二氯苯酚} \Longrightarrow \text{苯酚} + Cl_2$$

在苯环上的亲电核取代反应中,羟基是邻位、对位定位基,要使两个氯原子只进入羟基的两邻位,这就需要首先将羟基的对位处封闭,这个可以利用叔丁基作为阻塞基,它有下列两个特点：

(1)叔丁基体积大,具有一定的空间阻碍效应,不仅可以堵塞它所在的部位,还能旁及左右两侧；

(2)叔丁基易于从环上去掉而不致干扰环上的其他取代基。叔丁基可以通过热解方法除去。更方便更直接的办法是将化合物在苯中与 Al_2O_3 共热,发生烷基转移反应(trans-alkylation)。

合成：

$$\text{PhOH} + H_2C{=}C(CH_3)_2 \xrightarrow{H_2SO_4} \text{4-}t\text{-BuC}_6H_4OH \xrightarrow{Cl_2,Fe} \text{2,6-Cl}_2\text{-4-}t\text{-BuC}_6H_2OH \xrightarrow[\Delta]{Al_2O_3,PhH} \text{2,6-Cl}_2C_6H_3OH$$

5.2 羟基的保护

羟基存在于许多有机化合物中，如碳水化合物、甾族化合物、核苷、大环内酯以及多酚等。羟基是敏感易变的官能团，容易发生氧化、烷化、酰化、卤化、消除以及分解 Grignard 试剂等反应，常需加以保护。醇羟基和酚羟基可以转变为酯类、醚类和缩醛、缩酮等进行保护。

5.2.1 酯类保护基

酯类保护基在酸性介质中比较稳定，主要用于硝化、氧化和形成肽键时保护羟基。这些保护基中比较常用的是 *t*-BuCO、PhCO、MeCO、$ClCH_2CO$ 等，它们广泛应用于核苷、寡糖、肽和多元醇的合成中。酯类保护基常用的醇和相应的酸酐或酰氯在吡啶或三乙胺存在下反应制得。酯不易被氧化，对催化氢化等反应比较安定。酯保护基可以在碱性条件下除去，但多种酯由于结构差异其水解敏感性也不同，水解能力次序为：$ClCH_2CO$＞t-BuCO＞MeCO＞PhCO＞t-BuCO。此类方法是羟基保护较为经济和有效的方法。

例如：

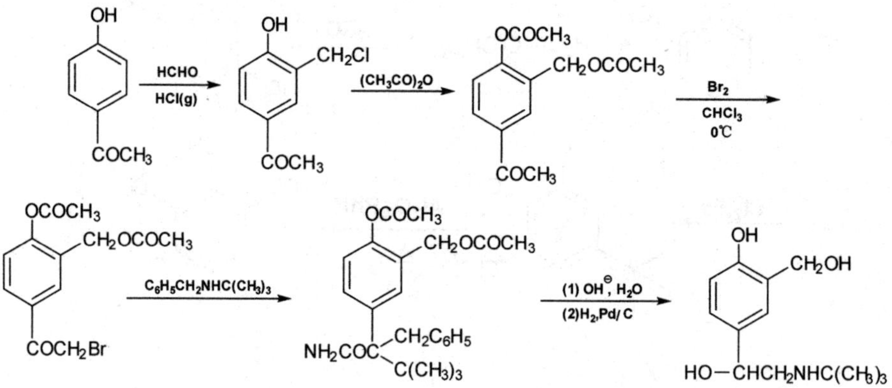

对于化合物中含有多个羟基，则存在保护哪一个羟基的选择性问题。一般情况下，伯羟基最易酰化，仲羟基次之，叔羟基最难，可利用羟基活性的差异来控制羟基保护基的选择性。例如，三甲基乙酸酯(Piv)可以选择性地保护伯羟基。

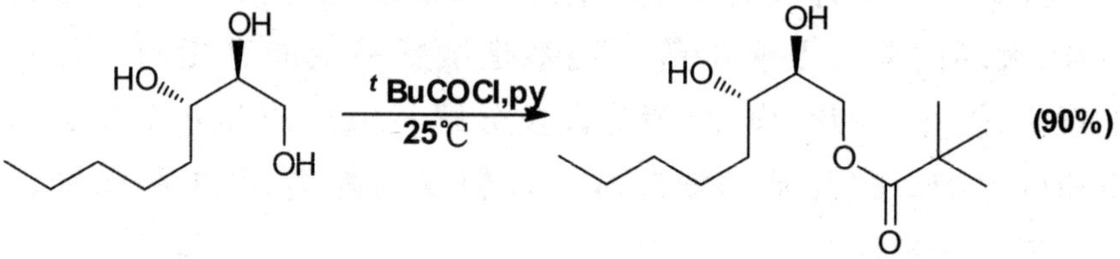

三甲基乙酸酯保护基有较大的位阻需要较强的碱性环境才能脱去，如 KOH/MeOH 碱性体系；或者用 $LiAlH_4$、$KBHEt_3$、DIBALH 等金属氢化物。

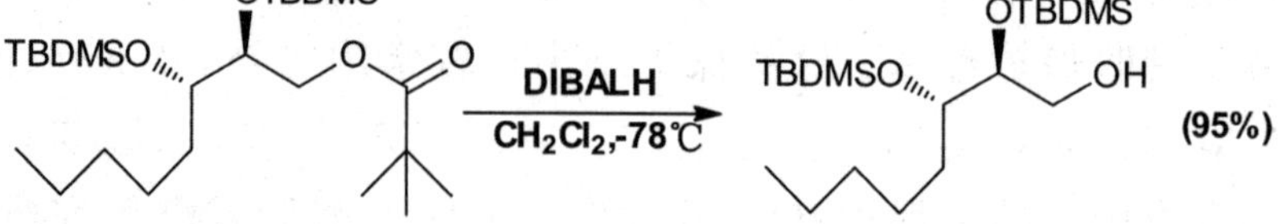

5.2.2 醚类保护基

醚类保护基主要有甲醚、苄醚、三苯甲基醚、叔丁基醚、甲氧基甲醚、甲硫基甲醚和烯丙基醚等。

(1)烷基醚类。

① 甲基醚。常用 MeI、$(MeO)_2SO_2$、MeOTf 在碱性条件下和羟基反应即可引入甲基醚保护基。甲基醚保护基稳定性高,对酸、碱、亲核试剂、有机金属试剂、氧化剂、还原剂等均不受影响。除去甲基醚较难,一般用氢卤酸回流才能除去甲基醚保护基。用 Me_3SiI 或 BBr_3 可以在温和条件下除去甲基醚保护基。例如,在较低温度下采用 BBr_3/CH_2Cl_2 去除甲基醚保护基,复原的羟基进而形成内酯产物,其他官能团不受影响。

MeO OAc MeOOC OAc COOMe —BBr_3,CH_2Cl_2→ O O OAc H OAc COOMe

②苄基醚。苄基醚($ROCH_2Ph$ 或 $ROCPh_3$)广泛用于天然产物、糖及核苷酸中羟基的保护。常用苄基化试剂为 $PhCH_2Cl$ 或 $PhCH_2Br$/KOH 或 NaH,有时也用 $PhCH_2X/Ag_2O$。苄基醚对碱、氧化剂、还原剂等都是稳定的。可在强碱作用下,与 $PhCH_2Cl$ 或 $PhCH_2Br$ 反应中引入苄基醚保护基。苄基保护基常用 10% Pd/C 氢解除去,氢解的氢源除了氢气外,也可以是环己烯、环己二烯、甲酸或甲酸铵等。

$$ROH \underset{Li,NH_3}{\overset{NaH,PhCH_3Br}{\rightleftharpoons}} ROCH_2Ph$$

BnO BnO COOMe O H OH —Pd/C,EtOH, 25℃, 2h→ O BnO COOMe O H OH —Pd/C,CH_3OH, HCOOH, 25℃, 3h→ O HO COOMe O OH (78%)

Li (Na)/NH_3还原也可以迅速去除苄基保护,同时不影响双键。Lewis 酸也可以去除苄基醚的保护,常用的有 $SnCl_4$、$FeCl_3$、TMSI 等。

③三苯基甲醚。三苯基甲醚($ROCPh_3$)常可保护伯羟基,可用三苯基氯甲烷在吡啶催化下完成保护。三苯甲基体积较大,这

能突出位阻效应，使得位阻较大醇的三苯甲基化比一级醇慢得多，从而能够选择性保护羟基。三苯基甲醚的去除一般在酸性条件下进行，如 HCOOH-H_2O、HCOOH-t-BuOH、HCl/MeCN 等，也可以用 Na/NH_3(l)还原。例如：

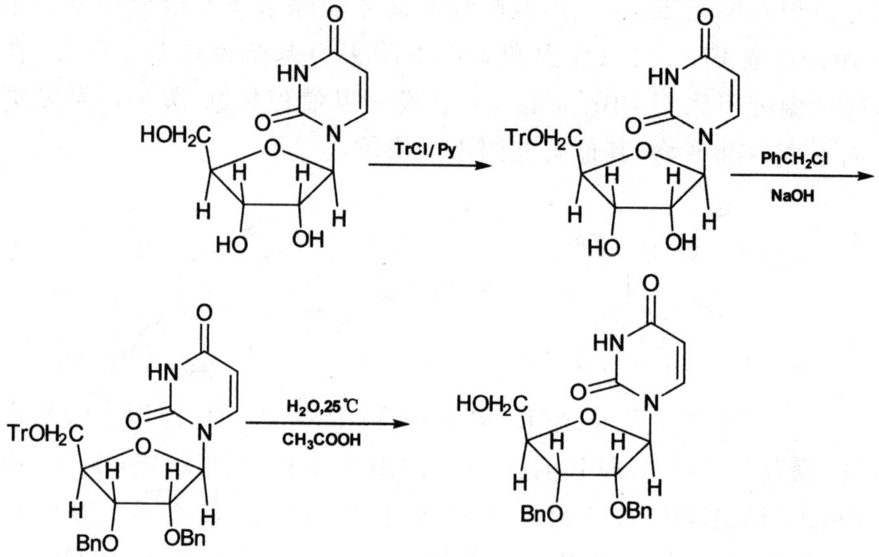

TrCl/Py

$PhCH_2Cl$

NaOH

H_2O,25℃

CH_3COOH

④甲氧基甲醚。甲氧基甲醚（MOM 醚）是烷氧基烷基醚保护基中的常用的保护基之一。MOM 醚对亲核试剂、有机金属试剂、氧化剂、氢化物还原剂等均稳定。MOM 醚保护基常用 $(CH_3O)_2CH_2/P_2O_5$ 完成保护。例如：

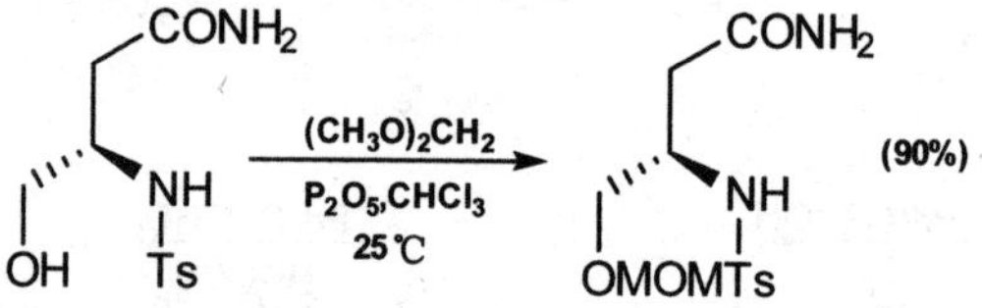

$(CH_3O)_2CH_2$

P_2O_5,$CHCl_3$

25℃

(90%)

MOM 醚保护基可在酸性条件下去保护，如 HCl-THF-H_2O 或 Lewis 酸（如 $BF_3\cdot OEt_2$、Me_3SiBr）。例如，采用 HCl-CH_3OH 溶液的温和条件，选择性地去除甲氧基醚而不影响其他保护基。

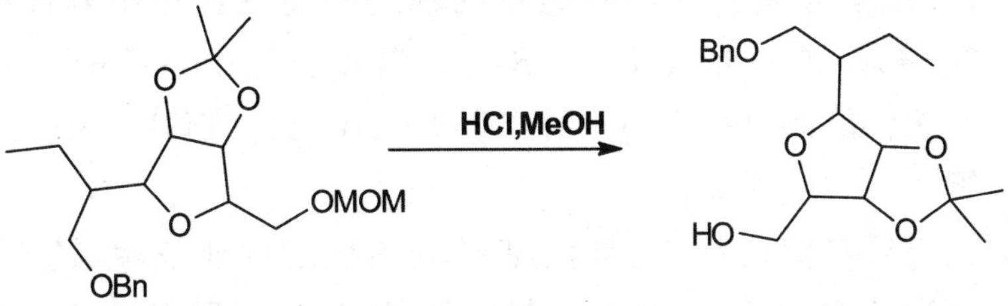

HCl,MeOH

(2)硅烷基醚。硅烷基醚保护基是一类重要的保护基,主要有三甲基硅醚(TMS)、三乙基硅醚(TES)、三异丙基硅醚(TIPS)、叔丁基二甲基硅醚(TBDMS)、叔丁基二苯基硅醚(TBDPS)等。F—Si(142kcal/mol)比 O—Si(112kcal/mol)的键能大,故大多数硅醚都可以用含氟试剂除去,如氟化四丁胺(TBAF)、氟化氢吡啶盐(HF·py)。HF·py 试剂可用于选择性除去伯羟基的硅醚保护基。例如:

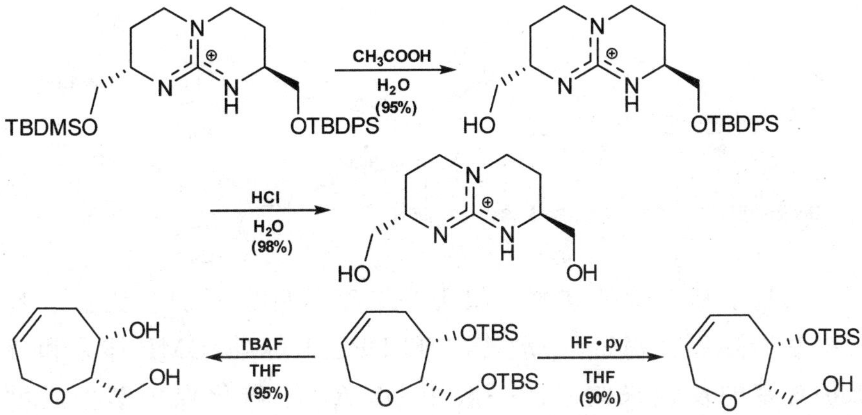

CH_3COOH, H_2O (95%)

HCl, H_2O (98%)

TBAF, THF (95%)　　HF·py, THF (90%)

①三甲基硅醚。三甲基硅醚是常用的硅醚保护基,对催化氢化、氧化和还原反应比较稳定,广泛用于保护糖、甾类及其他醇的羟基保护。三甲基硅醚一般由 TMSCl 和待保护羟基的反应生成。TMSOTf 是活性更高的硅醚化试剂。使用的促进剂通常是吡啶、三乙胺、咪唑,溶剂可用二氯甲烷、乙腈、THF 或 DMF。

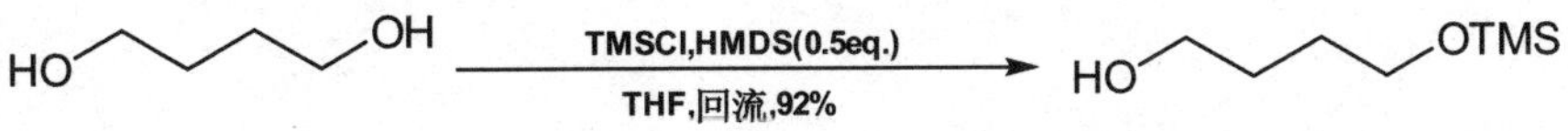

TMSCl,HMDS(0.5eq.), THF,回流,92%

②三乙基硅醚。三乙基硅醚的水解稳定性比三甲基硅醚高10～100倍，对Grignard反应、Swern氧化、Witting-Horner反应等都是稳定的，去保护用H_2O—HOAc—THF、HF/Py—THF等。

③三异丙基硅醚。三异丙基硅醚的稳定性比三甲(乙)基硅醚高，可用于亲核反应、有机金属试剂、氰化物还原以及氧化反应中的羟基保护。三异丙基硅醚保护基可用氟化氢水溶液或氟化四丁胺除去。

④叔丁基二甲基硅醚。叔丁基二甲基硅醚是常用的较稳定的硅醚保护基，可用于亲核反应、有机金属试剂、氧化反应以及氢化还原的羟基保护。TBDMS醚一般在碱性条件下使用，反应完成后，可用氟化氢水溶液或氟化四丁胺除去。脂肪醇的TBDMS醚和酚的TBDMS醚可选择性去除。

⑤叔丁基二苯基硅醚。叔丁基二苯基硅醚保护基比叔丁基二甲基硅醚更加稳定，一般使用TBDPSCl/咪唑/DMF体系和待保护羟基的反应来制备。一般用DMAP来催化保护基生成反应，溶剂可为CH_2Cl_2。TBDPS保护基不能保护叔醇，对伯醇和仲醇的区别优于TBDMS。

第6章　不对称合成反应

不对称合成反应(又称手性合成)是当前有机化学中发展最快的研究领域之一。手性化合物是组成生命活动的基本化学物质。在生物体内仅有一个对映体,生物选择代谢一对对映体中一个异构体,人体只吸收右旋葡萄糖,细胞只用左旋氨基酸合成蛋白质,蛋白质中氨基酸都是L-型,酶本身是手性化合物,肠道中催化蛋白质代谢的胰凝乳朊酶分子中含251个手性碳。可见手性化合物对生物的重要性。许多药物都是手性的,且只有一种对映体有效,另一种无效甚至起相反作用。

6.1　概述

6.1.1　光化学纯物质获得的途径

获取光学纯物质的途径归纳起来主要有下列三种:

(1)从生物体中存在天然产物中提取光学纯物质,如氨基酸、糖和生物碱等,可采取化学手段对其进行提取。

(2)拆分外消旋体获取单一对映体物质,它是获取单一对映体化合物的最好方法。在工业上采用拆分外消旋体法来制备药物。

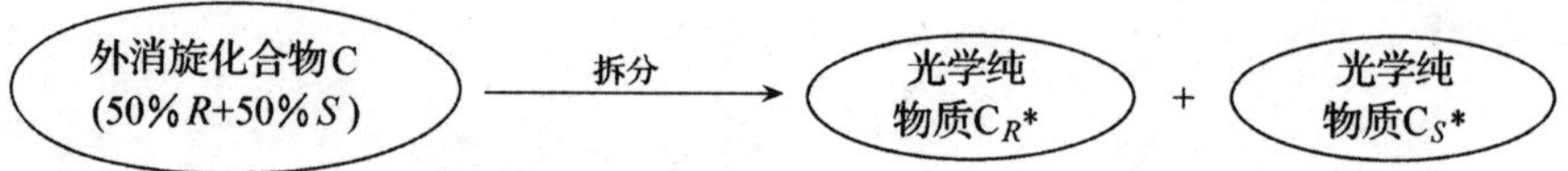

(3)不对称合成及相关方法。不对称合成又叫手性合成，本章的后续内容将进行阐述。

6.1.2 对映选择性和非对应选择性

优先生成一个(或多个)构型异构体的反应叫作立体选择性反应。立体选择性反应分为对映选择性反应和非对映选择性反应两种。

反应生成的两种立体异构产物为对映异构体，且其中一种对映体的量多于另一种，则这种反应叫作对映选择性反应。例如：

$$PhCOCH_3 \xrightarrow{(-)\text{-}IPC_2BCl} \text{H, OH, Ph, CH}_3 \quad (ee=98\%)$$

$(-)\text{-}IPC_2BCl$ = ( )$_2$BCl

如果反应物分子中两个相同基团 X 之间有对称面或对称中心，则它们是对映基团。如果反应物分子中含有 sp^2 杂化碳双键(C═C 和 C═O)，同时分子的对称面(双键和 A、B 所在的平面)内没有对称轴，则垂直平分该对称面的平面为对映面。对映基团的转换反应或对映面上的加成反应，一般生成对映异构体：

A, X, B, X —Y→ A, X, B, Y + A, Y, H_2B, X

对映基团　　对映体

A, B —HZ→ A, Z, B + A, B, Z

对映面　　对映体

例如：

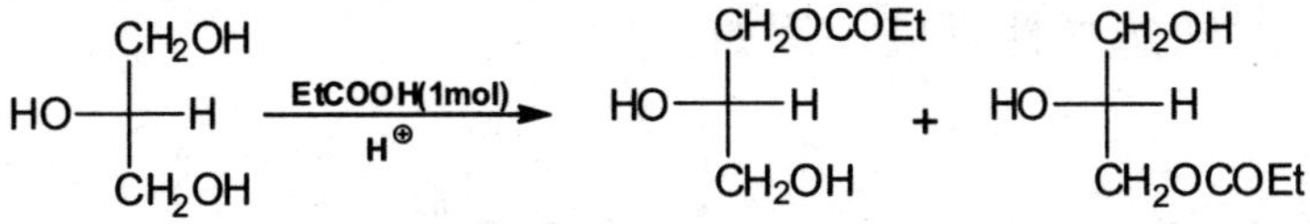
CH2OH
HO
H
CH2OH
EtCOOH(1mol)
H⊕
CH2OCOEt
HO
H
CH2OH
+
CH2OH
HO
H
CH2OCOEt

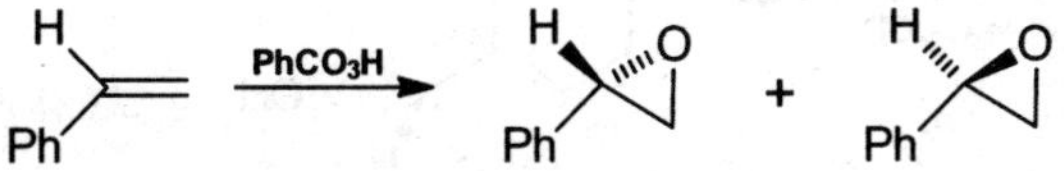
H
Ph
PhCO3H
H
O
Ph
+
H
O
Ph

如果反应中有选择性地进攻某一个对映基团或对映面，则是对映选择性反应。例如：

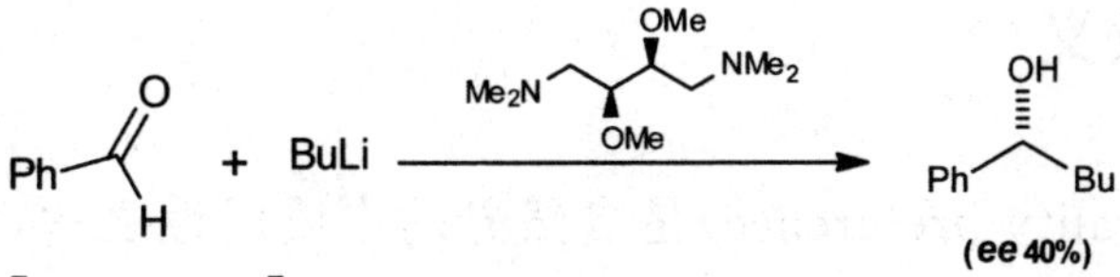
O
Ph
H
+
BuLi
OMe
NMe2
Me2N
OMe
OH
Ph
Bu
(ee 40%)

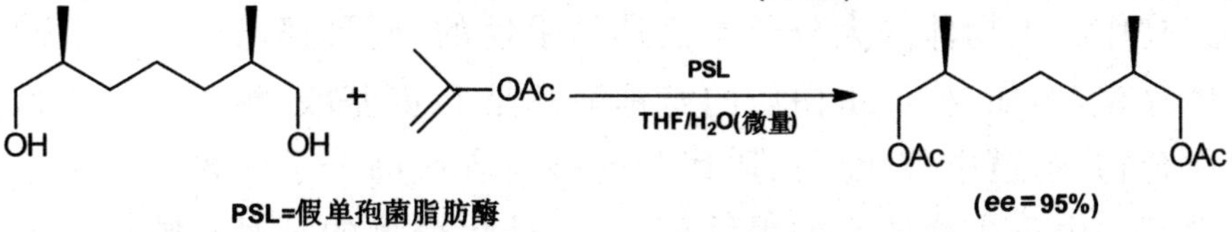
OH
OH
+
OAc
PSL
THF/H2O(微量)
OAc
OAc
PSL=假单孢菌脂肪酶
(ee=95%)

如果分子中两个相同基团 X 不能通过任何对称操作互换，则它们是非对映基团。如果分子中双键所在的平面既不是对称面，也不存在对称轴，则该平面是非对映面。非对映基团的转换或非对映面上的加成反应生成非对映异构体：

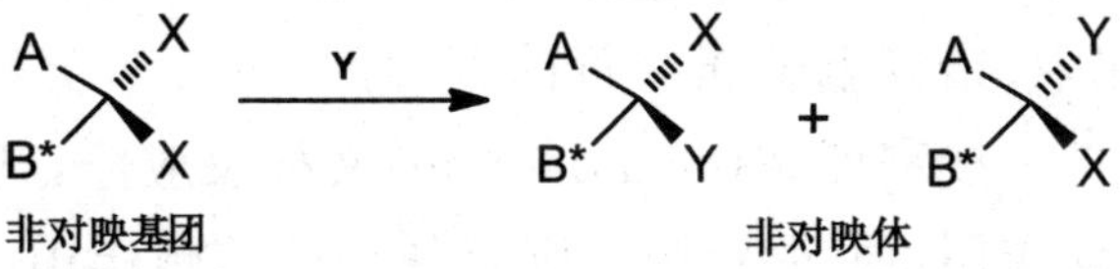
A
X
B*
X
Y
A
X
B*
Y
+
A
Y
B*
X
非对映基团
非对映体

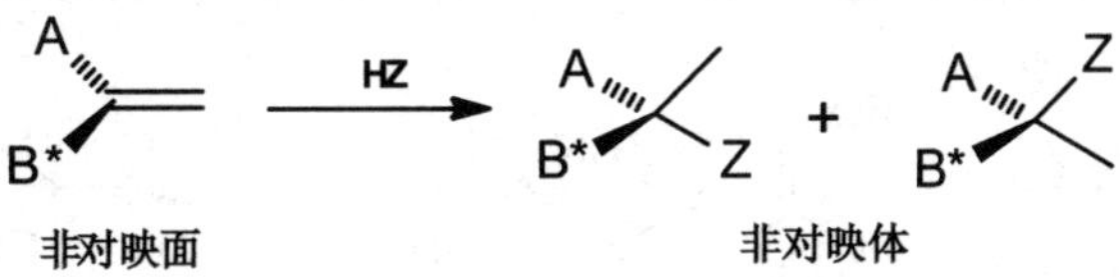
A
B*
HZ
A
B*
Z
+
A
Z
B*
非对映面
非对映体

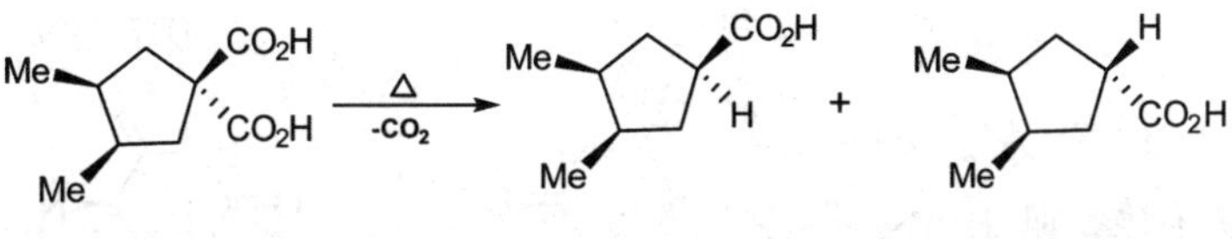
Me
CO2H
CO2H
Me
△
-CO2
Me
CO2H
H
Me
+
Me
H
CO2H
Me

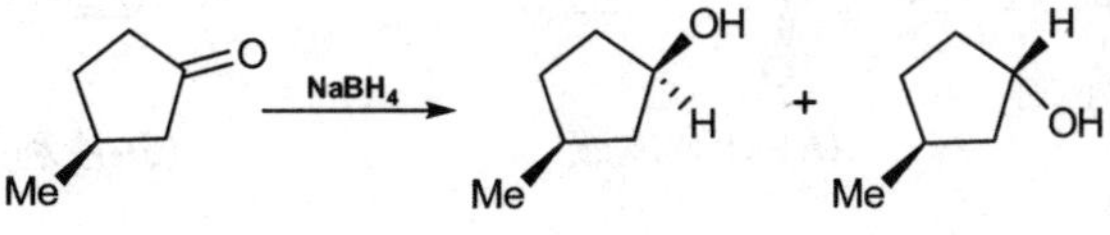
O
Me
NaBH4
OH
H
Me
+
H
OH
Me

如果反应中有选择性地进攻某一个非对映基团或非对映面，则是非对映选择性反应。例如：

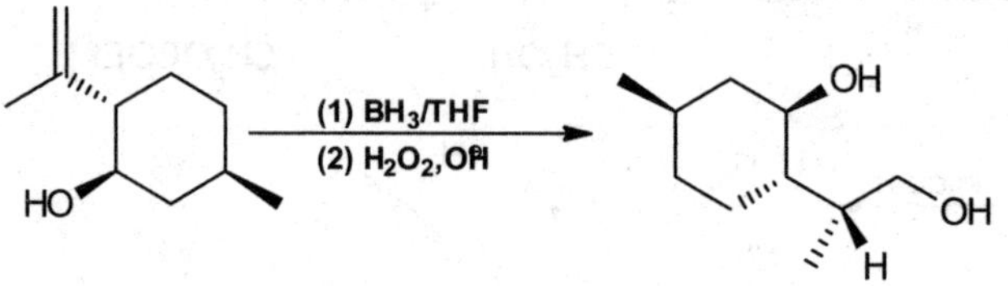

(1) BH_3/THF
(2) H_2O_2,OH

主要立体异构体产物

有些反应既有对应选择性也有非对应选择性。

6.1.3 手性的意义

手性优择(chirality preference)是自然界的本质属性之一，尤其是作为生物体的大分子不仅都是手性的，而且都以单一的对映体存在，例如，构成蛋白质的氨基酸都是L-氨基酸，酶本身是手性化合物，肠道中催化蛋白质代谢的胰凝乳朊酶分子中含251个手性碳。由于生命体系的手性环境，手性化合物的一对对映体或非对映体常表现出不同的生理和药理作用。例如，治疗帕金森氏综合征的药物L-多巴(L-dopa)在体内可以被脱羧酶催化脱羧，产生活性药物多巴胺(dopamine)，而*D*-多巴不能被催化脱羧。青霉胺(penicilla-mine)的D对映体适用治疗Wilkinson症和胆管硬化症，也可以用作汞、铅等重金属中毒的解毒剂，但其L-异构体却会对身体产生危害。沙利度胺(thalidomide)又称反应停，其*R*-异构体有止吐和镇静作用，而*S*-异构体则有强烈的致畸作用。由于立体异构体的生理活性差异和潜在的危害，单一立体异构体是手性药物的基本要求。这些条例客观上推动了不对称合成的基本研究。

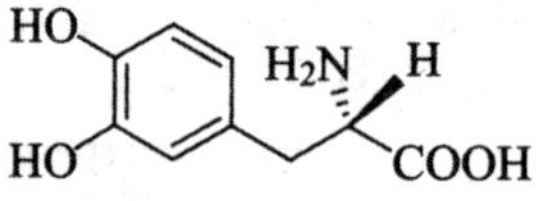

L-多巴

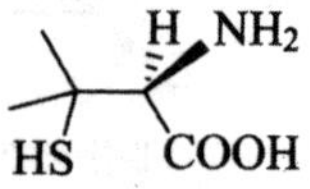

D-青霉胺

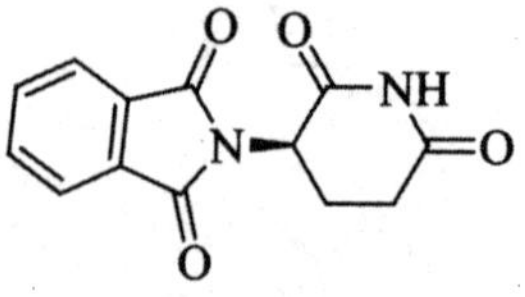

(*R*)-沙利度胺

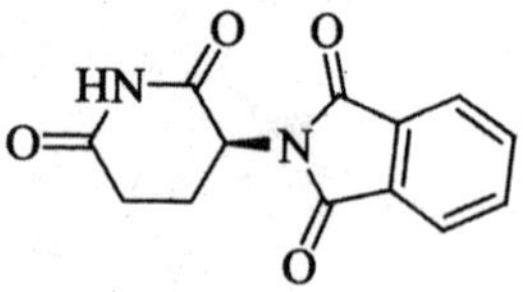

(*S*)-沙利度胺

此外，手性农药、香料、食品添加剂等同样也需求单一异构体。例如，甜味剂阿斯巴甜（aspartame），其（S，S）-异构体的甜度是蔗糖的 200 倍，而其他异构体却呈苦味。因此近十几年来手性化合物的合成技术——不对称合成蓬勃发展，已成为有机合成最重要的前沿研究领域。

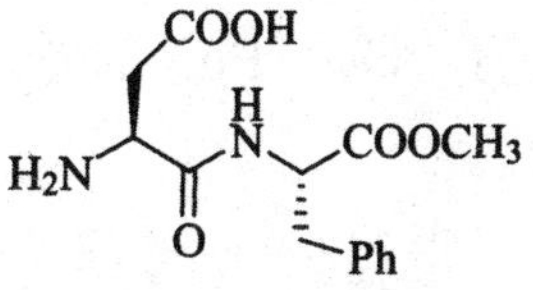

(*S*, *S*)- aspartame

6.1.4 不对称合成的定义

首先来看下面两个例子。

例如，关于 D-（±）-甘油醛的氰解、水解、氧化三个反应过程：D-（±）-甘油醛是一个右旋的手性化合物，当在这个含有一个手性中心的不对称分子的醛发生氰解时，又生成一个新的不对称中心，结果得到一对非对映异构体：D-苏力糖腈和 D-赤藓糖腈。因为，D-（±）-甘油醛分子原来的手性碳原子的结构对新的不对称中心的影响，这就导致在反应中两种产物可能构型在数量上呈分配不均的现象。进一步水解、氧化，结果就产生大量 D-（±）-酒石酸和少量的 meso-酒石酸。反应式如下：

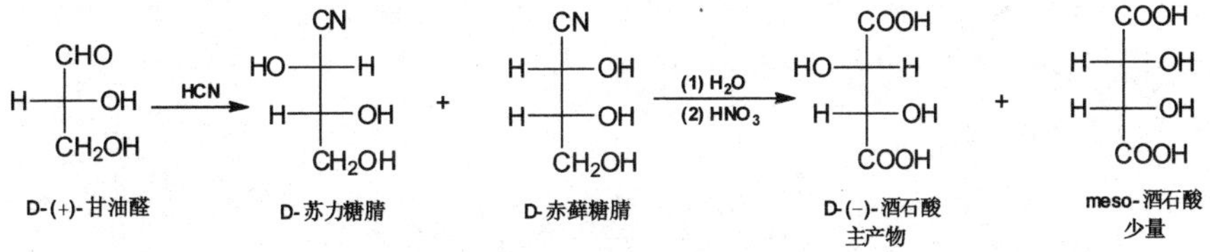

D-(+)-甘油醛 → (HCN) D-苏力糖腈 + D-赤藓糖腈 → ((1) H_2O (2) HNO_3) D-(−)-酒石酸 主产物 + meso-酒石酸 少量

又如，R-（±）-乙酰基甲醇与甲胺发生亲核加成消去反应，然后进行催化加氢后，得到主产物 D-（±）-麻黄碱和少量的 D-（±）-假嘛黄碱。反应式如下：

$$\begin{array}{c} CH_3 \\ | \\ C{=}O \\ | \\ H{-}C{-}OH \\ | \\ Ph \end{array} \xrightarrow[CH_3OH]{CH_3NH_2} \begin{array}{c} CH_3 \\ | \\ C{=}N{-}CH_3 \\ | \\ H{-}C{-}OH \\ | \\ Ph \end{array} \xrightarrow{H_2,Pd{-}C} \begin{array}{c} CH_3 \\ | \\ C{-}NH{-}CH_3 \\ | \\ H{-}C{-}OH \\ | \\ Ph \end{array} + \begin{array}{c} CH_3 \\ | \\ H_3CHN{-}C \\ | \\ H{-}C{-}OH \\ | \\ Ph \end{array}$$

R-(-)-乙酰基苯基甲醇　　D-(-)-麻黄碱 主产物　　D-(-)-假麻黄碱 少量

这一反应的反应物质也含有一个不对称碳原子，这一不对称碳原子的结构式试剂分子（H_2—Pd）在进入反应时，在两种可能的方向呈现不均等的状态。

从以上两个例子可以得出：在一个不对称反应物分子中形成一个新的不对称中心时，两种可能的构型在产物中的出现常常是不等量的。在有机合成化学中，就把这种反应称为不对称反应或不对称合成。

Morrison 和 Mosher 提出了“不对称合成”较为完整的定义：一个反应，其中底物分子整体中的非手性单元由反应剂以不等量地生成立体异构产物的途径转换为手性单元。也就是说，不对称合成是这样一个过程，它将潜手性单元转化为手性单元，使得产生不等量的立体异构产物。

不对称反应效率有两种表示方法：产物的对映体过量百分数 *ee* 和产物旋光纯度 OP。

（1）*ee* 表示法

$$ee=\frac{A_1-A_2}{A_1+A_2}\times 100\%$$

式中，A_1 为产物对映体中过量的异构体的量；A_2 为产物对映体中另一个少量的异构体的量。

（2）OP 表示法：

$$\mathrm{OP}=\frac{[\alpha]_{实测}}{[\alpha]_{纯样品}}\times 100\%$$

式中，$[\alpha]_{实测}$ 为合成反应得到旋光产物的比旋光度；$[\alpha]_{纯样品}$ 为要合成的旋光体纯样品的比旋光度。

在实验误差范围内，两种方法相等。若 *ee* 或 OP 为 90%，则对映体比例为 95∶5。

一个成功的不对称合成的标准：

①高的对映体过量；

②手性辅剂易于制备，并能循环利用；

③可以制备到R和S两种构型；

④属于催化性的合成。

经研究，酶能完成最好的不对称合成反应。

6.1.5 不对称合成的意义

不对称合成反应是近年来有机化学中发展最为迅速也是最有成就的研究领域之一。研究不对称合成反应具有十分重要的实际意义和理论价值。对于不对称化合物而言，制备单一的对映体是非常重要的，因为对映体的生理作用往往有很大差别。许多药物都是手性的，只有一种对映体有效，另一种无效甚至起反作用。例如，抗炎剂布洛芬 $(H_3C)_2HCH_2C-C_6H_4-CH(OH)-COOH$ (*S*)-构型有效，(*R*)-构型无效；(+)-抗坏血酸具有抗坏血病的功能，而(-)-抗坏血酸则无此活性；抗高血压药 $HO(HO)C_6H_3-CH_2-C(NH_2)(CH_3)-COOH$ 只有(*S*)-构型有效，(*R*)-构型高毒性；(*R*)-天冬酰胺是甜的，(*S*)-天冬酰胺是苦的；L-多巴是治疗帕金森综合征的有效药，而其(-)-型异构体能产生极大的毒副作用。在手性合成反应出现之前，人们通常用的方法合成不对称化合物，由于两种构型形成的机会均等，得到的产物是外消旋体，为了得到其中具有生理活性的异构体，需对外消旋体进行拆分。从理论上讲，分子内含有 n 个不相同的手性碳的化合物，应该有 2^n 个立体异构体，如果合成中不采取任何立体控制，即使每步产率高达100%，实际每步有效产率只有50%，经过多步后，总产率急剧下降。外消旋体拆分时，在反应体系中加入另一种催化剂，可以发生催化异构化反应，单一活性化合物的产率可达到80%～90%，原子利用率得到了很大提高。因此，不对称合成的发展，使药物合成和有机合成进入了一个新阶段。这类反应还广泛应用于有机化合物分子构型的测定和阐明、有机化学反应的机理、酶的催化活性等领域，丰富了有机化学、药物化学、有机合成化学和化学动力学，具有广泛的应用前景。

6.2 不对称合成反应途径

不对称合成中光学纯物质不可能“无中生有”，它的单一生成必须靠别的手性因素来诱导。从手性诱导源对反应的控制方式来经行不对称合成的途径主要有手性底物控制不对称合成、手型辅基基团控制不对称合成、手性试剂控制的不对称合成、手性催化的不对称合成等途径。

6.2.1 手性底物控制的不对称合成

底物控制反应(又称手性源不对称反应)即第一代不对称合成，是通过手性底物中已经存在的手性单元进行分子内定向诱导。在底物中新的手性单元通过底物与非手性试剂反应而产生，此时反应点邻近的手性单元可以控制非对映面上的反应选择性。底物控制反应在环状及刚性分子上能发挥较好的作用。该类型反应原料易得，但缺点是往往没有简捷、高效的方法将其转化为手性目标化合物。因此，关于这种合成方法在药物合成上的应用往往是研究性的工作，也有一些十分出色的合成设计用于实际的药物合成。

(1)青蒿素的合成。青蒿素是由中药青蒿(黄花蒿 *artemisia annua* L.)分离得到的高效抗疟药物，其分子是一个含过氧桥的倍半萜内酯。它的一个非常成功的全合成设计是由(+)-香茅醛起始的立体控制合成。其反应合成分析如下：

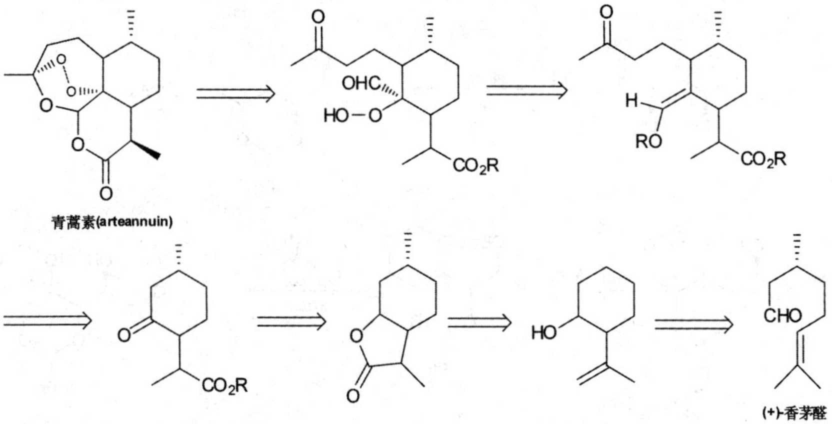

青蒿素(arteannuin)

(+)-香茅醛

这项全合成的关键在于成功地用光氧化反应在饱和碳环上引入过氧键，用孟加拉玫红作光敏剂对半缩醛进行光氧化得 α-位过氧化物。其次，合成设计中巧妙地利用了环上大取代基优势构象所产生的对反应的立体选择性，即便是开环化合物的反应也被充分利用。例如，由(±)-香茅醛合环合成(±)-异胡薄荷醇的反应，用 $ZnBr_2$ 作用加成合环时，反应中应有六元过渡态，这个过渡态的构象分析上也应该遵循上取代基尽可能多占平键的原则，所以产物(-)-异胡薄荷醇上的取代基均占平键位。

(2)(S)-(－)-心得安合成(Propranolol)。(S)-(－)-心得安作为 p 受体阻断剂类药物，其药效比(*R*)-(＋)-构型体高 100 倍，并且它在体内有更长的半衰期。一种由天然产物 L-山梨糖醇出发合成的路线如下，在这个合成中保留了天然山梨糖醇中与目标分子中构型一致的手性中心。

PhCHO
H⁺
MsCl
吡啶
BzCl
KOBu^t
HCl/MeOH
(1) Na_2CO_3
(2) $NaBH_4$
TsCl
吡啶
MeOH
(S)-(-)-propranolol

6.2.2 手性辅助基团控制不对称合成

采用手性辅基方法控制立体选择性是不对称合成中广泛使用的方法之一。这一方法是在反应底物分子中引入含手性单元的辅基(A*)。由于在辅基手性的诱导下,邻近的反应中心与反应试剂作用后生成新的手性单元,然后除去手性辅基得到手性产物(P*)。

为降低合成效率,需要导入和除去手性辅基,同时需要对映纯的手性辅助基团化合物。手性辅基化合物一般可回收循环使用。常用的手性辅基有手性手性胺、手性肼、手性脯氨醇、手性噁唑烷、手性噁唑啉、Evans 试剂和手性亚砜。

(1)手性肼辅基。手性肼与醛酮反应可以生成手性腙,后者在强碱作用下在 α-碳上不对称烃化,水解除去手性辅基后得到 α-手性的羰基化合物。手性肼 SAMP[S-1-Amino-2-(methoxymethyl)pyrrolidine]由 L-脯氨酸制备。反应式如下:

L-脯氨酸 →(1) $LiAlH_4$ (2) C_2H_5ONO → →(1) NaH,CH_3I (2) $LiAlH_4$ → (SAMP)

手性肼 SAMP 的对映体 RAMP 也由相应的 D-脯氨酸制备。手性肼 SAMP 或 RAMP 和醛酮反应形成相应的手性腙，后者与强碱（如 LDA）作用后用卤代烃等烃化剂烃化可获得相应的立体选择性手性腙产物。手性腙衍生物经臭氧化或者用碘甲烷处理后水解可得到手性酮产物（臭氧化方法比水解更有效，回收的是 N-亚硝基化合物，经还原可以回收手性肼 SAMP 或 RAMP）。反应式如下：

SAMP →(1) LDA (2) R^3X → O_3 →

RAMP →(1) LDA (2) R^3X → O_3 →

上述反应称为 Enders SAMP/RAMP 腙烃化（Hydrazone Alkylation）。导致立体选择性烃化的主要原因是：在 LDA 作用下，手性腙失去 α-氢主要形成 *E*-构型碳碳双键，同时氮烯醇盐（Azaenolate）中的碳氮键主要为 *Z*-构型（$E_{CC}Z_{CN}$），因此烃化反应主要在立体位阻较小的一边发生，反应式如下：

例如：

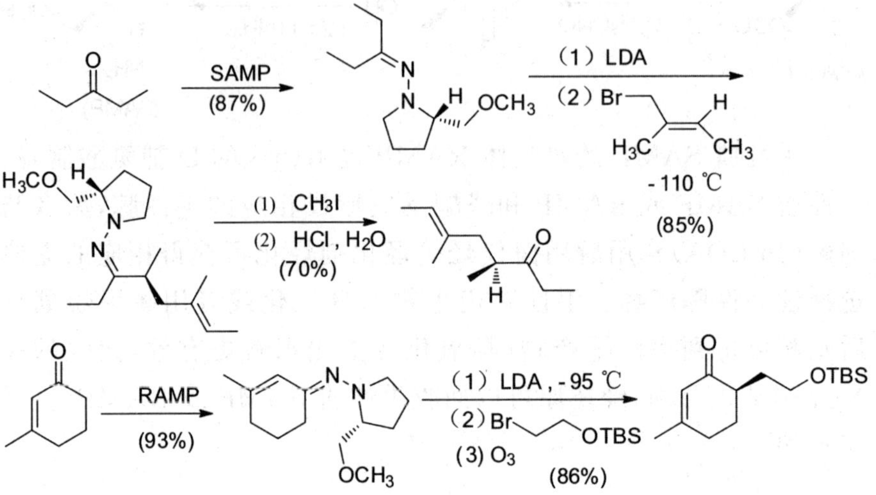

SAMP (87%)；(1) LDA (2) $Br-CH_2C(CH_3)=CHCH_3$，-110 ℃ (85%)；(1) CH_3I (2) HCl，H_2O (70%)

RAMP (93%)；(1) LDA，-95 ℃ (2) $Br\diagup\diagdown OTBS$ (3) O_3 (86%)

(2)手性胺辅基。手性胺与醛酮反应可以生成手性亚胺，后者在强碱作用下在 α-碳上不对称烃化，水解除去手性辅基后得到 α-手性的羰基化合物。常用的手性胺(*S*-1-甲氧基-3-苯基-2-丙胺)由氨基酸制备。反应式如下：

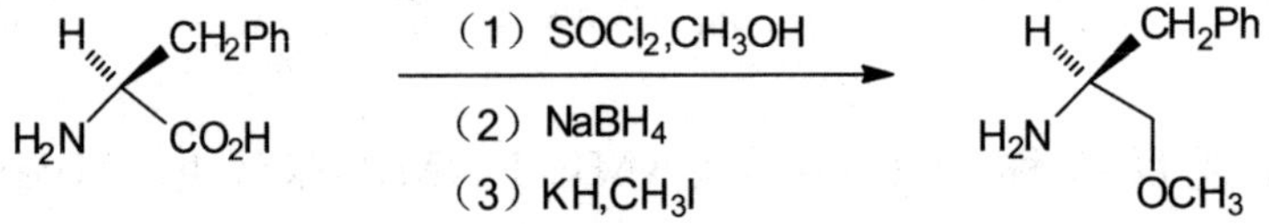

(1) $SOCl_2$，CH_3OH (2) $NaBH_4$ (3) KH，CH_3I

L-苯丙氨酸

环己酮和上面的手性胺形成的亚胺在 LDA 强碱作用后经 α-烃化得到 *S*-对映体。反应式如下：

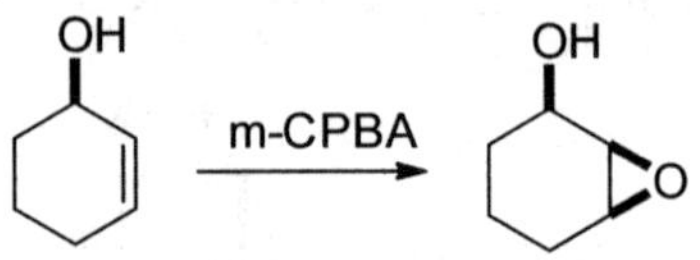

m-CPBA

胺的 α-不对称烃化在生物活性物质尤其是生物碱的合成中具有重要价值。在胺的 α-不对称烃化反应中，常用的手性辅助试剂是三甲基硅醚手性甲脒和手性甲脒(Formamidine)衍生物，它们分别由氨基二醇和 *S*-缬氨醇(*S*-valinol)制备。反应式如下：

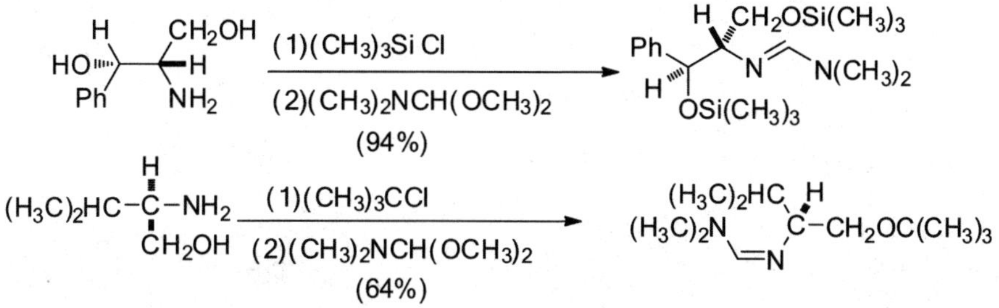

(1)$(CH_3)_3SiCl$
(2)$(CH_3)_2NCH(OCH_3)_2$
(94%)

(1)$(CH_3)_3CCl$
(2)$(CH_3)_2NCH(OCH_3)_2$
(64%)

三甲基硅醚手性甲脒和手性甲脒(formamidine)衍生物能将仲胺转化为手性甲脒。由于邻近手性的影响，*α*-位的烃化具有相当高的立体选择性。例如，四氢异喹啉 *α*-烃化产物的 *ee*＞95%。反应式如下：

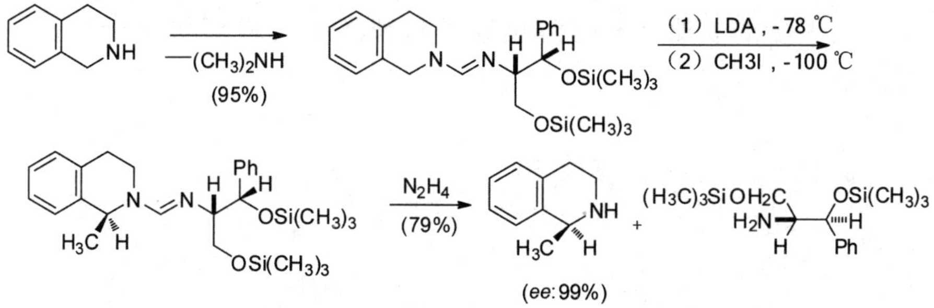

$-(CH_3)_2NH$ (95%)

(1) LDA, -78 ℃
(2) CH_3I, -100 ℃

N_2H_4 (79%)

(*ee*: 99%)

手性环状仲胺与醛酮的羰基缩合成烯胺，烯胺与亲电试剂作用，然后水解可得到 *α*-手性的羰基化合物，反应式如下：

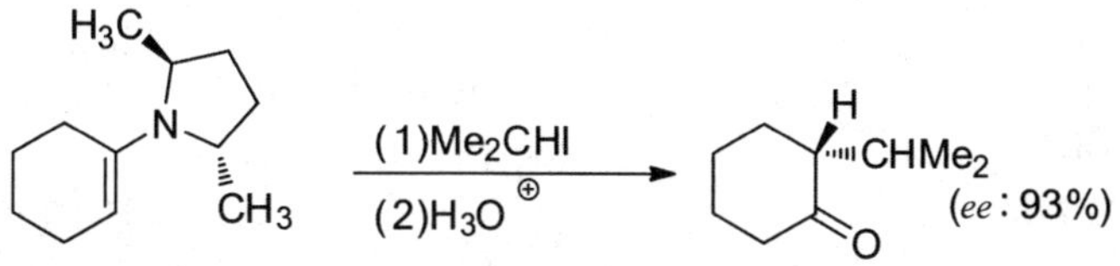

(1)Me_2CHI
(2)$H_3O^{\oplus}$

(*ee*: 93%)

(3)手性脯氨醇辅基。在羧酸 *α*-不对称烃化中，手性脯氨醇是最常用的辅基之一。*N*-酰基脯氨醇在强碱(如 LDA)作用下形成 *Z*-构型手性烯醇盐，两个-OLi 单元相距最远，由于邻近手性的影响，烃化在空间位阻较小的一边进行，反应式如下：

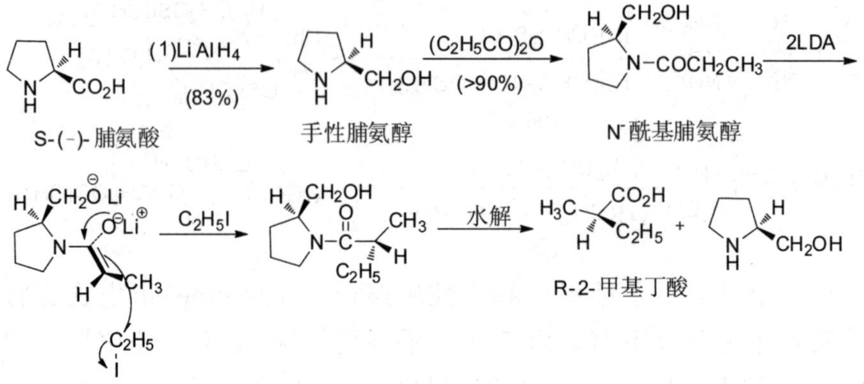

以上反应后三步的总产率为 82%。

如果使用手性脯氨醇甲醚,则主要得到相反构型的产物。其原因是甲醚的氧原子和烯醇负离子与锂离子形成环状螯合物,反应式如下:

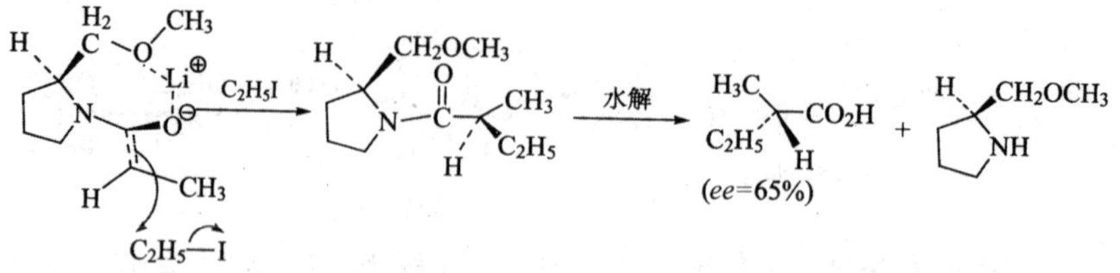

(4)手性噁唑烷辅基。L-缬氨酸(Valine)用于制备手性噁唑烷试剂。反应式如下:

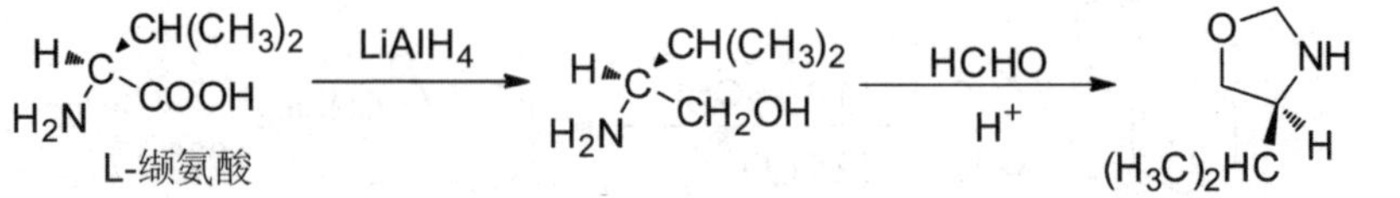

N-酰基噁唑烷在强碱作用下生成烯醇盐,后者可以和亲电试剂起反应。例如,和醛酮起醇醛缩合反应。反应式如下:

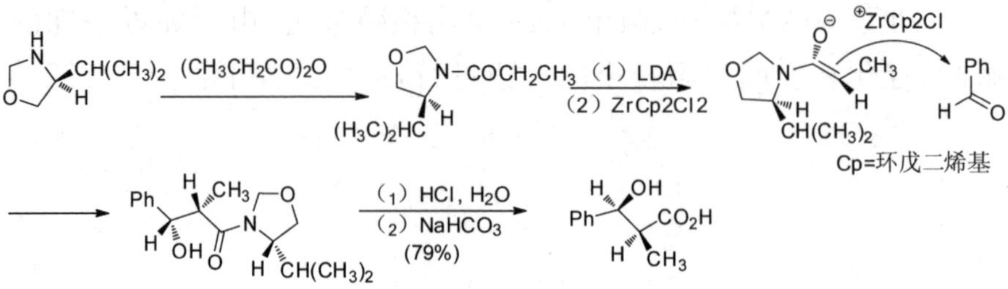

手性(*Z*)-构型的烯醇盐和醛起醇醛缩合反应主要产物是 syn 式立体异构体。为了得到完全的(*Z*)-构型烯醇盐,可用体积大的锆-环戊二烯配合物正离子代替锂离子。

(5)Evans 试剂。Evans 试剂是手性环酰亚胺,可以由氨基酸制备。反应式如下:

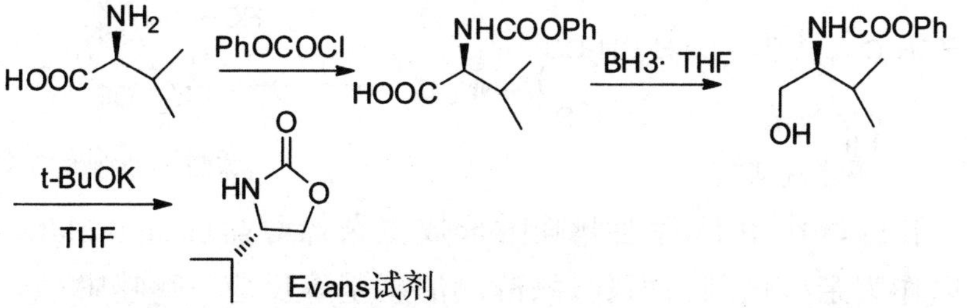
NH2
HOOC
PhOCOCl
NHCOOPh
HOOC
BH3· THF
NHCOOPh
OH
t-BuOK
THF
HN
O
O
Evans试剂

N-酰基 Evans 试剂在强碱(如 LDA)作用下生成烯醇锂盐,锂离子同时与羰基氧配位形成六元螯合环。由于环上烃基的位阻,亲电试剂 E 从相反一边进攻烯醇盐。反应式如下:

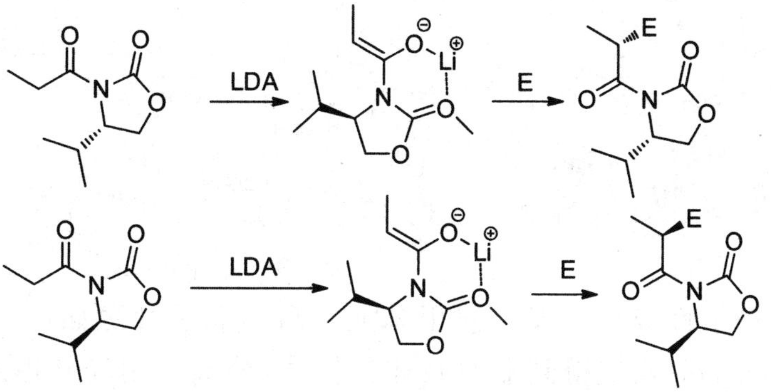
LDA
Li
E
LDA
Li
E

例如:

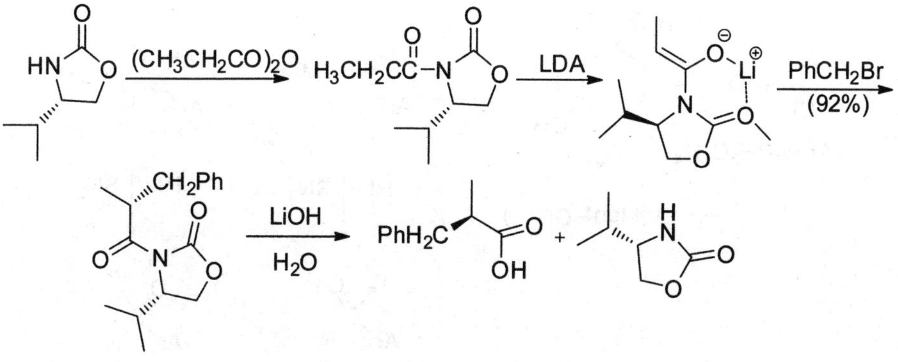
HN
(CH3CH2CO)2O
H3CH2CC–N
LDA
Li
PhCH2Br
(92%)
CH2Ph
LiOH
H2O
PhH2C
OH

(6)手性噁唑啉辅基。手性噁唑啉衍生物由手性氨基二醇[(1*S*,2*S*)-(+)-1-苯基-2-氨基-1,3-丙二醇,合成抗菌药物的副产物]与脂肪族腈的亚胺乙酯盐酸盐反应制备。反应式如下：

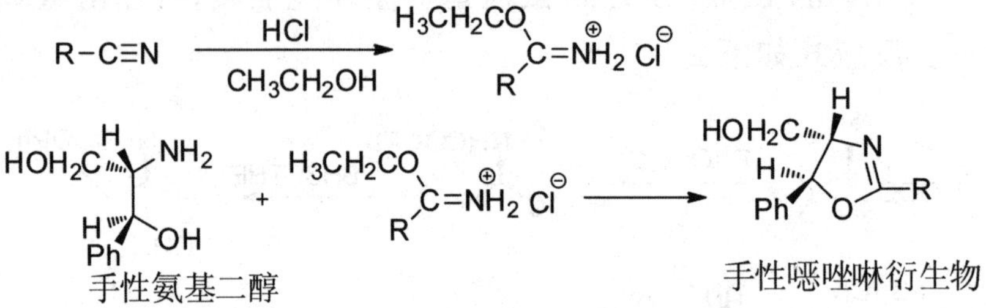

手性氨基二醇

手性噁唑啉衍生物

在强碱作用下,手性噁唑啉形成氮杂烯醇盐(aza-enolate),它可以作为亲核试剂与卤代烃、醛酮的羰基等反应。噁唑啉(4,5-二氢噁唑)环是羧基的前体,手噁唑啉衍生物水解可以生成手性羧酸。

例如：

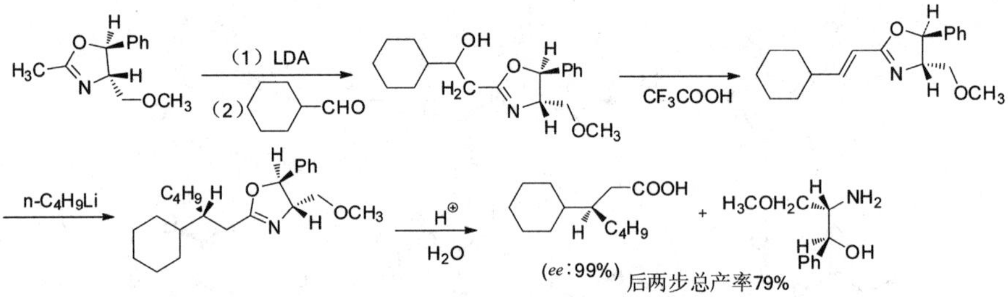

(*ee*:99%) 后两步总产率79%

(7)手性亚砜辅基。对甲苯亚磺酰氯和手性醇如(—)-薄荷醇(Menthol)反应得到非对映体异构体,分离后用烃基锂或其他亲核试剂处理分别生成手性亚砜。反应式如下：

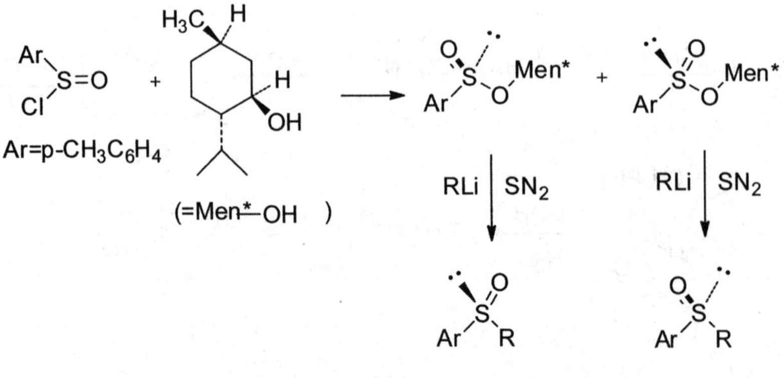

$Ar=p\text{-}CH_3C_6H_4$

(=Men*—OH)

手性亚砜是强有力的手性导向基，在完成导向作用后可以用铝汞齐或 Raney 镍等试剂将其除去。例如，手性环戊烯酮亚砜与格利雅试剂反应可得到手性环戊酮衍生物。反应式如下：

$HO(CH_2)_2OH$, $H^{\oplus}$ (90%)

(1) n-C_4H_9Li (2) 非对应异构体 (3) $CuSO_4$, MeCOMe

(1) $ZnBr_2$ (2) CH_3MgI

Al/Hg

(*ee*=87%)

手性亚砜的 α-碳负离子对羰基亲核加成可得到光学纯的手性醇，进一步处理后得到手性环状内酯。例如：

$CH_3COOC_4H_9$-t, $(i\text{-}C_3H_7)_2NMgBr$

t-C_4H_9MgBr, n-$C_8H_{17}CHO$, THF, -78 ℃

Al/Hg, THF

(1) DHP, $H^{\oplus}$ (2) LAH, THF

(1) TsCl, $(Et)_3N$ (2) NaCN

(1) NaOH, H_2O (2) TsOH

(*R*)-(+)-*n*-丁内酯(*ee*：87%)

6.2.3 手性试剂诱导的不对称合成

在无手性的分子中通过化学反应产生手性中心，一个常用的方法就是用手性试剂对含有对映异位原子、对映异位基团或对映异位面的底物作用。这类试剂颇多，有些已有商品。

硼试剂在手性合成中可作硼氢化、还原剂、烷基化试剂，硼试剂中用天然或合成的手性化合物引入手性，就得到手性硼试剂。例如，(＋)或(－)-α-蒎烯硼氢化，得到手性二蒎基硼烷就是很好的手性硼试剂。

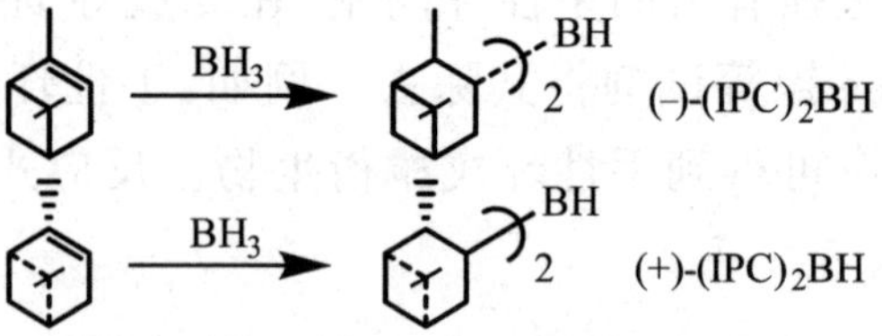

BH_3 2 $(-)\text{-}(IPC)_2BH$

BH_3 2 $(+)\text{-}(IPC)_2BH$

羰基的不对称还原也可以用手性硼试剂实现，最常用的是将 *α*-蒎烯用 9-BBN(9-硼-双环[3.3.1]壬烷)进行硼氢化得到的 B-3-蒎基-9-BBN。

除上述含硼的手性烯醇类化合物外，还有锂盐类醇，用这些试剂可以进行手性烷基化、酰化和羟基化反应。

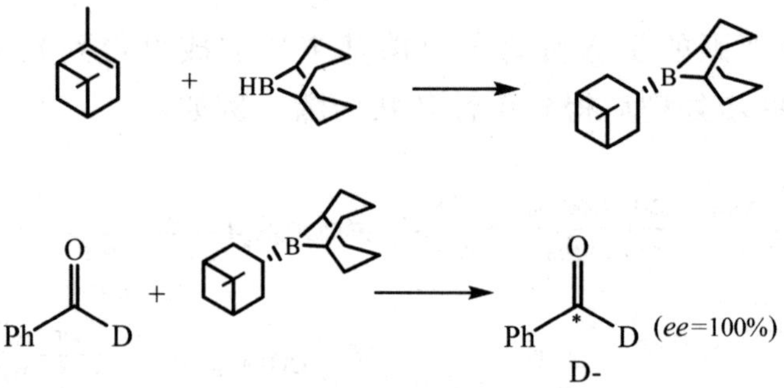

\+ HB → B

Ph D + B → Ph * D D- (*ee*=100%)

手性氨基锂和手性氨基铜锂也被用于试剂诱导的不对称合成。前者与酮羰生成不对称的烯醇锂盐，再与亲电试剂反应，可得到 *O*-取代或 *C*-取代的手性产物。后者可以对烯酮烷基化。

从第三代方法中又拓展出另一种情况，即手性底物与手性试剂的反应，称为双不对称反应。这种反应在同时形成两个新的手性单元的反应中(如醛醇反应、Diels-Alder 反应)特别有用。此时存在手性底物与手性试剂匹配(增效)以及错配(减效)的情况。在有些情况下，如果手性试剂对反应的立体选择性起主导作用，即使在错配情况下，也能得到较满意的不对称诱导效果。也就是说，在这种情况下，可以不考虑底物中手性的存在，事实上已相当于试剂控制反应。

6.2.4　手性催化的不对称合成

在合成手性化合物的几种方法中，不对称催化是最有效、最具有工业应用意义的。所谓不对称催化，一般是指利用合理设计的催化量的催化剂，来精确地区分左、右手两种进攻方式，从而产生高度对映纯的化合物。它仅用少量的手性催化剂就可以得到大量特定的光学活性产物，既避免了用一般合成方法得到的外消旋体的烦琐拆分，又不像化学计量不对称合成那样需要大量的手性物质，因此尤为引人注目。

例如，用手性膦与铑的配合物作为催化剂，利用乙酰氨基丙烯酸的催化氢化制备手性纯氨基酸，一些反应产物的光学纯度达 100%。

$$\text{PhCH=C(COOH)NHCOCH}_3 \xrightarrow[\text{H}_2]{\text{Rh(R-BINAP)配合物}} \text{PhCH}_2\text{CH(COOH)NHCOCH}_3 \quad (ee=100\%)$$

(*S*)-1-甲基-2-(二苯基羟甲基)-氮杂环丁烷[(*S*)-3]也用于催化二乙基锌对各种醛的对映选择性加成。在温和的反应条件下获得手性仲醇，光学产率高达 100%。

$$\text{RCHO} \xrightarrow[\text{Et}_2\text{Zn}]{(S)\text{-3}} \text{RC}^*\text{H(OH)CH}_2\text{CH}_3$$

表 6-1 给出了几种手性物催化二烷基锌对醛的加成反应。

表 6-1　几种手性化合物催化二烷基锌对醛的加成反应

R	Ph	*p*—Cl—Ph	*o*—MeO—Ph	*p*—MeO—Ph	*p*— Me—Ph	*E*—PhCH=CH
ee%	98	100	94	100	99	80
构型	*S*	*S*	*S*	*S*	*S*	*S*

由表 6-1 可知，芳香醛的乙基化反应在(*S*)-1-甲基-2-(二苯基羟甲基)-氮杂环丁烷[(*S*)-3]作催化剂时获得的对应异构体的产

量高，而且产物均为 S 构型。

(S)- 3 和(1S，2R)-1 手性催化剂也能选择性地与醛反应，而且产量也比较高。例如：

$\xrightarrow[(1S,2R)\text{-}1]{R_2Zn}$

R=Et (S, ee=93%)
R=n-Bn (S, ee=92%)

$\xrightarrow[(1S,2R)\text{-}1]{Et_2Zn}$

R^1=Ph (S, ee=87%)　R^1=$PhCH_2$ (S, ee=81%)

手性有机小分子催化不对称合成始于 20 世纪 70 年代，Hajios 和 Parrish 独立研究发现 2-烃基-1，3-环二酮与 α，β-不饱和酮起 Michael 加成反应生成的三酮产物在手性脯氨酸催化诱导下可生成立体选择性环化产物。这一不对称 Robinson 成环反应称为 Hajios-Parrish 反应。反应式如下：

n=1,2　Michael加成　(S)-脯氨酸　TsOH　△　ee > 90%

例如，2-甲基环戊酮与甲基乙烯基酮和起 Michael 加成反应生成三酮，三酮和(S)-(－)-脯氨酸通过两个氢键形成刚性构象的三环过渡状态，脯氨酸骨架和甲基处在反式位置，因而新的碳碳键在甲基相反的一边生成，得到顺式稠合的双环羟基二酮，后者经共沸脱水得到产物。反应式如下：

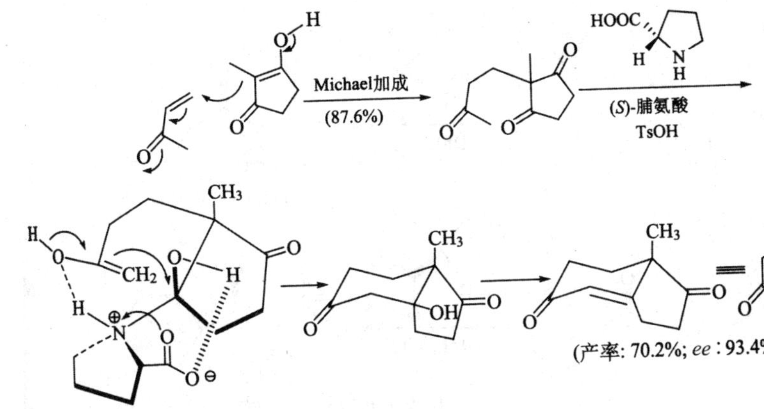

Michael加成 (87.6%)

(S)-脯氨酸 TsOH

(产率: 70.2%; *ee*: 93.4%)

(1)手性有机小分子催化 Aldol 缩合反应。21 世纪初，List 和 BarbsⅢ 发现丙酮和芳醛在脯氨酸催化下可得到对映异构体产物。例如：

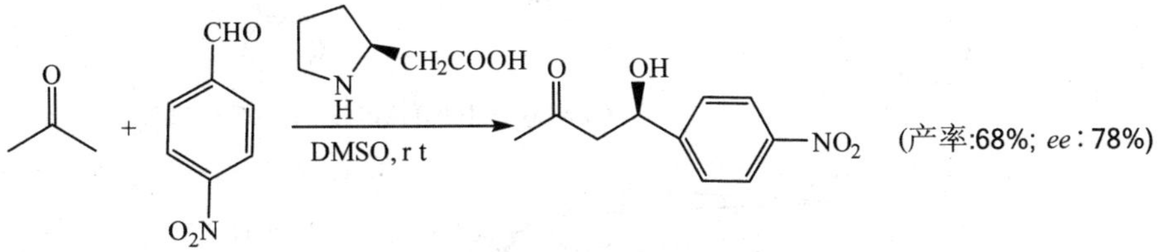

DMSO, r t (产率:68%; *ee*: 78%)

丙酮和脯氨酸的氨基缩合脱水形成烯胺，羧基质子活化醛羰基。反应通过类椅式六元环状过渡状态完成烯胺对羰基 *Re* 面的亲核进攻。脯氨酸的手性骨架控制了产物的立体构型。例如：

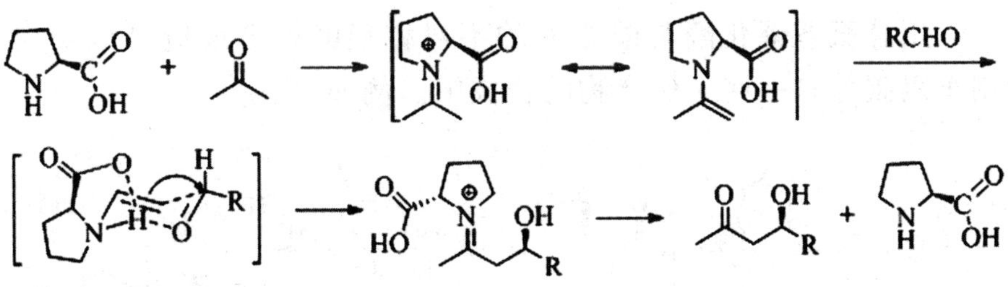

RCHO

Re **面进攻**

用脯氨酸催化已实现醛与羟基丙酮衍生物、醛与醛之间的不对称羟醛缩合，得到 *anti* 式立体构型产物。例如：

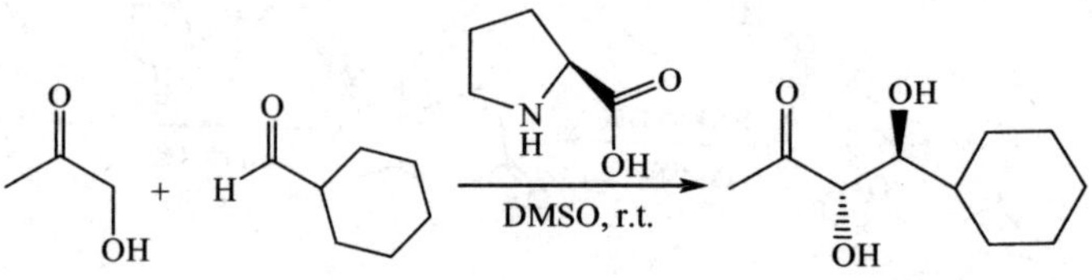

(anti∶syn =20∶1; ee∶99%)

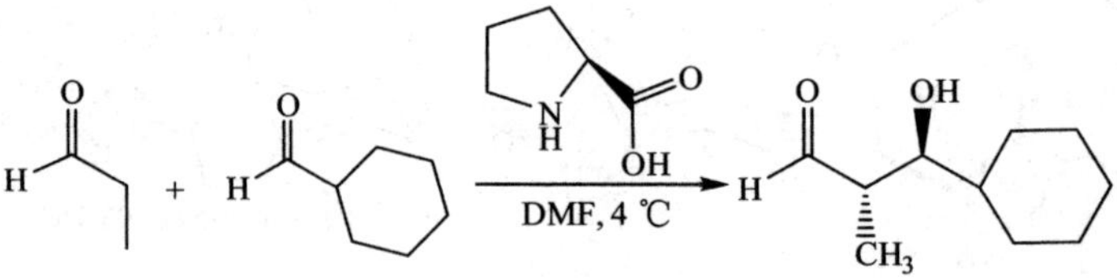

DMSO, r.t.

DMF, 4 ℃

(anti∶syn =14∶1; ee∶99%;产率:87%)

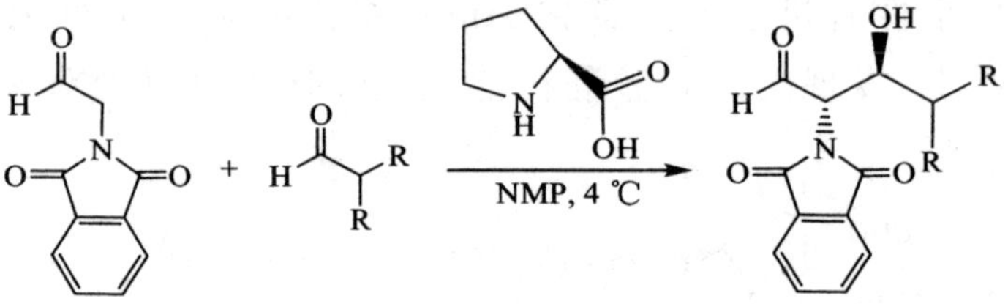

NMP, 4 ℃

(anti∶syn =100∶1; ee∶99.5%; 产率:76%)

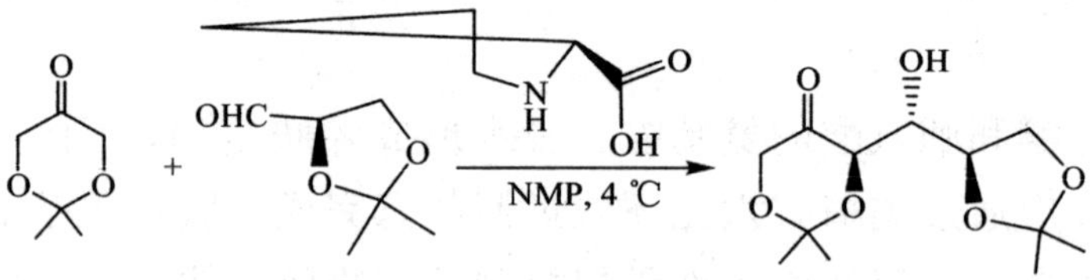

NMP, 4 ℃

(de∶99%; ee∶98%; 产率:75%)

用脯氨酸催化醛与醛之间的不对称羟醛缩合反应已成功应用于六碳糖和一些天然产物的合成中。例如：

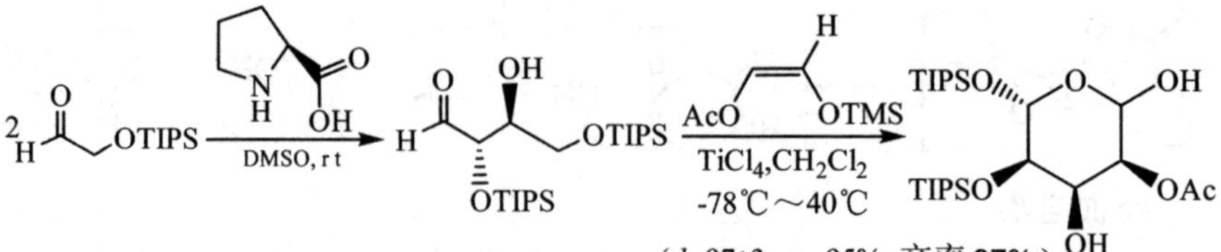

DMSO, r t

$TiCl_4$,CH_2Cl_2 -78℃～40℃

(dr,97∶3;　95%; 产率:97%)

(2)手性有机小分子催化 Mannich 反应。用 L-脯氨酸催化羟醛缩合反应得到 anti 式主要产物。但用 L-脯氨酸催化 Mannich 反应,却得到 *syn* 式主要产物。例如：

(X=NO$_2$,Cl,Br,CN) (1) L-脯氨酸, DMF; (2) NaBH$_4$

(dr, 138:1; ee: 99%; 产率:65%～90%)

(3)Shi 不对称环氧化反应。Shi 等发现果糖衍生物为催化剂,过硫酸氢钾(KHSO$_5$)或 H$_2$O$_2$ 为氧化剂可以对映选择性地实现孤立烯键的环氧化。Shi 不对称环氧化反应和 Jacobsen 不对称环氧化反应互为补充。反应式如下:

Shi 催化剂, KHSO$_5$或30%H$_2$O$_2$, MeCN/H$_2$O, pH=7~10 　或者

由D-果糖制备的Shi催化剂(D-S)　　由L-果糖制备的Shi催化剂(L-S)

例如:

D-S, KHSO$_5$, MeCN/H$_2$O,pH=10　OTBS (ee: 95%; 产率:73%)

D-S, KHSO$_5$, MeCN/H$_2$O, pH=10　(ee: 91%; 产率:69%)

在 Shi 不对称环氧化反应中,KHSO$_5$ 或 H$_2$O$_2$ 将果糖的羰基转变为双环氧乙烷衍生物,由于果糖的立体控制,双环氧乙烷只能在烯键的一面进攻。反应式如下:

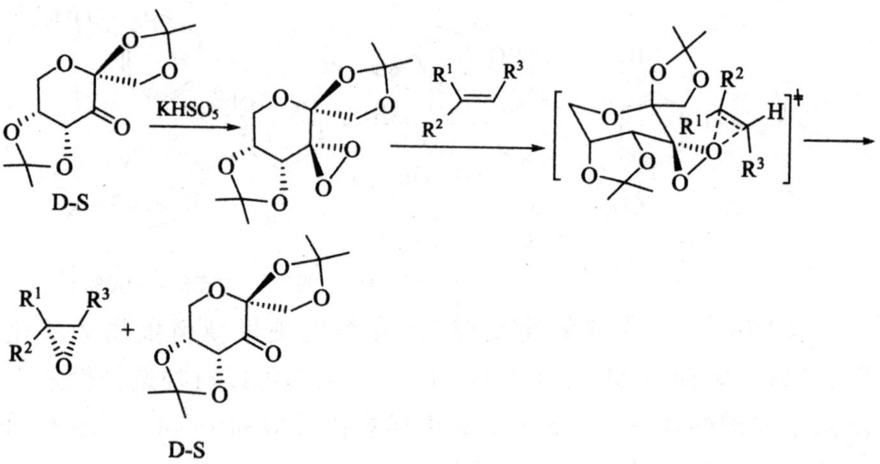

控制反应的 pH＝10 左右，主要是为了抑制催化剂的 Baeyer-Villiger 氧化。Baeyer-Villiger 氧化的反应式如下：

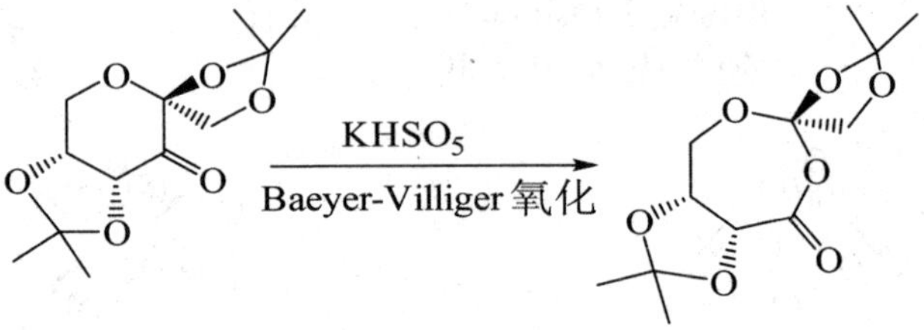

Shi 不对称环氧化反应已成功应用于天然产物的合成中。例如，在天然产物 Glabrescol 的合成中，利用 Shi 不对称环氧化反应一步导入四个手性环氧基，生成八个手性中心。反应式如下：

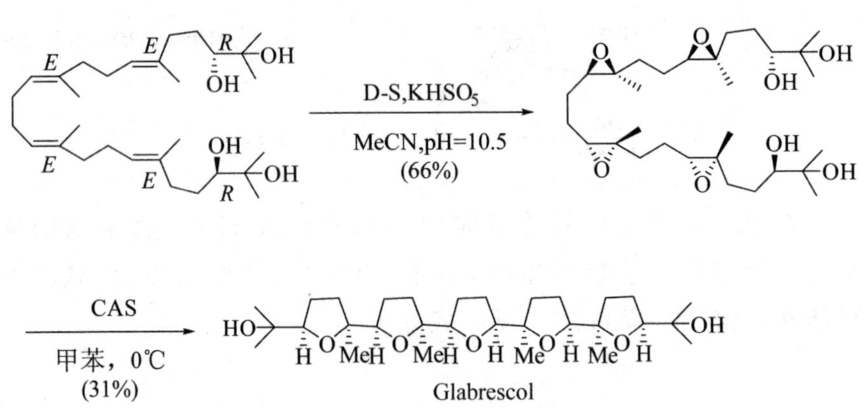

6.2.5 双不对称择向合成

双不对称合成使用的底物和反应试剂都具有手性，利用两者的双重手性诱导作用来完成不对称反应。由于底物中已经存在一个或多个单一构型的手性中心，因此从产物来看，这种方法控制的是非对映体选择性。

OHC ... + Ph ... OB(n-Bu)$_2$ → 600 : 1

双不对称合成的基本规律为：两种反应物的手性控制因素可以相互增长，也可能相互削弱。其中，前者被称为匹配对，后者被称为不匹配对(错匹配)。下面的例子能够充分说明这一规律，与非手性化合物 2 相比，(R)-4 和手性化合物 4 匹配，能够提高反应的非对映选择性。(S)-3 和手性化合物错匹配，则降低反应的非对映选择性。反应式如下：

1 + 2 —$BF_3 \cdot OEt_2$→ 1 : 4.5

1 + 3 —$BF_3 \cdot OEt_2$→ 1 : 40

1 + 4 —$BF_3 \cdot OEt_2$→ 2 : 1

R* = —O—C(=O)—CH(Ph)(OMe)

双不对称合成实质上是把前三种不对称合成思想相结合，为最大限度地提高反应的立体选择性提供了一种手段；其选择性除了受反应物和试剂的立体构型控制外，还受反应物和试剂手性匹配关系的控制。在它所要求的条件下，一般只涉及产物的非对映选择性，那么它也为非对映选择性的控制提供了一种合理方法。

6.2.6 绝对不对称合成

不对称合成方法中的手性因素为化学分子，而绝对不对称合成的手性诱导因素来自物理因素如圆偏振光、磁场。对于圆偏振光诱导不对称反应的原因，较为令人认可的解释为：左旋或右旋圆偏振光对反应物的不同构象的活化能力不同，从而偏向于生成某一旋光构型的产物。以这种方法进行的不对称反应，光学选择性太差，在合成上意义不大，但似乎可以为人类探讨手性的起源提供思路。

6.3 不对称合成的主要反应

6.3.1 不对称氢化反应

19 世纪 70 年代初，Monsanto 公司成功地用不对称催化氢化的方法生产治疗帕金森综合征的药物 L-DOPA，可以说是不对称催化反应工业化的具体应用。这一事件被认为是不对称反应发展过程中的里程碑。手性氢化反应开始被广泛应用于人工合成香料铃兰醛中间体、(S)-构型的奈普森、用于治疗帕金森病的 L-多巴以及除草剂、布洛芬等。

手性分子修饰的负载金属催化剂显示出对前手性底物的对映选择性加氢活性。例如，烯酰胺在手性铑催化下的不对称氢化：

$$\text{R-CH=C(CO}_2\text{H)(NHAc)} \xrightarrow{H_2} \text{R-CH}_2\text{-}\overset{*}{\text{C}}\text{H(CO}_2\text{H)(NHAc)}$$

酮的不对称氢化是制备手性醇的一个有效方法，BINAP-Ru(Ⅱ)催化剂对于官能化酮的不对称氢化是极为有效的。反应式如下：

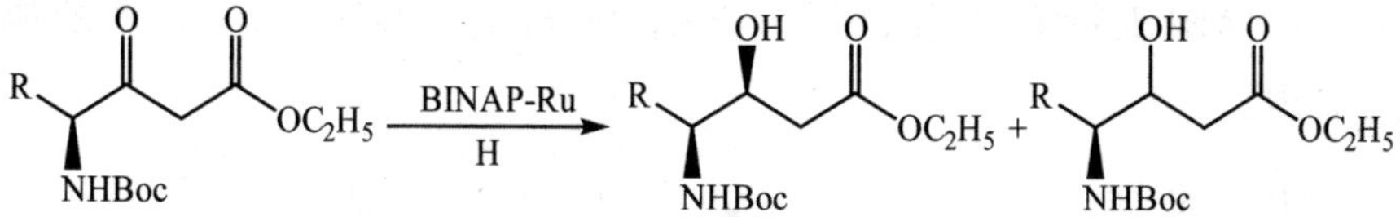

带 2-氮杂降冰片基甲醇手性配体的钌配合物是芳族酮对映选择性转氢化的有效催化剂。例如：

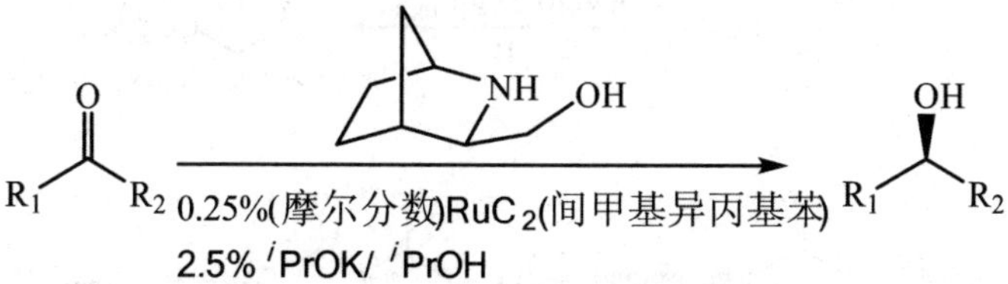

α,β-不饱和羧酸的不对称氢化也取得了较好的结果。例如，这方面令人感兴趣的合成例子是可以 6-甲氧基-2-萘基丙烯酸为原料，$Ru(BINAP)(OAc)_2$ 为手性催化剂，一步法合成消炎镇痛药（S）-萘普生和（S）-酮洛芬的合成。而且反应的原料全部进入产物，符合原子经济反应的概念。反应式如下：

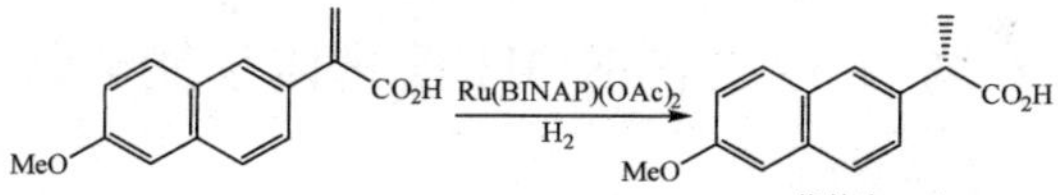

(S)-萘普生，ee：97%

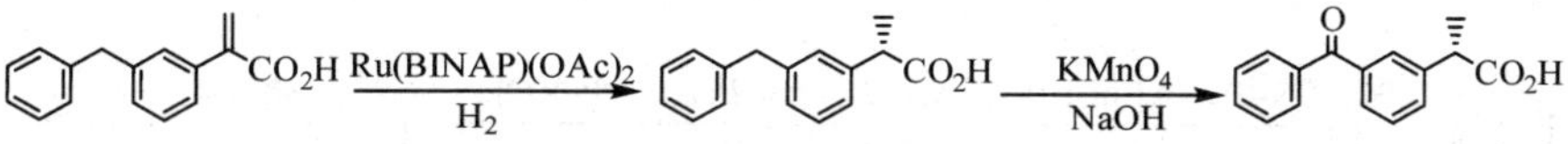

(S)-酮洛芬，ee：80%

α,β-不饱和酮或酯、不饱和醇及烯酰胺、烯醇酯中的双键也能通过不对称氢化来实现。反应式如下：

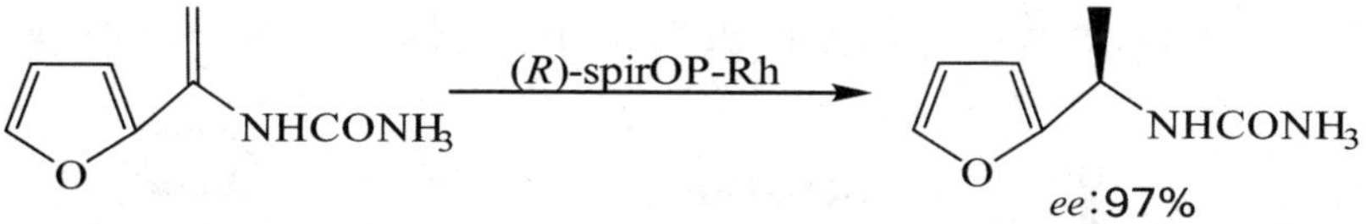

ee：97%

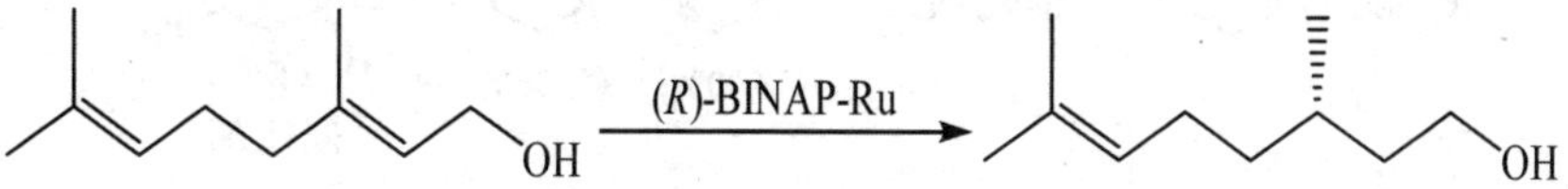

ee：96%～99%

除了C═C双键外，C═O也可进行不对称氢化。但这种反应一般局限于带有卤素、羟基、氨基、酰氨基和羰基等官能团的酮类底物。

[(R)或(S)-BINAP]$RuCl_2$，H_2；或；>95%产率，ee>99%

[(R)-BINAP]$RuCl_2$，H_2；CO_2Me；95%产率，ee:99%

Cl；[(R)-BINAP]$Ru(PhCO_2)_2$，H_2；97%产率，ee:87%

HO；HO；Me；NH· HCl；[(R,S)-BPPFOH]-Rh，H_2；ee:95%

简单酮难以较好地进行不对称氢化反应。近年来，人们发现使用Ru-手性双膦-手性二胺-KOH催化体系能够解决这一问题。例如：

[(S)-BINAP]$RuCl_2$/(S,S)-1,2-二苯基乙二胺/KOH，H_2；ee:>97%

[(R,R)-BICP]$RuCl_2$/(R,R)-1,2-二苯基乙二胺/KOH，H_2；ee:93%

不对称氢催化转移反应以醇和甲酸为氢源，在手性金属化合

HCO_2H/NEt_3，催化剂；100%产率，96%e.e.

催化剂：Ru，Cl，N，Ts，H，Ph，Ph

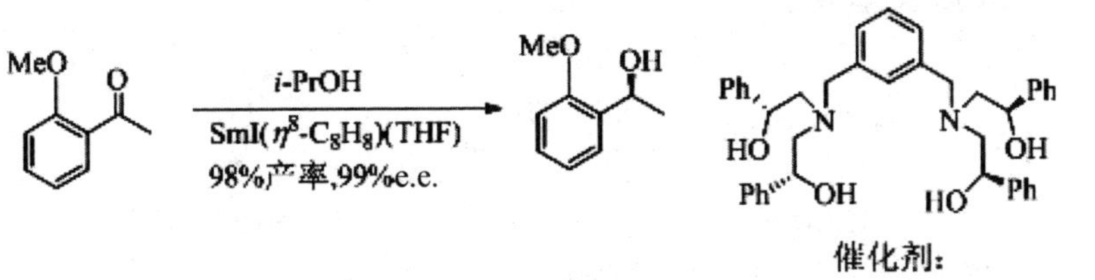

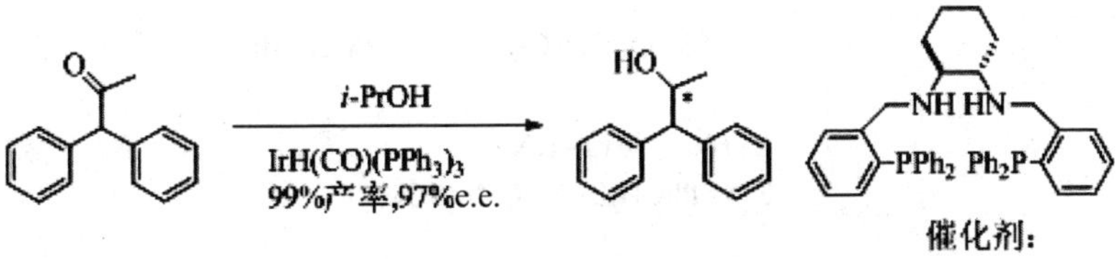

MeO
i-PrOH
SmI(η8-C8H8)(THF)
98%产率,99%e.e.
OH
Ph
HO
N
催化剂:

i-PrOH
IrH(CO)(PPh3)3
99%产率,97%e.e.
HO
NH HN
PPh2 Ph2P
催化剂:

物的催化下进行 C ═O 和 C ═N 双键的不对称还原反应。例如：这类反应的氢源(甲酸或异丙醇)有较为优良的性质,无毒,对环境友好,而且避免了高压气体的使用,因此是有一定的工业应用潜力。通常 C ═O 双键生成光学活性二级醇的氢转移反应最为常见,而 C ═N 双键的不对称氢转移反应的例子较少。

6.3.2 不对称烷基化反应

利用手性烯胺、腙、亚胺和酰胺进行烷基化,其产物的 *ee* 值较高,是制备光学活性化合物较好的方法。

(1)烯胺烷基化。

CHO
Ph
COR
-H2O
HC
AcOH
H2O
CHO
ROC

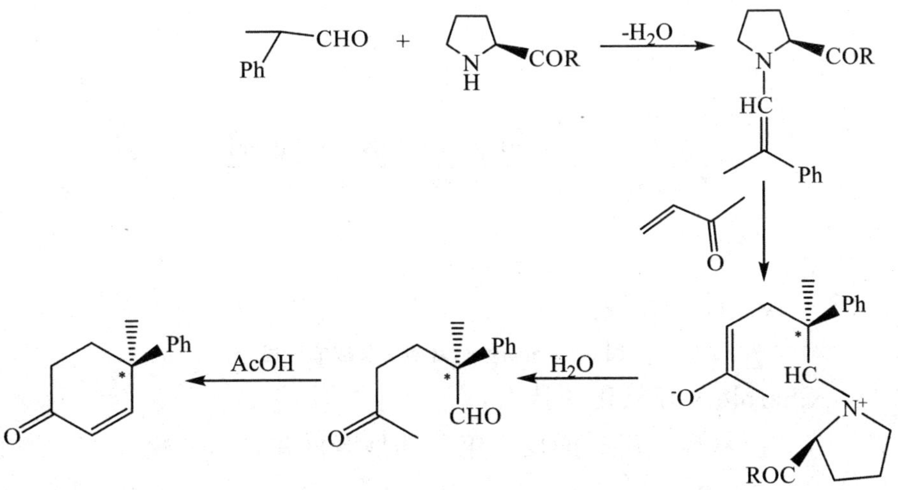

(2)腙烷基化。

N—N=CHCH$_2$R（H, CHOMe） $\xrightarrow{\text{LDA/THF}}$ MeO—Li⋯N: RHC=CH

$\xrightarrow[\text{② } O_3/CH_2Cl_2]{\text{① R'X}}$ RR'CHCHO

R=Me,Et,^{i}Rr,n-heX

R'X=PhCH$_2$Br,MeI,Me$_2$SO$_4$

6.3.3 不对称环氧化反应

图 6-1 所示的 Sharpless 环氧化反应是由 Sharpless 小组于 1980 年完成，即由四异丙基钛、手性酒石酸乙酯和叔丁醇过氧化物组成的试剂，将具有 α-羟基烯烃结构的化合物环氧化成不对称产物。收率很高，对映体超量 90%以上。产物的手性由所用的酒石酸乙酯的手性(D-或 L-)决定，当 α-碳原子(或羟基碳原子)是手性时，只有其中一个构型在 D-或 L-酒石酸乙酯存在下被环氧化，另一个不受影响。

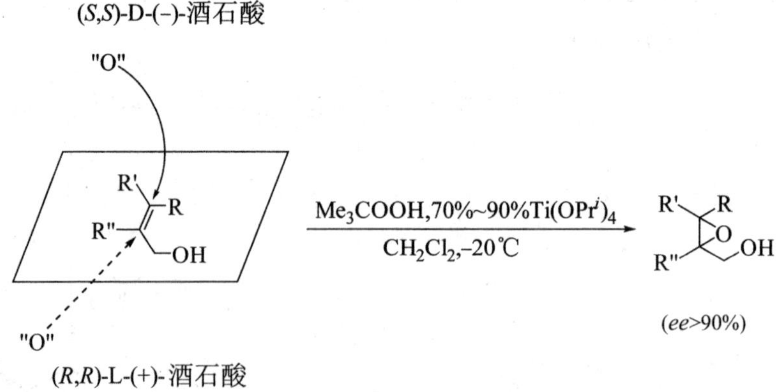

图 6-1 Sharpless 环氧化反应的过程

Sharpless 环氧化的特点：

(1)简易性。所有的反应组分都是廉价并且商品化。

(2)可靠性。虽然大的 R 取代基是不利的,但对于大多数烯丙醇反应都能成功。

(3)高光学纯度。一般大于 90%,通常大于 95%。

(4)产物的绝对构型可以预见。对潜手性烯丙醇而言,图 6-1 的规律尚未见有例外。

(5)对原先存在的手性中心不敏感。在已带有手性中心的烯丙醇中,手性钛酒石酸酯催化剂具有足够强的非对映面优先性,能够克服手性烯烃底物所固有的非对映面优先性。

(6)2,3-环氧醇作为中间体的多用性。新的选择性转化扩大了该反应的实用性和意义。

(7)反应速率对烯丙醇的立体性质是敏感的。特别是在 C3 带有硕大取代基的 Z-烯丙基时反应速率容易受到抑制。

(8)在反应体系中存在多种 Ti-酒石酸酯配合物(图 6-2)。含有等摩尔数的 Ti 和酒石酸酯的体系是活性最高的催化剂,它比单四烷氧基钛进行反应要快得多。Sharpless 推测,环氧化反应由具有 C2 对称轴的二聚配合物中的单个 Ti 中心催化(图 6-3)。相对分子质量测定,红外光谱和^{1}H、^{13}C 和^{17}O NMR 谱都提示,在溶液相中这种双核结构占主导地位。

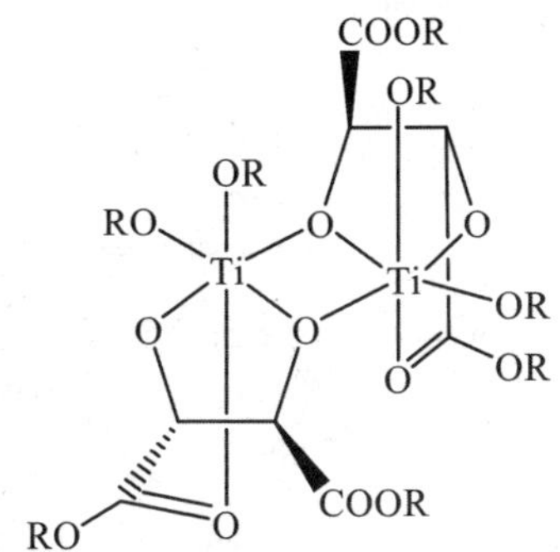

图 6-2 双核 Ti-酒石酸酯配合物的结构

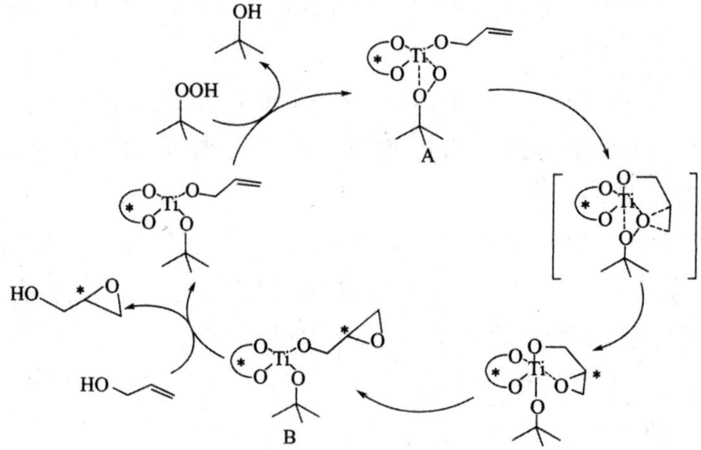

图 6-3. Sharpless Ti 催化环氧化反应的机理

除了 Sharpless 环氧化外，手性烯丙醇也可发生诱导环氧化面的选择性。例如：

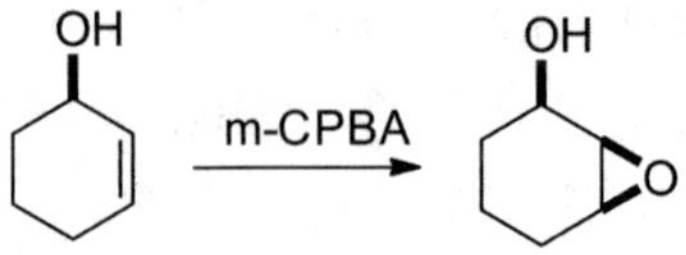

在非官能团烯烃的不对称环氧化反应中，Jacobsen 发现合成了手性水杨亚胺(Salen)锰配合物，并用于抗癌药紫杉醇侧链的高效、高对映选择性合成。例如：

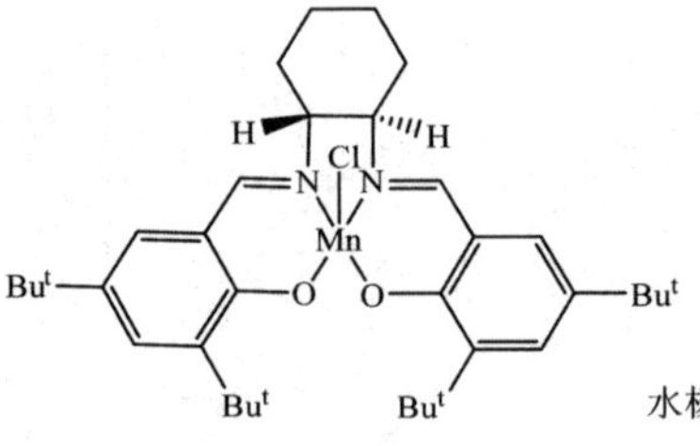

水杨亚胺-Mn

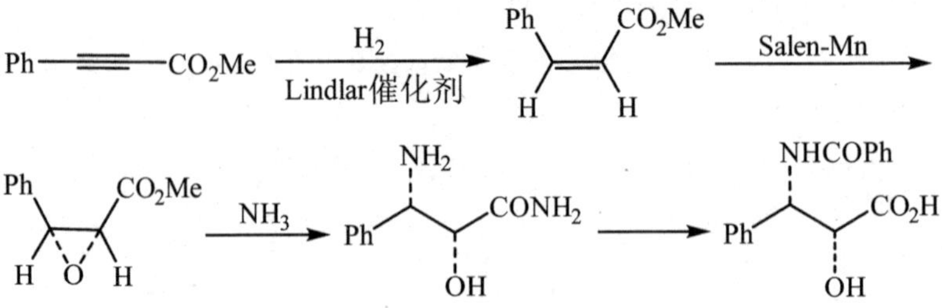

目前不对称催化合成研究领域已取得了巨大的进展，成千上万个手性配体分子和手性催化剂已经合成和报道，不对称催化合成已应用到几乎所有的有机反应类型中，并开始成为工业上，尤其是制药工业合成手性物质的重要方法。值得指出的是，目前不对称催化合成研究依然处在方兴未艾的发展阶段，许多与手性相关的科学问题还有待解决。相信不对称催化合成将继续成为 21 世纪有机化学研究的热点，并将进一步拓展到超分子化学和化学生物学的研究中，实现生物催化的人工模拟，并将在高技术领域发挥重要作用。

6.3.4　不对称 Diels-Alder 反应

不对称 Diels-Alder 反应是最重要的有机转化反应之一，对于合成许多重要的手性化合物和天然产物全合成中间体是非常有用的。Kagan 等在 1989 年首次报道了有机催化不对称 D-A 反应，生物碱等可作为催化剂。

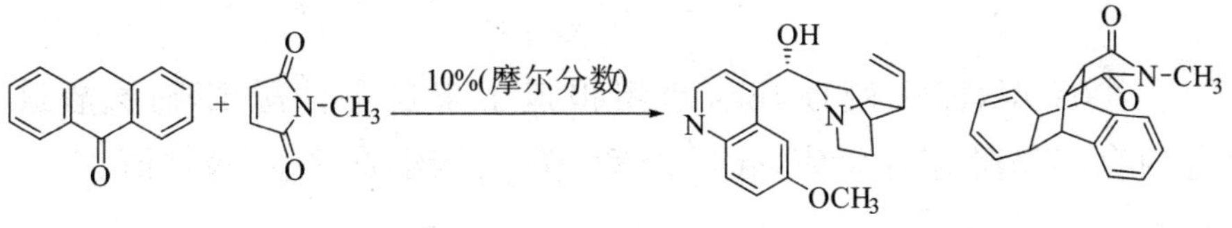

10%(摩尔分数)

(97%产率; *ee*:61%)

2005 年 Jergerson 小组报道了杂 D-A 反应，合成了许多具有重要生物活性化合物如 β-内酰胺和非天然氨基酸的中间体。

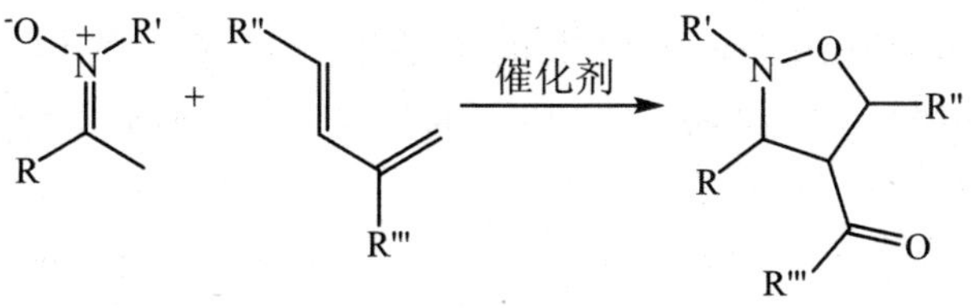

催化剂

在 Lewis 酸催化剂存在下，手性亲二烯体发生'Diels-Alder 反应，立体选择性有的高达 100：1 以上。

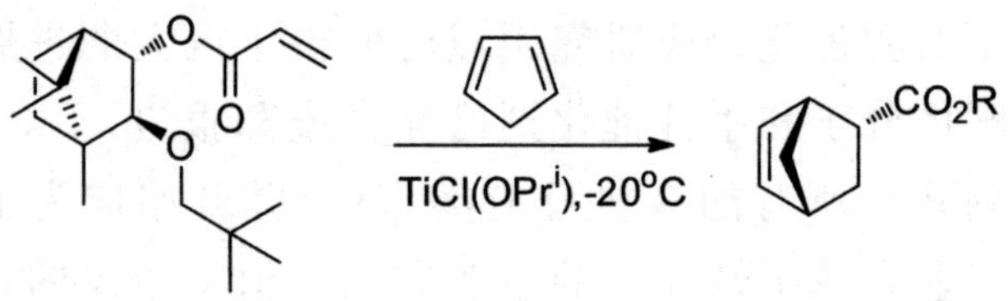

TiCl(OPr^i),-20°C

CO_2R

6.3.5 醛醇缩合

醛醇缩合是构建不对称 C—C 键的最简单的，同时能满足不对称有机合成方法学的最严格要求的一类化学转化。在有机合成和天然产物化学中，醛醇缩合是最重要的反应之一，特别适用于环化反应。

例如，用催化量的(S)-(-)-脯氨酸可以使对称二酮化合物产生醛醇缩合，化学产率 100%，光学产率 *ee*93%值。

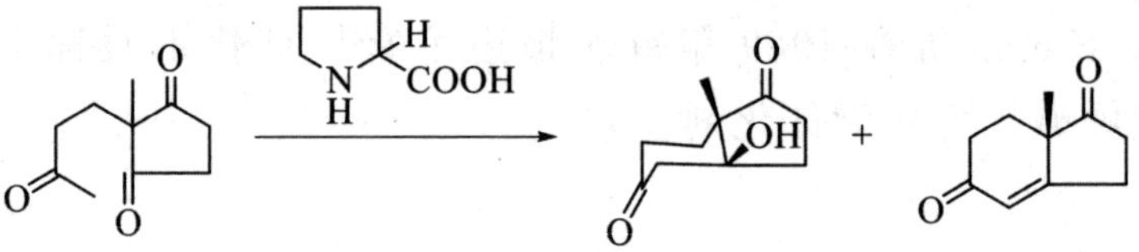

2001 年，List 和 Barbas 小组报道了来自手性源 L-脯氨酸进行的直接醛醇缩合反应，化学产率 97%，光学产率 *ee*99%值。

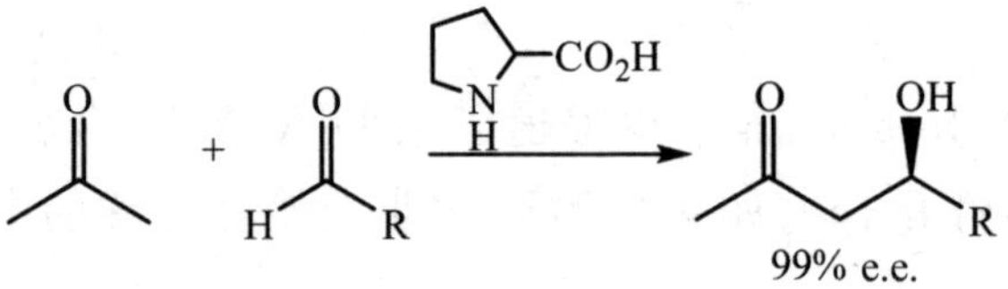

99% e.e.

2000 年 Denmark 小组报道了膦酰胺催化下的间接醛醇缩合反应，*ee* 达 90%。间接醛醇缩合反应是需要修饰的酮参与的反应。例如：

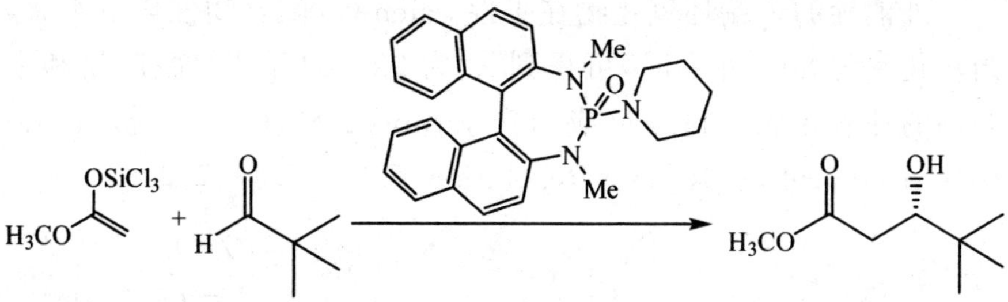

6.4 动力学拆分

当外消旋混合物中的两个对映异构体的反应速率不同时，将会导致动力学拆分(Kinetic Resolution)现象发生。在进行动力学拆分时，其产物的 *ee* 会随着反应的进行而逐渐降低，起始原料的 *ee* 则随着反应的进行而逐渐增加。当反应进行完成，即转化率为 100%时，然而产物仍然是外消旋。基于这一情况，最理想的情况是：只有一种对映体反应，当转化率为 50%时，得到 50%产物和 50%原料的混合物，此时两者的 *ee* 都为 100%。例如，外消旋的叔丁基环己酮在手性碱作用下的动力学拆分，转化率为 50%左右时，产物和原料的 *ee* 分别为 94%和 90%。反应式如下：

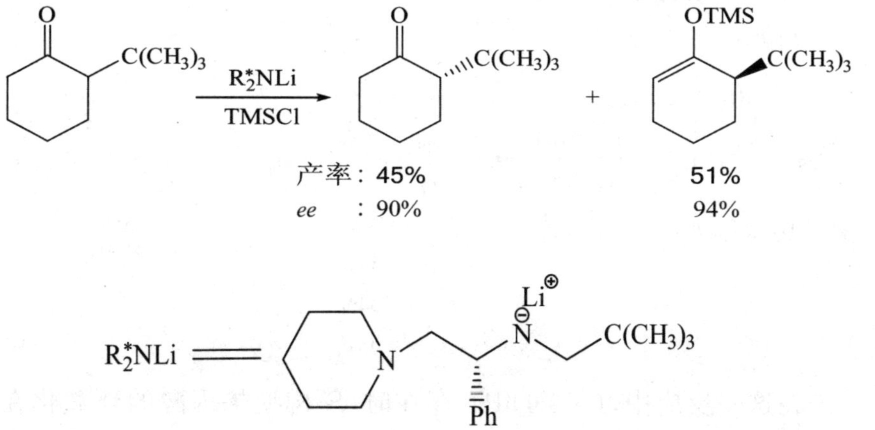

产率：45%　　51%

ee　：90%　　94%

外消旋的末端环氧化物在手性 Salen-Co 配合物催化下水解，当转化率为 50%左右时，可得到 *ee* 为 99%的开环二醇产物和未开环的环氧化物。这一反应叫作 Jacobsen 水解动力学拆分(Jacobsen Hydrolytic Kinetic Resolution)反应。反应式如下：

(*R,R*)-Salen-Co
H_2O

外消旋环氧化物　　动力学拆分产物　　(*R,R*)-Salen-Co配合物

例如：

$(Me_3S)^{\oplus}I^{\ominus}$
KOH

(*R,R*)-salen-Co
H_2O MTBE

非对映体1:1配合物

42%　　41%

当同时发生不对称反应和动力学拆分时，能产生多个手性中心的高立体选择性产物。

例如：

(+)-DIPT
$Ti(OPr^i)_4$
Bu^tOOH

外消旋混合物

anti　　*syn*

产率　49%　　约1%

de　94%

ee　96%

在这一反应中，(+)-DIPT 存在时，*S*-构型烯丙醇的环氧化在位阻较小的一边进行，而 *R*-构型烯丙醇则在位阻较大的一边进行，

因而两者的环氧化速率不同，不对称反应和动力学拆分同时发生。

例如：

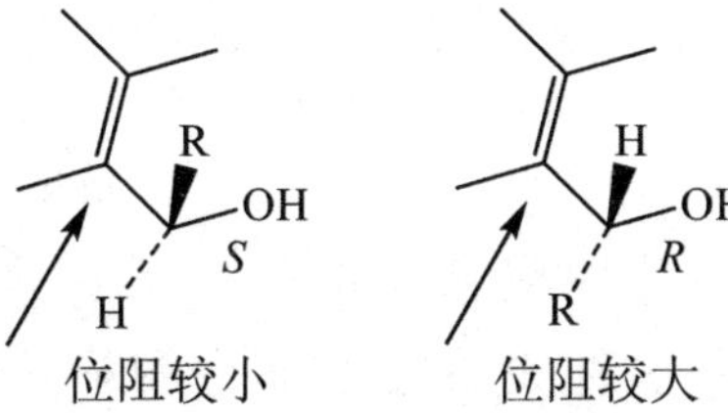
R
OH
S
H
H
OH
R
R
位阻较小
位阻较大

两步串联的不对称反应和连续动力学拆分同时进行，常得到 *ee* 非常高的产物。

例如：

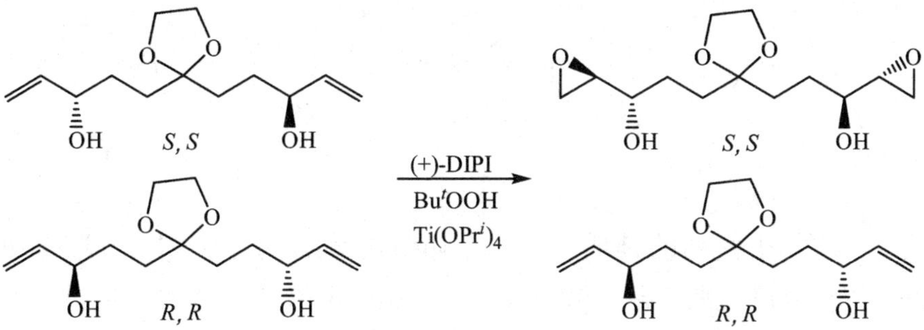
OH
S, S
OH
OH
R, R
OH
(+)-DIPI
Bu^tOOH
Ti(OPr^i)_4

6.5 手性源

手性源是一类足够便宜的可用于作为有机合成的起始物质的易得的天然产物的集合。手性源的策略是把一类化合物的部分或全部结合到目标分子中。手性源化合物可用作拆分试剂、催化剂和手性辅助剂等。下面我们讨论几个基于手性源策略的不对称合成。

6.5.1 氨基酸

有一些目标很明显地能看出含有氨基酸的结构。存在于甲状腺中的甲状腺激素，甲状腺激素含有一个氨基酸酪氨酸的骨架，而且的确可以从酪氨酸制备得到。例如：

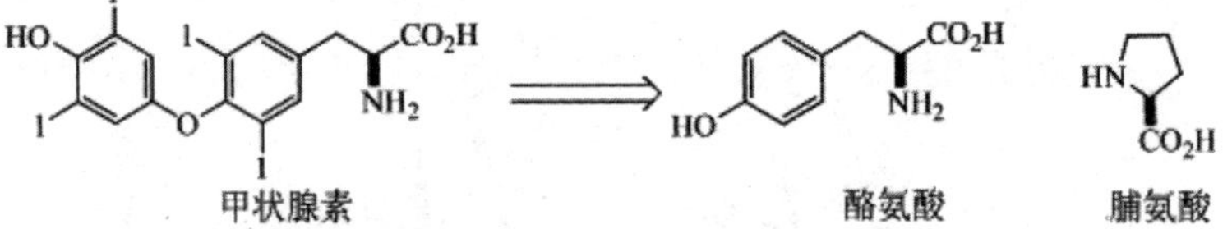

甲状腺素　酪氨酸　脯氨酸

脯氨酸的结构清楚地包含在抑制剂卡托普利(Captopril)中。在其他的一些情况下这种关系并不那么明显。其他的ACE抑制剂，有治疗高血压的功效，如雷米普利(Ramipril)和福辛普利(Fosinopril)，同样也含有脯氨酸的单元。例如：

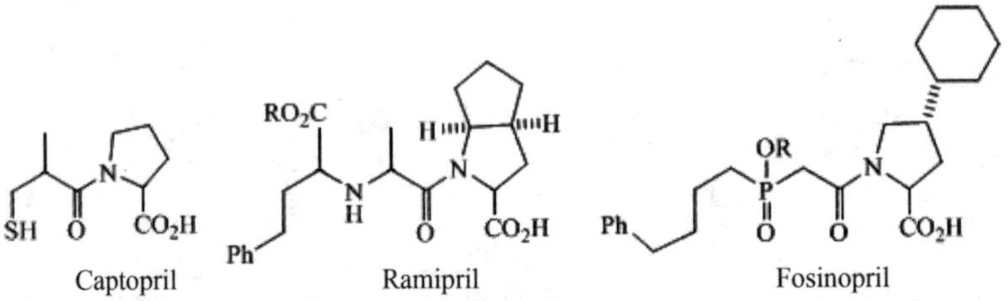

Captopril　Ramipril　Fosinopril

(1)卡托普利的合成。第一个切断表示：从分子中间的酰胺键切断可以得到脯氨酸。硫醇酸中处于1,3-位SH和C═O，可以通过共轭加成来制备。例如：

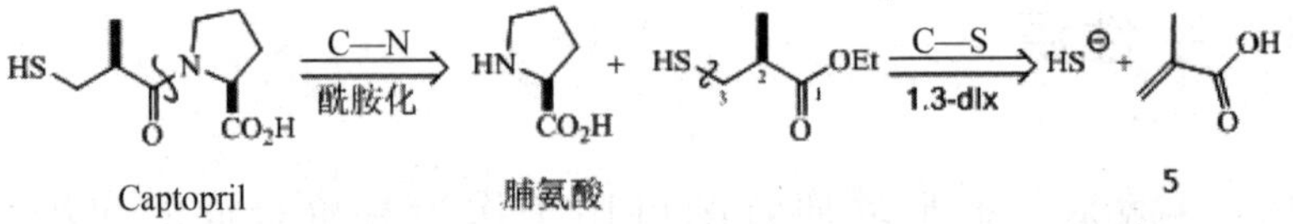

Captopril　脯氨酸　5

硫羟乙酸6被用作亲核的SH的试剂，能很好地实现共轭加成反应。消旋的产物7和保护的脯氨酸8偶联，然后水解特丁基酯得到9的非对映异构体的混合物。这些混合物的盐可以被分离，而在切断硫醇酯后，拆分出正确的异构体就能得到卡托普利。

例如：

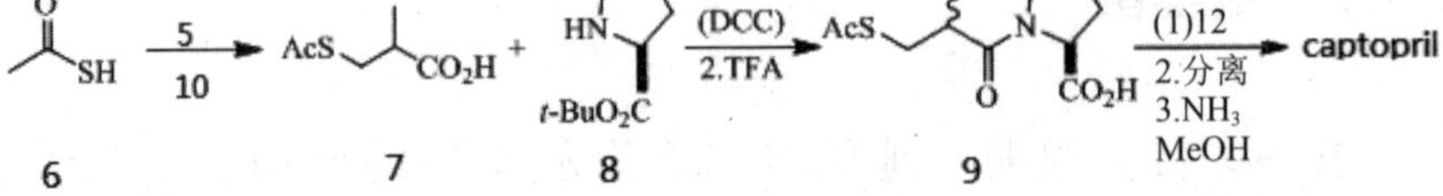

6　7　8　9

(2)雷米普利的合成。雷米普利(ramipril),Hoechst ACE 抑制剂,首先从酰胺处切断,我们可以看到在酸 13 中含有一个丙氨酸的结构。胺 14 看起来像脯氨酸,但是没有反应能实现相应的切断的键的形成。

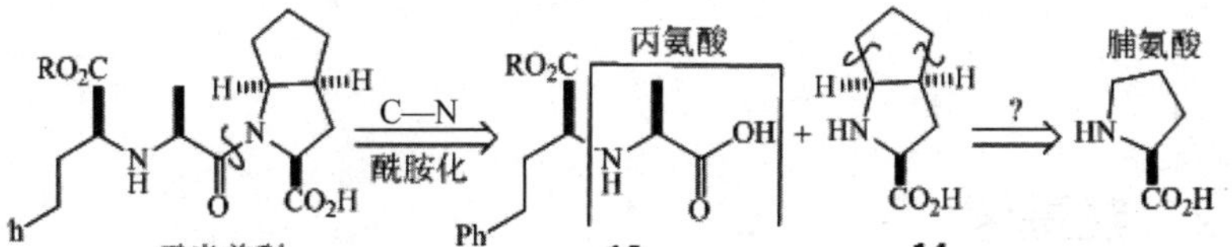

事实上,14 并不是从脯氨酸制备的。而是如 14a 所示,打开另外一个更加官能团化的环,通过烯烃 15 的自由基环化反应来实现。碘化物可以从羟基经过官能团转化(FGI)得到,而 16 则可以从烯丙基溴 17 和另一个氨基酸——丝氨酸 18 反应得到。例如:

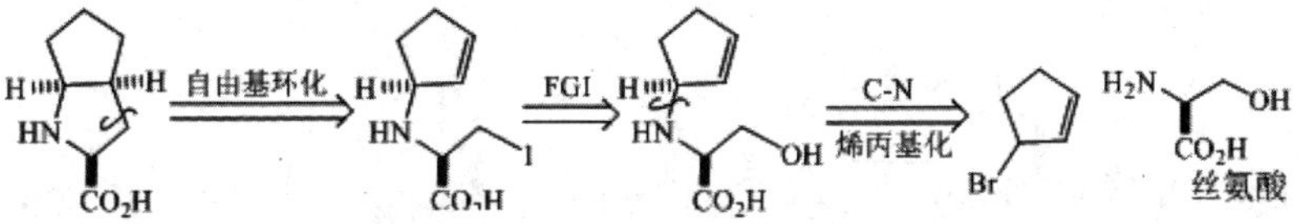

19 的自由基环化反应在合成中起重要作用,能够以很好的产率给出两个非对映异构体,两者可以在转化为双苄基酯 21 和 22 后得到分离。例如:

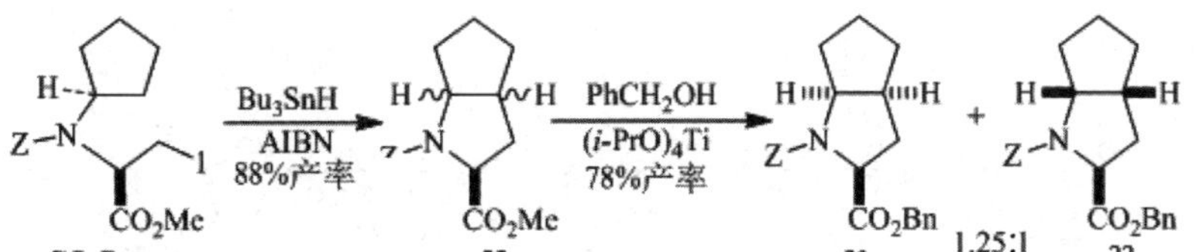

14 的酯现在被用作拆分试剂和雷米普利分子的剩余部分偶联。丙氨酸和酮酯 23 发生共轭加成以 2∶1 的比例得到 24 和其非对映异构体的混合物。与 14 偶联可以分离到正确的化合物,从而完成雷米普利的合成。

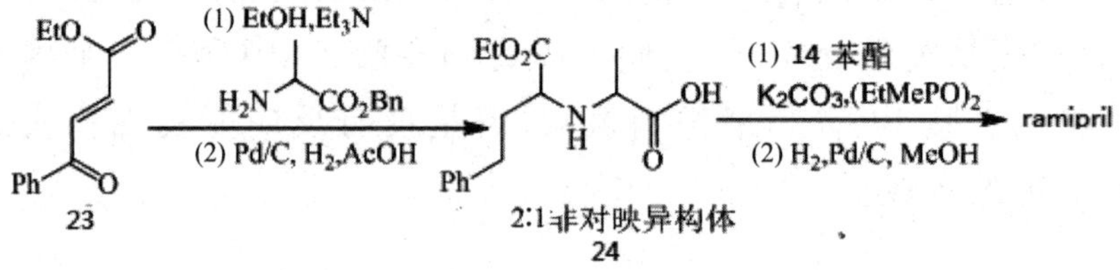

6.5.2 羟基酸

有效的酶(氨肽酶)抑制剂 Bestatin-25 为氨基酸和羟基酸之间提供了另一个完美的桥梁。初看 Bestatin 像是个二肽,但是其中只有一个成分——亮氨酸 27 是一个正常的 α-氨基酸。另一半 26 是一个 β-氨基酸,同时也是一个 α-羟基酸,于是可用同样绝对构型的二级醇的苹果酸 28 作为一个手性源起始原料。例如:

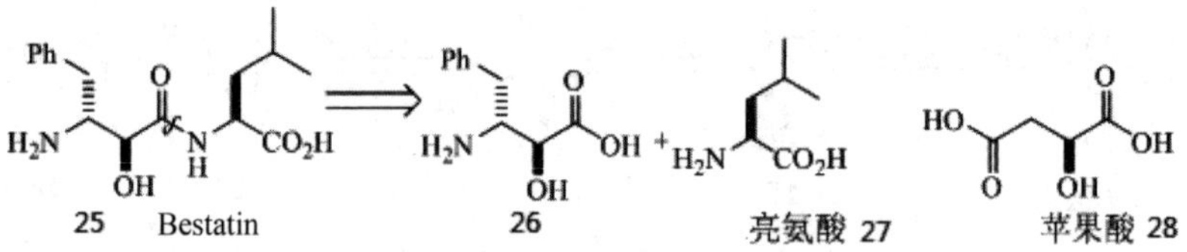

首先一定要把苄基加上。苹果酸二乙酯 29 的二锂衍生物在 OLi 基团的背面发生烷基化。两个酯基需要分辨出来。三氟乙酸酐与游离的二酸反应再和乙醇作用得到 31。例如:

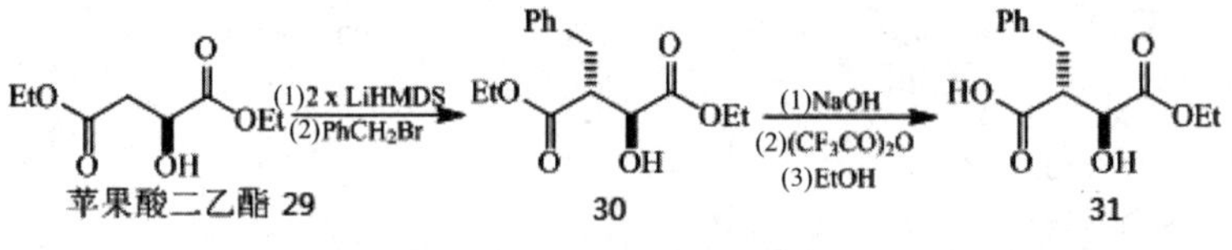

叠氮基磷酸二苯酯 32 与游离酸基团作用转化成胺。这个过程是先经过 Curtius 重排,迁移基团构型保持,得到异氰酸酯 33,异氰酸酯被羟基捕获得到环氨基甲酸酯 34。使用一个水溶性的碳二亚胺(EDC)作为试剂,N-甲基吗啉(NMM)作为碱和羟基苯并三唑(HOBt)作为催化剂与亮氨酸甲酯发生肽偶联得到 35,与

Bestatin 25 只有微小的差别，具有所有的正确的立体化学。例如：

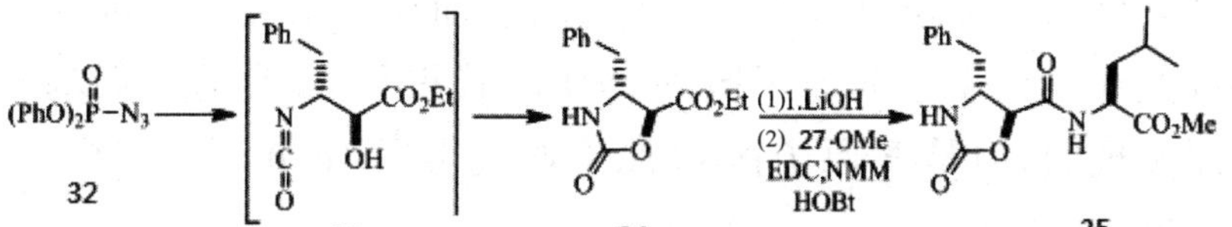

6.5.3　氨基醇

（1）喹啉酮抗生素的合成。以 Ofloxacin 36 为代表的喹啉酮抗生素与 β-内酰胺、四环素等其他类抗生素完全不同，它们所起作用的途径是不一样的。这给延缓抗药性带来了希望。这类抗生素都有“喹啉酮”这个核心基团：一个苯环并着一个 γ-吡啶酮。大多数有各种胺取代基，而 Ofloxacin 有一个氟原子。断开烯胺键就得到了一个多杂原子取代（N，N，O，F）的苯环，苯环上带有氟原子，因此这个合成中可以应用很多的亲核取代反应。

例如：

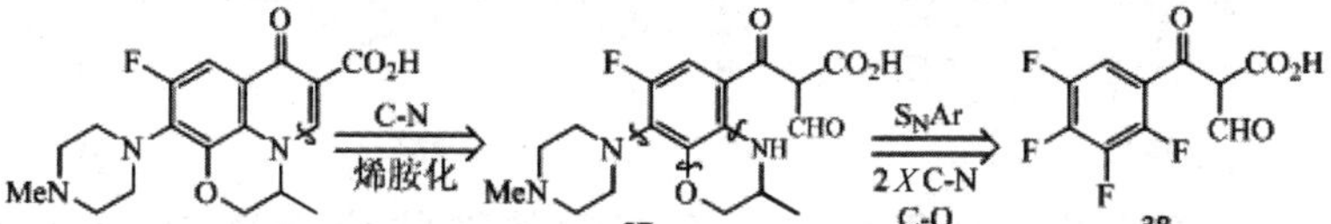

四氟苯甲酰氯 39 可以与丙二酸二乙酯烯醇镁 40 发生酰化作用得到 41。这种螯合结构的烯醇镁的化合物避免了氧原子上的乙酰化。和原甲酸三乙酯发生缩合反应可以引入一个修饰的醛基团，而 42 接下来就可以继续发生芳香亲核取代。

例如：

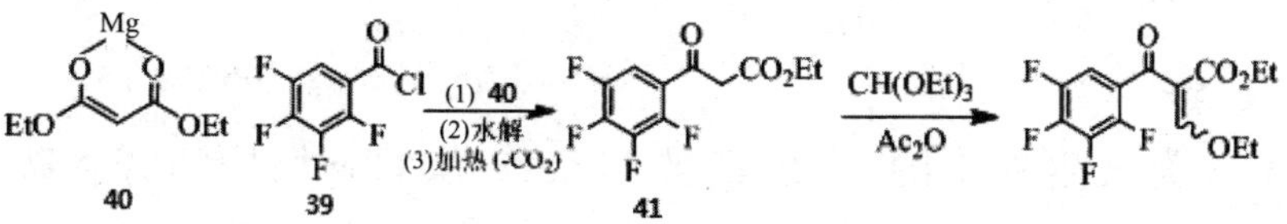

和手性源氨基醇化合物丙氨醇 43 反应形成烯胺 44,并引入了唯一的一个手性中心。前两个取代基通过桥连得到了控制。氨基只可以从邻位进攻得到喹啉酮 45,而接下来羟基只可以进攻间位关环得到 46。F 原子被 N 原子取代得到 45 是通过羰基的活化而实现的,但是 F 原子被 O 原子取代得到 46 并不是这样。

例如:

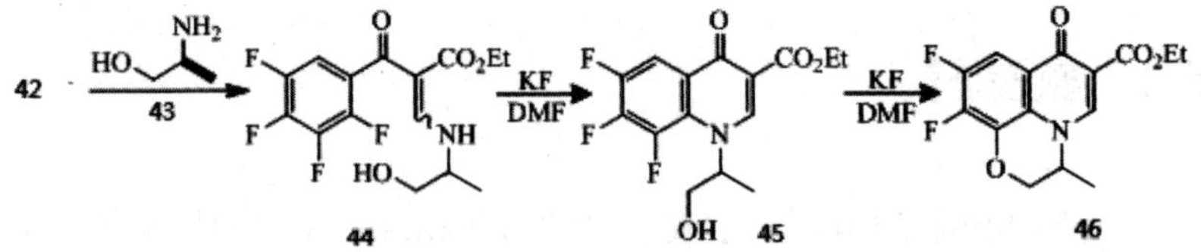

只剩下哌嗪环需要引入。酯水解后 *N*-甲基哌嗪 47 取代了酮对位的氟原子,从而形成了 ofloxacin。

(2)噁唑烷酮类抗生素。噁唑烷酮类的一般结构为 48,这类抗生素与其他抗生素的作用机理不同。通过酰胺键的断裂得到胺 49,进而可以回推到叠氮化合物 50,再回推到醇 51。

例如:

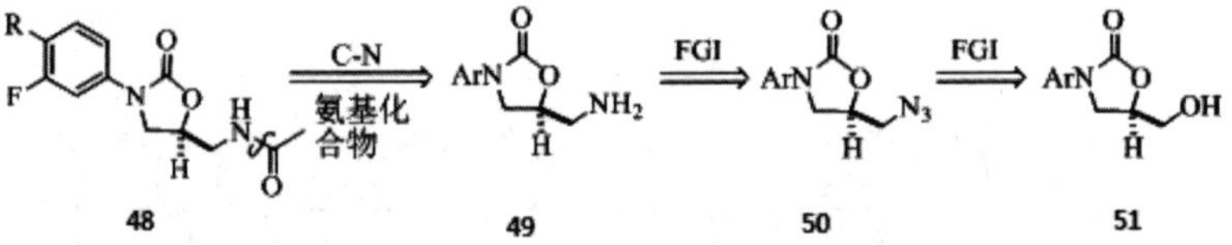

断开噁唑烷酮环得到了一个三碳的链状化合物 52,它的每个碳上都有个官能团。环氧丙醇是一个理想的起始原料,它的两个对映体都是易于得到的。

例如:

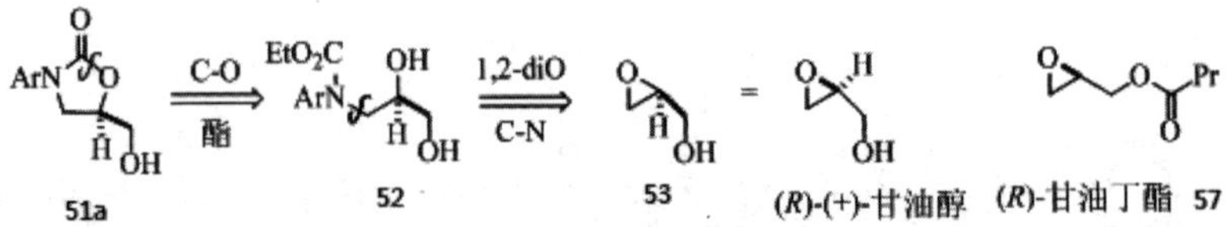

这类抗生素中的 59 已经被 Upjohn 从 Cbz 保护的芳香胺 54 和代替环氧丙醇的酯 57 出发制得。54 的锂衍生物进攻环氧释

放出一个氧负离子，进而进攻 Cbz 基团(55)释放出 $PhCH_2O^-$，$PhCH_2O^-$ 接下来断开丁酸酯，最终以“一锅煮”反应，85％的产率得到 56。

例如：

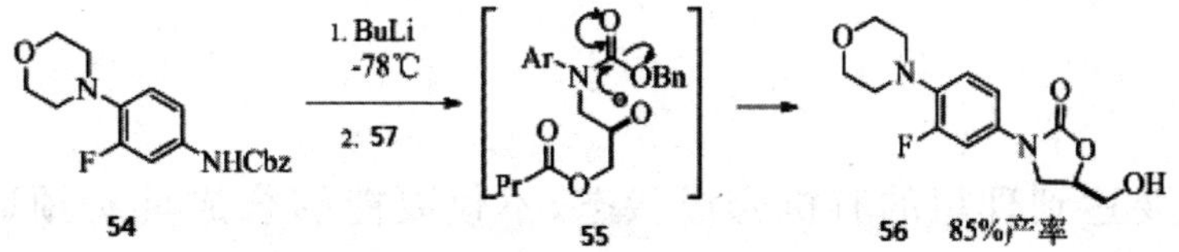

54　55　56 85%产率

56 甲磺酰化再被叠氮取代得到 58，叠氮进一步被还原成胺，最后经乙酰化就完成了整个合成。化合物 59 就是 U100766，一种和万古霉素有类似效果的抗生素，但是不会像 β-内酰胺那样迅速激发产生抗性。

例如：

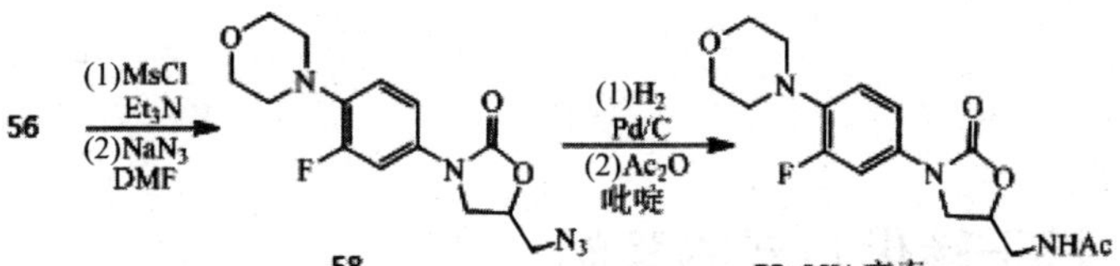

58　59 85%产率

第7章　Corey合成路线设计策略及有机合成新技术

要达到理想的有机合成状态，不仅要能够合成具有预期功能的分子，还需要选择一条快速、高效、高选择性以及经济的合成路线。基于此，人们开始探索各种各样的新合成方法和技术，提高有机合成的效率，保证合成过程更加绿色化。

7.1　Corey合成路线设计策略

7.1.1　基于转化方式的策略

(1)转化方式的类型。Corey将每个常用的合成反应(即反合成中的转换方式)分别用目标结构(TGT Structure)、反合成子(Retron)、转换(Transform)、前体(Precursor)四种方式表示。其中，反合成子是指在反合成分析中所要考虑的亚单位，由氢原子、官能团、分子链、分子附加物、骨架环和立体中心等结构单元独立或联合(通常是两个或三个)组成的。

常用的合成反应的转换类型按合成子种类可归纳为：分子骨架的连接或重排、官能团的交换或调换、立体中心的转化或迁移三大类。

①分子骨架的连接或重排。通过对目标分子所连接的分子骨架进行合适的切断，将得到反合成子、找到适合切断的转换方式和前体化合物，甚至起始原料，达到对合成目标逆合成分析、简

化的目的。表 7-1 列出了常见的分子切断转换方式及相关的反合成子和前体化合物。

表 7-1 常见的分子切断方式及相关的反合成子和前体化合物

目标分子结构	反合成分子	转化方式	前体化合物
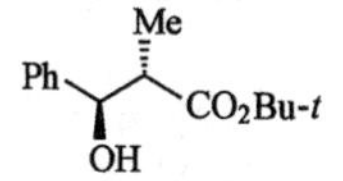 Me; Ph; CO_2Bu-*t*; OH	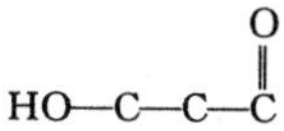 HO—C—C—C(=O)	(*E*)-Enolate Aldol	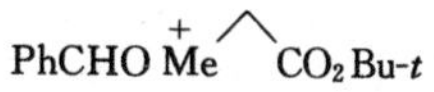 PhCHO + Me CO_2Bu-*t*
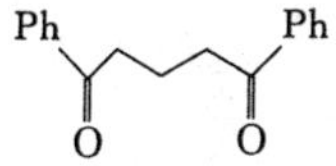 Ph; Ph; O; O	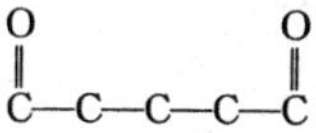 O=C—C—C—C—C=O	Michael	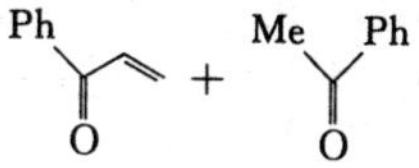 Ph; O + Me; Ph; O
Et_3COH	EtCOH	Orgmet.Addn to Ketons	Et_2CO+EtMet
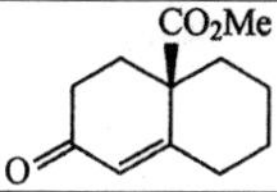 CO_2Me; O	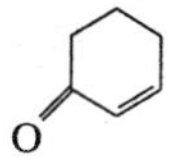 O	Rebinson Annulatio (Aldol+Michael)	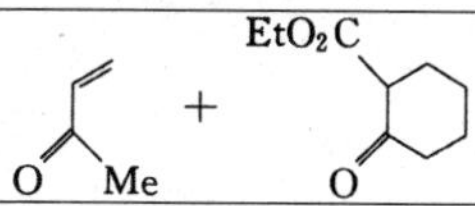 O; Me + EtO_2C; O
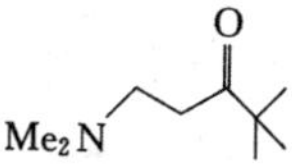 O; Me_2N	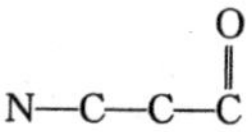 N—C—C—C(=O)	Mannich(Azaaldol)	Me_2NH+HCHO+ 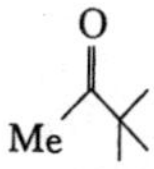 O; Me
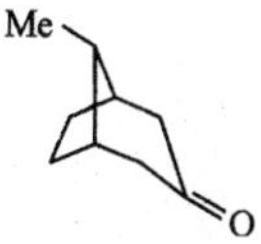 Me; O	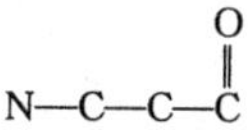 N—C—C—C(=O)	Double Mannich	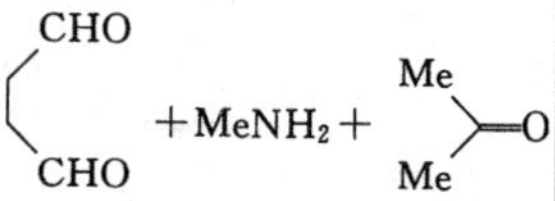 CHO; CHO +$MeNH_2$+ Me; Me; O
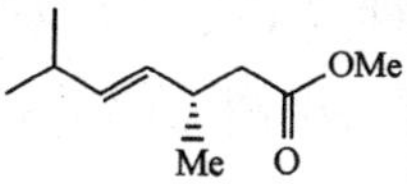 OMe; Me; O	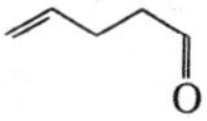 O	Claisen Rerrangement	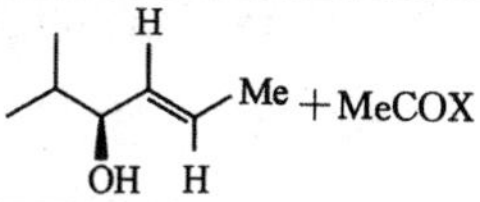 H; Me; OH; H +MeCOX
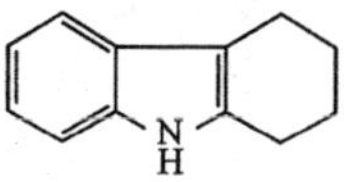 N H	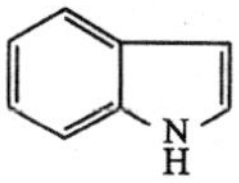 N H	Fischer Indole	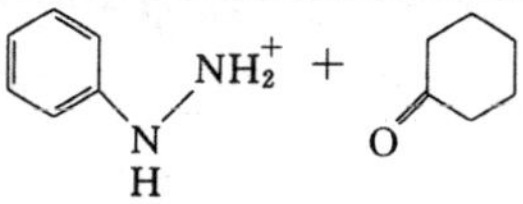 NH_2^+; N H + O
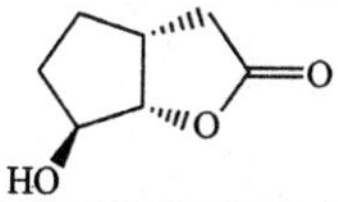 O; O; HO	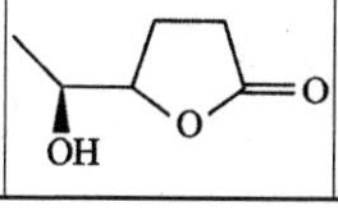 OH; O; O	Oxy-lactonization of Olefin	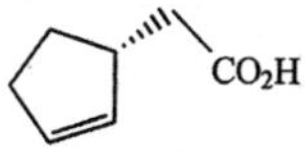 CO_2H

在这些反应中，有些直接反应，符合进行合成路线设计时应尽可能简化的原则；而有些反应(如分子骨架的重排反应)并不方便简化分子结构，但它们能使分子的切断变得更加容易，从而达到间接地对分子进行进一步简化的目的，典型的反应如 Oxy-Cope 重排反应和 Pinacol 重排反应。例如：

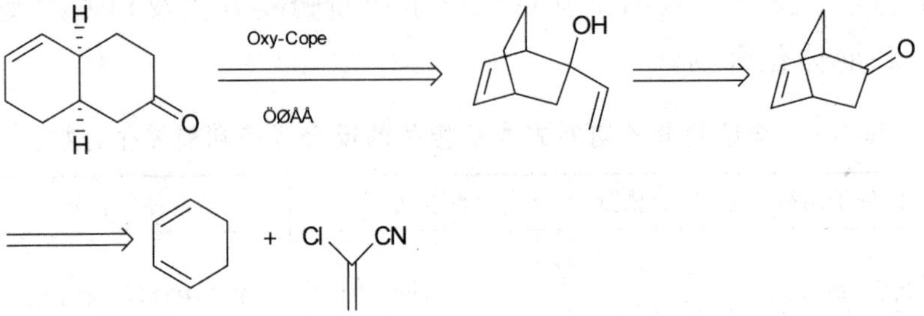

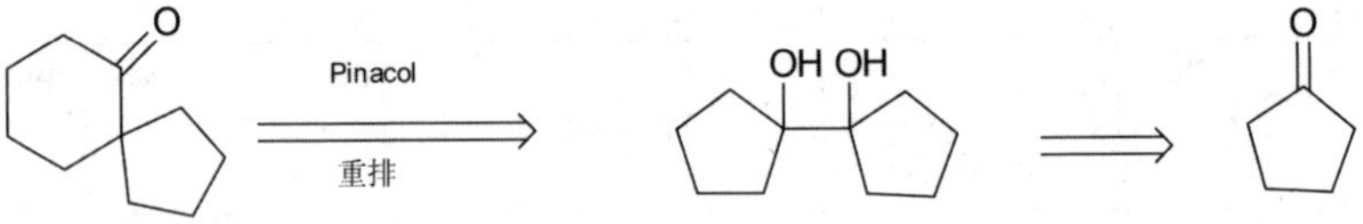

H
Oxy-Cope
OH
O
ÖØÄÄ
H
O

Cl CN
+

O
Pinacol
OH OH
O
重排

②官能团转化。官能团的转换(FGI)通常用于分子骨架的简化，尤其是逆合成分析的最初步骤，FGI 起着关键作用。例如：

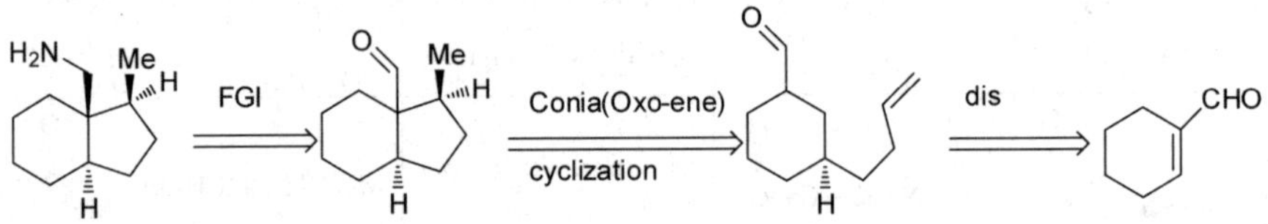

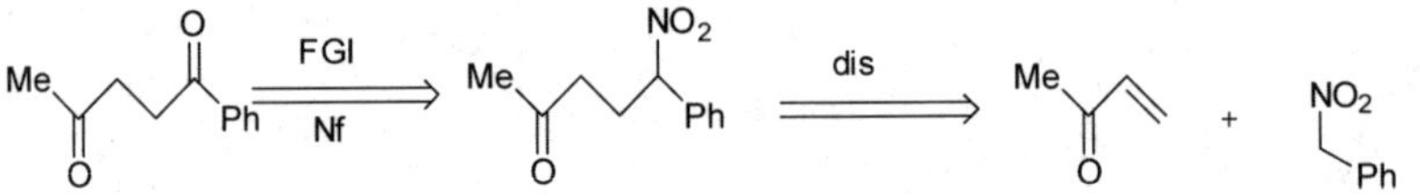

H_2N Me H FGI O Me H Conia(Oxo-ene) cyclization O dis CHO
H H H

O FGI NO_2 dis
Me Ph Nf Me Ph Me + NO_2
O O O Ph

③立体中心的转化或迁移。在对映立体选择性合成(或非对映立体选择性合成过程)中，常利用手性控制剂(Chiral Controller)或辅助基团(Auxiliary Group)作为逆合成分析必须添加的单元。如下的逆合成分析：

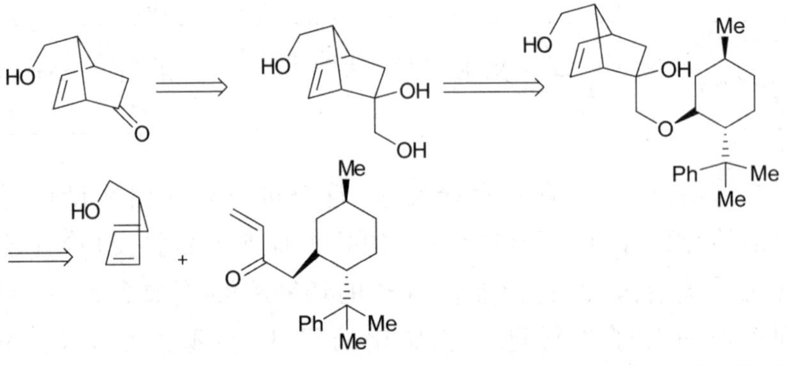

HO O HO OH OH HO OH Me O Ph Me Me

HO + Me O Ph Me Me

(2)转化方式的选择和应用。在目标分子的合成中，常常会涉及许多不同类型的反应。其中一些反应用于构筑分子骨架、立体中心，或生成主要官能团的反应。在目标分子的逆合成分析中，能够对目标分子起到简化作用的转换方式，Corey 将其称之为“导向转换方式的反合成研究”（transform-guided retrosynthesis search）。对某一目标分子，其逆合成分析可以是多步的，但每一步必须有一个简化方式，这种简化方式称为“目标转换方式”（T-goal）。因此，转换方式策略的任务就是通过研究、比较，最终选择和利用一些 T-goal，实现对目标分子进行简化。

①Diels-Alder 环加成反应作为目标转换方式的应用。若目标分子中含有六元环结构，其常用的目标转换方式为 Diels-Alder 反应和[2+4]加成反应。逆合成分析如下：

1 2 6 3 5 4 FGA 1 2 6 3 5 4 dis 1 2 3 4 + 6 5

这时要考虑的问题是：2，3-π 键建立的难易程度；二烯体的 C_2—C_3 键和亲二烯体 C_5—C_6 的对称性或潜对称性；适当的 Diels-Alder 转换类型（Quinone-Diels-Alde）；二烯体和亲二烯体中，有利的或不利的不对称取代、电子活性；取代基的立体效应；1，4-、1，6-、4，5-、5，6-位的立体关系、环的连接和过渡单元及其不利的不饱和度、杂原子（S，P）等不同影响，选择合适的 Diels-Alder 反应的转换类型，确保反应的顺利进行。

②Claisen 重排反应作为目标转换方式的应用。角鲨烯是甾族和三萜类的重要生物合成前体化合物。其分子结构中含有六个的三取代烯烃连接和四个 E-立体中心。其逆合成分析可在目标转换方式指导下，通过选择 C—C 键的切断和立体控制两种转换方式来实现。最佳的切断目标转换方式必须含有 E-三取代烯烃连接的合成子。一种转换方式就是在合成方向上有多种方式的 Claisen 重排反应。例如 Claisen 重排反应：

③对映选择性转换作为目标转换方式的应用。近年来，通过使用手性试剂、手性催化剂和反应物上的手性控制基团的反应，

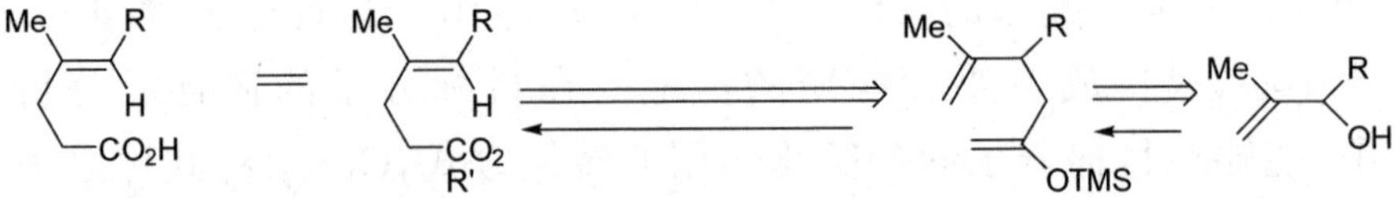

形成对映选择性立体中心的许多方法得到了有效的发展。这一过程对手性中间体的合成和在非环、杂环化合物和官能团远端位置立体中心的建立尤为重要，这些许多转换都可作为 T-goals 有效的简化方式，直至多步反应的研究。例如，Sharpless 氧化过程，既可用于非手性烯丙醇环氧化，又可在动力学控制下用于手性烯丙醇环氧化合成手性。例如：

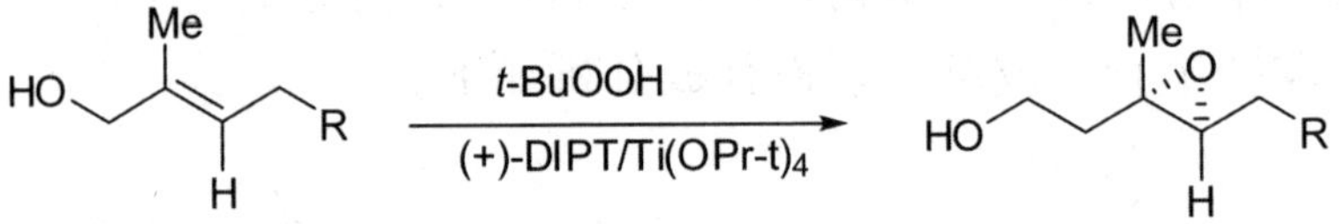

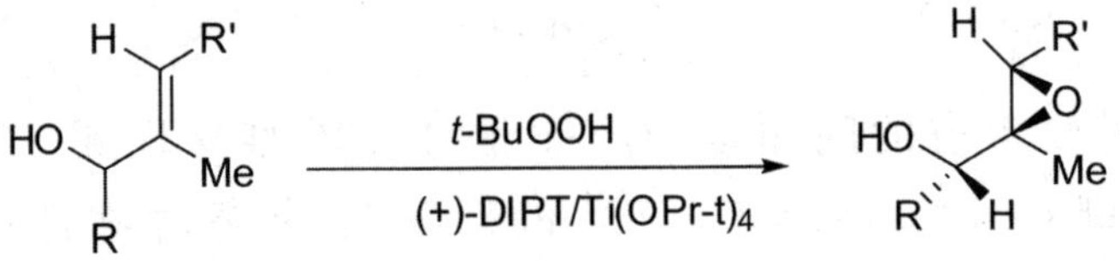

由此可知，在逆合成分析研究中，应用 Sharpless 环氧化转换可直接在目标分子结构中（在 C_3 路径中可含有 1、2 个或 3 个立体中心）产生 2 个或 3 个立体中心的合成子。一般地，通过可能的方法，α,β-环氧丙醇合成子可被描述为目标分子 C_3 的亚单位。两种方法中任何一种，必须通过对亚目标转换影响 T-goals 的适当变化的系统研究进行评价。

7.1.2 基于目标结构的策略

在许多合成问题中，存在目标分子中与目标起始物（S-goal）（即原料，SM）相关联的结构单元。通过对这些结构单元的识别，可进行多方向或双向探索（Bidi-rectional Search，即分别从目标分子和合适原料同时出发，找到一个比较理想的中间体的探索），将大大简化逆合成分析和合成分析的程序。这些结构单元包括：潜在的起始原料(Starting Material,SM)、砌块(Building Block)、含亚单位的反合成子(Retron-containing Subunit)、原手性元素(Initiating Chiral Element),它们所含有的一个或多个手性中心,或多或少地直接来源于天然手性源(如氨基酸、碳水化合物、羟基酸等),或来源于商品原料或文献中已合成过的中间体,这就是基于结构特征的策略。例如,下列各目标化合物的逆合成分析就是基于结构特征的策略:

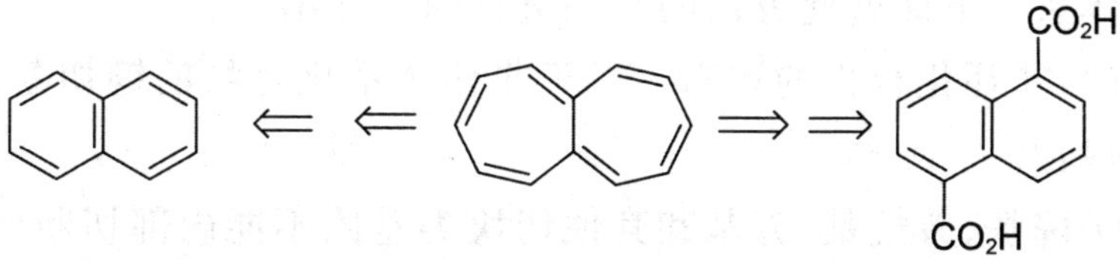

SM-goal　　heptalene　　SM-goal

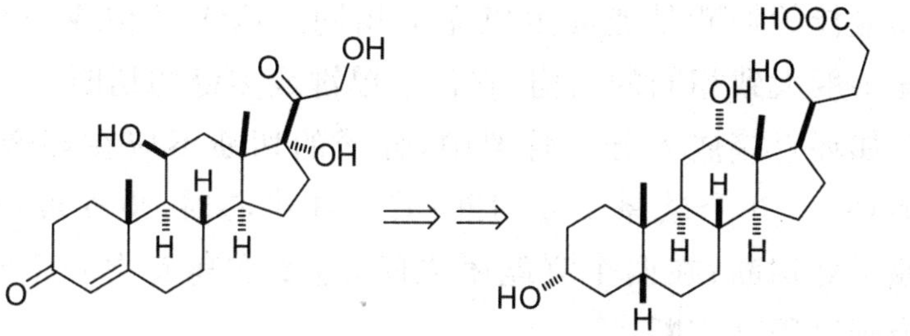

cortisol　　SM-goal: deoxycholic acid

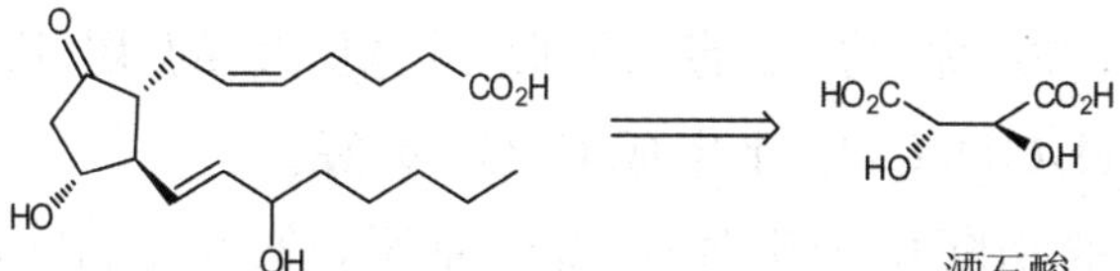

前列腺素E_2
(prostaglandin E_2)

酒石酸

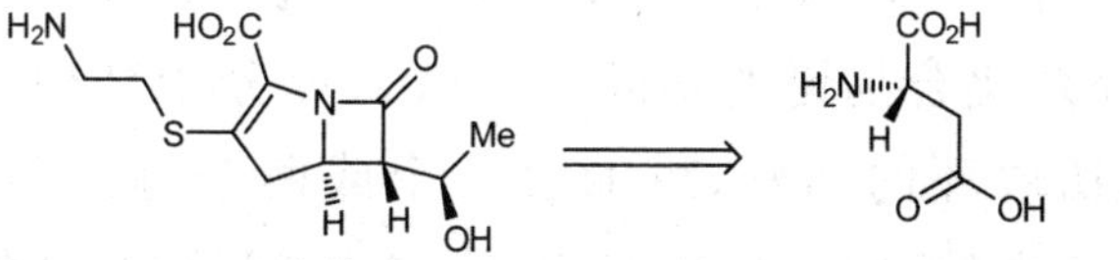

硫黄素
(thienamycin)

L-天冬氨酸
(L-aspartic acid)

7.1.3 拓扑学策略

拓扑学策略就是从目标分子的键连关系出发，探究逆合成路线分析中，键的切断位置和方式，以简化目标分子合成问题的策略，即寻找和选择化学键断开位置的策略，包括非环系化合物的键切断和环系化合物的键切断。环系又分为孤环、稠环、螺环、桥环的体系。下面就此方面的知识进行简单介绍。

(1)非环化合物的切断。对于非环体系化合物的键切断有以下规律：

①烷基、芳烷基、芳基和其他切块类基团不能内部切断(保留型的键)。

②最佳的切断是能够生成完全相同的两个结构或两个在大小和复杂度大致相同的结构，它包括单键或多键的切断。

③如环直接嵌入分子骨架中，分子的切断不应在环旁边，而应在离环 1～3 个碳原子处切断；有立体中心时，也在离环 1～3 个碳原子处切断；在两个官能团之间，也要在离其中一个官能团 1～3个碳原子处切断。

④对于连在目标分子主体骨架上的芳基、芳杂基、环烷基和其他切块，最优的切断是形成更大的切块，如生成 $C_6H_5CH_2CH_2CH_2CH_2$ 比生成 C_6H_5 更好。

⑤策略的切断位于碳原子和杂原子(O、N、S、P)间易生成的化学键，这类特殊键包括酯、胺、亚胺、硫醚和缩醛。

⑥在分子内 E 式双键、Z 式双键或双键等价物处切断。

(2)孤环系化合物键的切断。①嵌入在分子结构中又处于中心位置的非切块环的切断，可通过一个或两个键的断裂来完成。一个有价值断裂的键是：位于 C 和 N、O、S 间的键；断裂能够生成完全对称的键、处于两个对称位置的键或连接线形骨架的键。最有效的简化合成切断就是要生成复杂度十分相同的两个结构。

②切断嵌入分子骨架处于非中心的容易合成的键，如内酯、

半缩醛、半缩酮等。

(3)稠合环系化合物键的切断。对于稠合环系化合物键的切断,Corey 总结了如下规律:

①对于稠环的切断,要同时断裂两个键,即稠合键(f 键)和与稠合键相连的键(exendo 键),尤其是含有杂原子(O、N、S)的键。

②处于末端的砌块环(即苯构型)不能切断;多环体系中处于中心的苯构型环,尤其是邻位是苯构型环或其他不易切断时,可考虑切断。

③含有共享键(a 键)和共享键相隔键(a′键)的稠环化合物,应同时切断 a 键和 a′键,生成两个化学键的环化前体,使目标分子中环的数目得以减少,将复杂的稠环化合物转换为较简单的非环或稠合度较低的次目标分子结构,使合成问题得以简化,如下列化合物的切断:

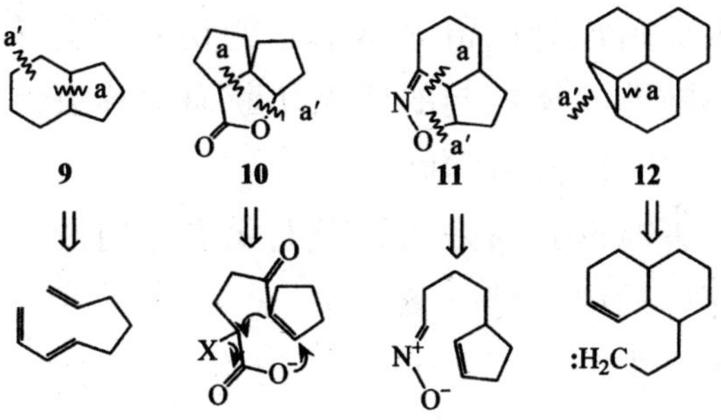

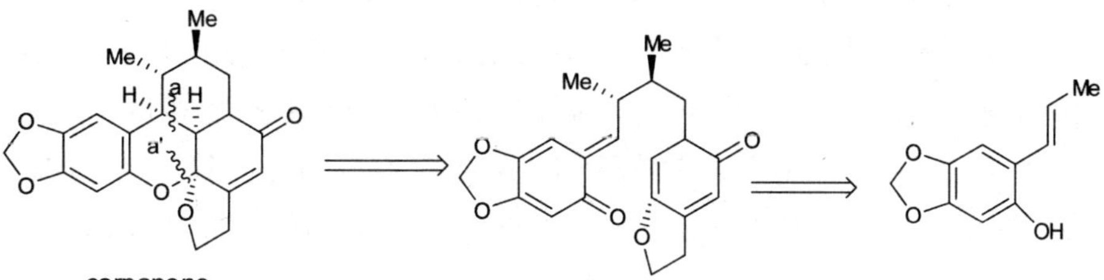

④三元环和四元环的切断策略分别为[2+1]和[2+2]方式。

⑤若稠合键切断生成七元环以上的大环时,这种断裂是不明智的策略。

⑥若有共享邻近内外键(e 键),尤其是处于中间环的共享键,可作为拓扑学切断策略。这样的切断有利于各种扩环方式的转

换,断裂键包括碳—杂原子(O、S、N)键。例如:

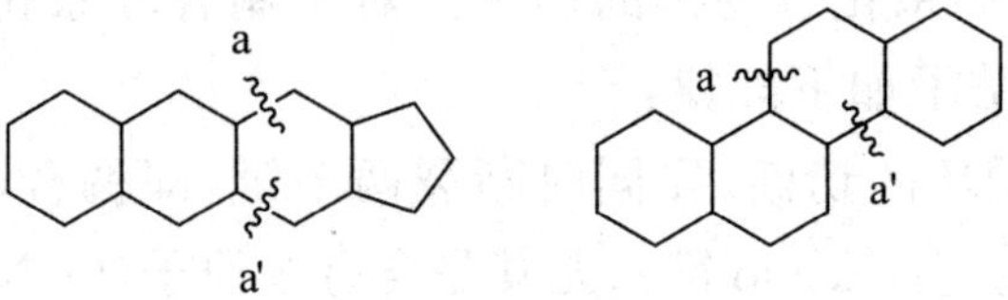

⑦多个直连型稠合环的切断策略是断裂 e 键,如甾体化合物的切断方式为

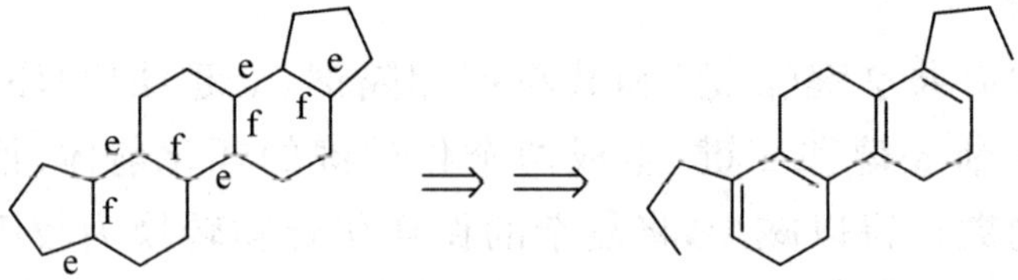

⑧处于稠合环体系中的杂环,作为非环亚单位的合成等价物的孤环可优先切断,如内酯、缩酮、内酰胺和半缩酮等。

⑨在新生成附加物保留立体中心的切断不是策略性切断,除非此立体中心随着立体控制的优先切断而被移去。

(4)桥环系化合物的切断。

①桥环的策略键必须是四元至七元主环内的内外键(e 键)和大于三元主环外的内外键(e 键)。

②切断所产生的亚目标单位结构不应含有大于七元的环结构,因七元以上的环一般难以形成,且成环效率低。

③桥头碳原子间常连有许多桥键,拆开一个桥键可使目标结构简化;若桥路的碳原子数不同时,应拆开碳原子最多的桥键。在桥头 C_1 和 C_2 间,有三个桥路,分别含有 1 个、2 个、3 个碳原子,而在桥头 C_2 和 C_3 间,含有 4 个碳原子的桥路,应在 C_2 的 e 键处断开。

④若桥环结构中含有杂原子存在时,应在杂原子处优先断开。

⑤一般不切断芳环或芳杂环内的键。

⑥杂原子键(包括 O、N、S,横跨在稠合环、螺环、桥环上或位于稠合环、螺环、桥环内),无论是否在最大的桥环内,都是策略切

断键。

(5)螺环化合物键的断裂。碳螺环键的切断一般有两种策略：

①若切断一个键，则切断 e 键。

②若切断两个键，则一个为 e 键，另一个为在 β-位的 oe 键。

③对于既含有螺环又含有稠合环或桥环的复杂结构的化合物，按照上述规则进行综合分析，并按稠合环和桥环切断程序进行处理。

7.1.4 立体化学的策略

立体化学策略就是在反合成分析时研究如何减小目标化合物立体结构的复杂度，即通过反合成逐步减少立体中心(Setero-center，包括手性中心、双键的 Z/E 构型、环己烷的构象等)的数目和密度，并将其进行选择性除去以简化合成路线的策略。为此，必须探讨立体简化转换(Seterosimplifying Transform)的选择、所需合成子的建立、前体物(或反应底物)所有的空间环境等。

(1)立体化学的简化。

①底物控制的简化。如目标化合物为稠合的双环己烷，通过逆合成分析得到它的二级前体(α,β-不饱和酮)，立体中心得以简化。每个分子的右半部分保持了立体结构固定的环己烷，在合成时不需要引入手性因素，即可建立另一个立体结构(左半部分的环己烷)，这种策略就是底物控制简化——转换方式策略。例如，α,β-不饱和酮用 Li-NH_3 还原得饱和酮，化合物再还原得醇。

例如：

Me H HO H ⟹ H Me O H ⟹ Li-NH_3 Me O

②机理控制的简化。化合物 24 右半部分的两个立体中心反合成方式，分别是由化合物 25 的 OsO_4 顺邻二羟基化反应和化合

物 26 的 Wittig 反应的反应机理所决定的。前一反应是立体选择性的顺式加成；后一反应则是底物的立体空间效应控制的反应。这类转换方式就是机理控制的简化——转换方式。

例如：

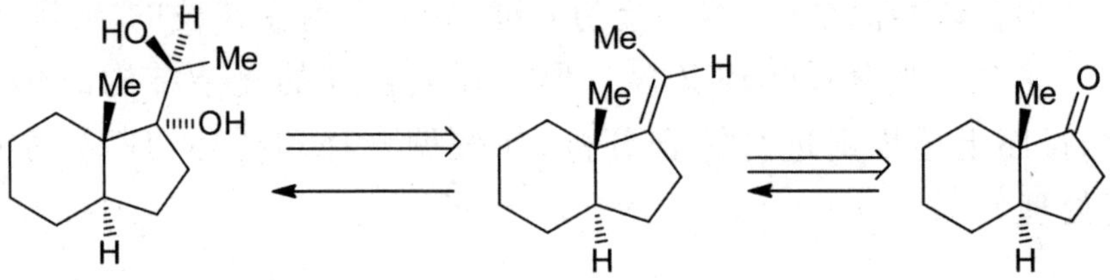

又如：

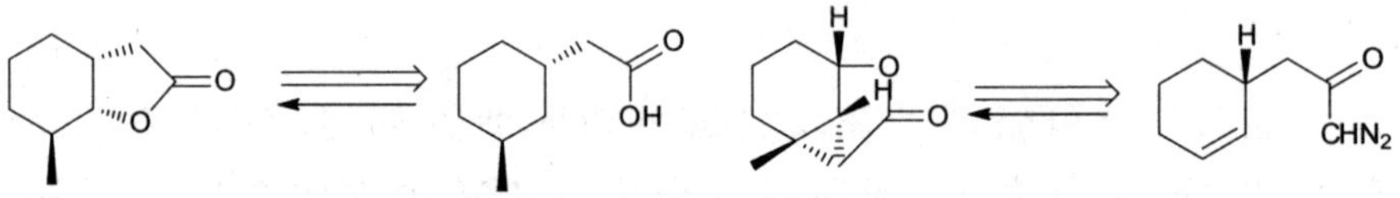

上述两个反应都是通过分子内反应来完成的。这种利用一个简单反应将目标结构的立体中心由 3 个降到 1 个，也属于分子内的反应机理控制方式。同时也可看到：目标分子立体结构刚性越强，反合成中可变性也越强，越易于除去某个立体中心。

立体选择性控制也在机理立体选择性中起到很大作用，如 S_N2 反应就是手性碳原子上发生构型的翻转，虽说为减少立体中心数目，但在反合成分析中是很有价值的。例如：

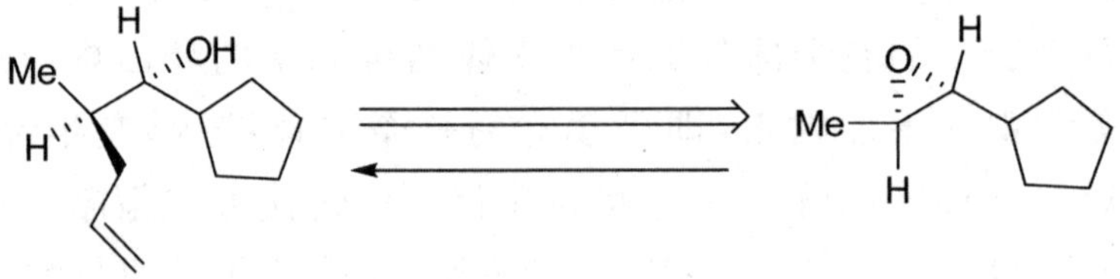

③利用手性试剂进行的立体控制方式。例如：

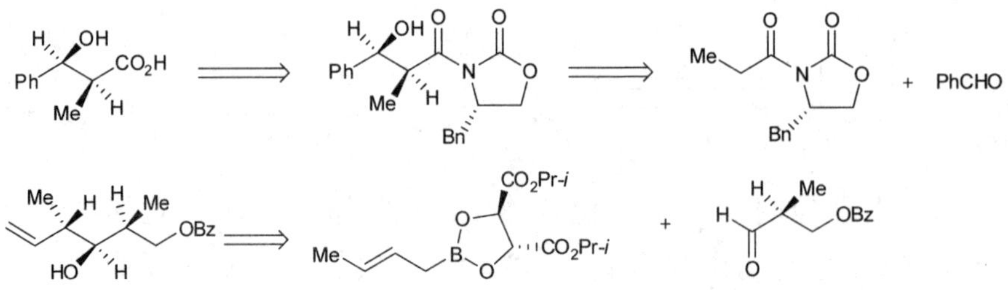

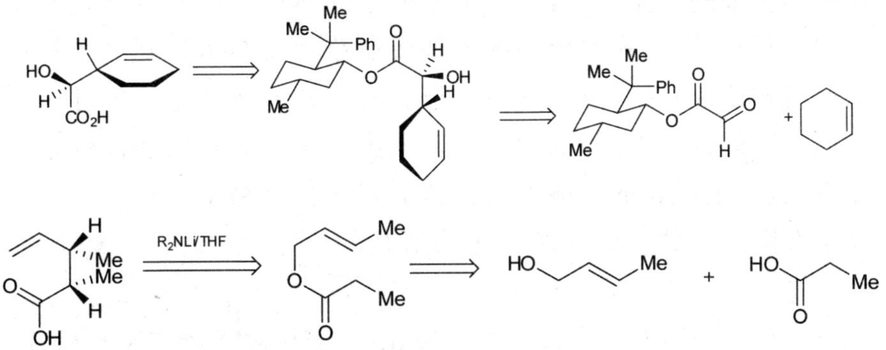

(2)反合成中的立体中心的处理方法。目标化合物中的立体中心可分为两大类:可清除的立体中心(Clearable,CL)和不可清除的立体中心(Non-clearable,nCL)。因为在选择性较强的立体反应中,产物的立体结构具有差异性,即某一立体结构占优势。在反合成时建立的手性中心是可以清除的。它的对映体就不能够清除。这样一方面增加了目标物的复杂性,另一方面,判断立体中心是否可以清除,是反合成中的重要的步骤。例如:

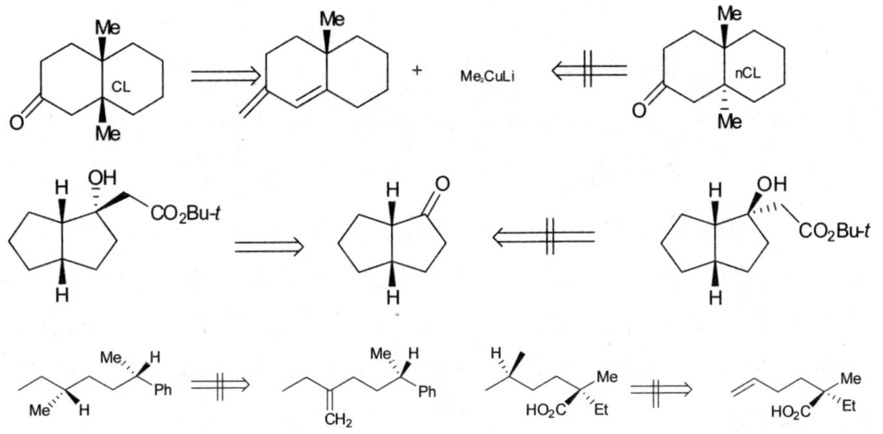

(3)多环体系的立体合成策略。

①存在于一个单环的立体中心。在多环体系中,一个或多个环常因各种因素的限制,可能作为目标分子的单环前体在逆合成中被保存下来。一般地,被保留的环不是高官能团化的而是常见的五元或六元环。一个保留环上所连的一个或两个立体中心被限定为“保留”立体中心,且不应在逆合成时清除。适合所保留立

体中心类型的因素有：含有一个或两个立体中心的环可通过对映控制过程来建立；在保留环内的环或亚单元要与可得到的手性起始原料相匹配；含有一个或两个连有附加物的立体中心的环可能形成空间的偏差，在后面的各个合成步骤中对非对映选择性进行控制，从而生成新的立体中心。如下列两化合物中带星号（*）的是手性碳原子就是适合保留的立体中心。例如：

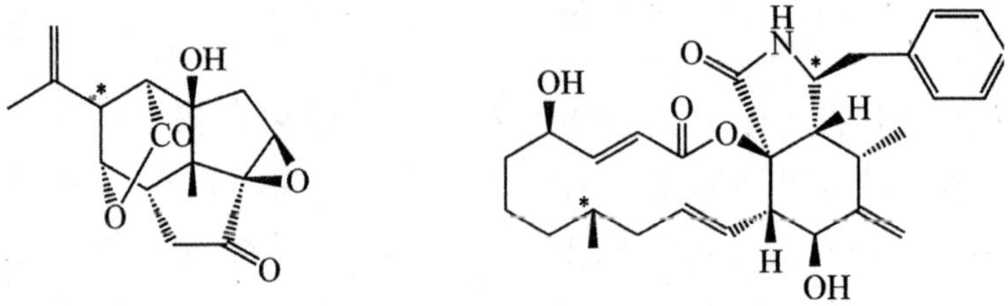

相对于拓扑学的反面来讲，位于终端环上的立体中心符合切断条件。对于一个环的转换方式，位于终端环上的立体中心，可能就是一个反合成子或部分反合成子的成分，应该使用此转换方式优先给予清除。例如：

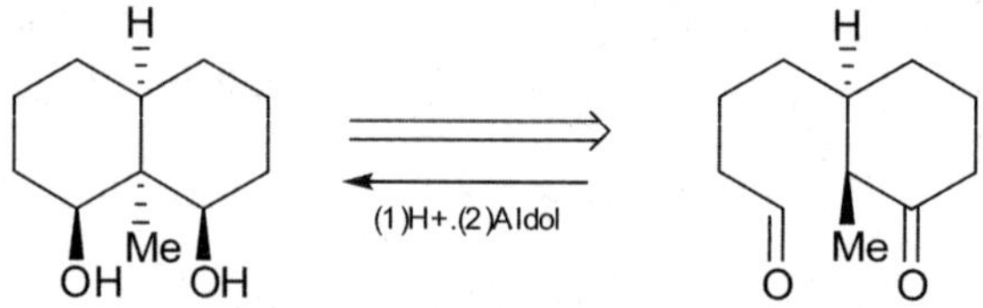

(1)H+.(2)Aldol

以下类型的立体中心也可策略地清除：仅在一个环上且在一个 e 键上的立体中心；连有一对官能团的立体中心；连有复杂的或官能化的附加物的立体中心；连有一个官能团或一个附加物且在热力学；动力学稳定性很小（即在六元环的顺式轴上有取代物）的立体中心。

②两个或多个环共有的立体中心。两个或多个环共有的立体中心，一般在环切断的同时被消除。在稠合环上连有一个或两个杂 e 键时，简化策略就是消除稠合点的立体中心；伴随有烯烃链的生成或杂原子取代物生成的立体简化策略，就是逆合成清除两个相邻稠合点的立体中心。导致合成子能简化转换的策略就是清除位于两个环内的立体中心。

7.1.5　基于官能团的策略

(1)官能团的分类。目标分子中的官能团按其在有机合成反应中的作用可分为三类。

①在合成反应中起到最重要作用的官能团。常见的有 C ═C (Olefinic)、C ═O、C ═C、C—OH、—C (O) O— (carboxyl)、—NH_2、—NO_2、—CN 等。

②在合成反应中起次要作用的官能团。常见的有—N ═N—(Azo)、—S—S— (Disulfide)、R_3P(Phosphine)等,但它们在某些场合仍能起较好的作用。

③在合成中不重要的或外围(Peripheral)的官能团。它们在合成中起到活化或控制作用,因而在目标分子结构中可能不存在,但在合成过程中才出现。例如,—X、—SeO_2、膦、—SO_2—(砜)、Me_3Si—及各种硼烷等。一些外围(Peripher-al)的官能团是许多基本基团的链接,如烯胺、1,2-二醇、N-亚硝基脲、β-羟基-α,β-不饱和酮和胍等。

(2)官能团决定的骨架切断。常见的是分子骨架简化的两种转换方式是 1-Gp 和 2-Gp 切断转换。如果能实现下列变化,由 1-Gp 决定的切断将有很高的策略性:分裂环、附加物或链中的策略键;在机理或底物立体控制下除去立体中心;对于切断或简化转换建立一个反合成子;产生一个新的策略键切断模型。在 C—C 键切断的 2-Gp 转换形式是在所有转换类型中最重要的。2-Gp 转换,尤其在立体选择性形式中,是逆合成计划中的重中之重。例如,Aldol、Michael、Dieckmann、Mannich 反应;Friedel-Crafts 酰化反应;Claisen 或 Oxy-Cope 重排反应等。这些反应可以很有效地判断一个策略的正确性,对于一个 2-Gp 切断转换,通过含有策略键或立体中心相连的每一对官能团,被检测发现或生成合成子[对一个含有 n 个官能团的分子,可能含有 $n(n-1)/2$ 个官能团对],对于一个 2-Gp 切断转换,若被检测亚目标单位含有部分反合成子，其他官能团决定的转换，如官能团转换(FGI)、官能团添加(FGA)必须用于所需合成子的合成中。例如：

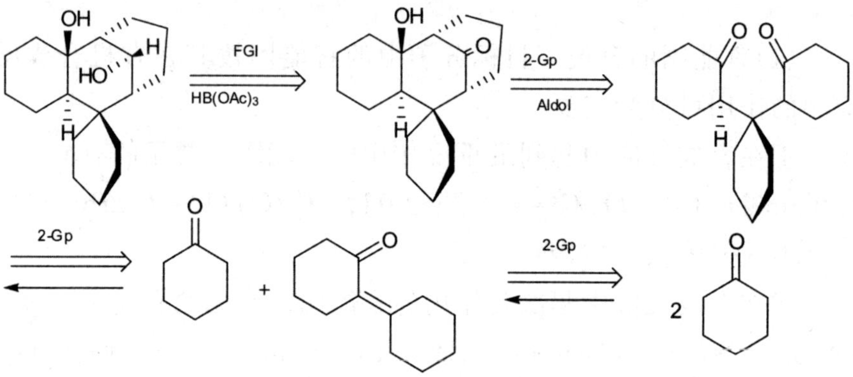

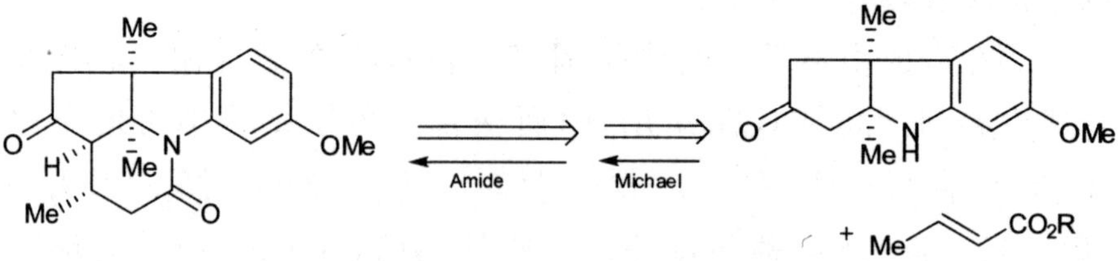

FGI
HB(OAc)$_3$
2-Gp
Aldol
2-Gp
2-Gp

Amide
Michael

此化合物中进行两个取决于官能团的切断，这两个关键部位在于羰基的 α-H 和氨基。第一步是胺缩合转换，第二步为 Michael 加成转换。这就是两个取决于官能团的转换方式的战术组合(Tactical Set)。例如：

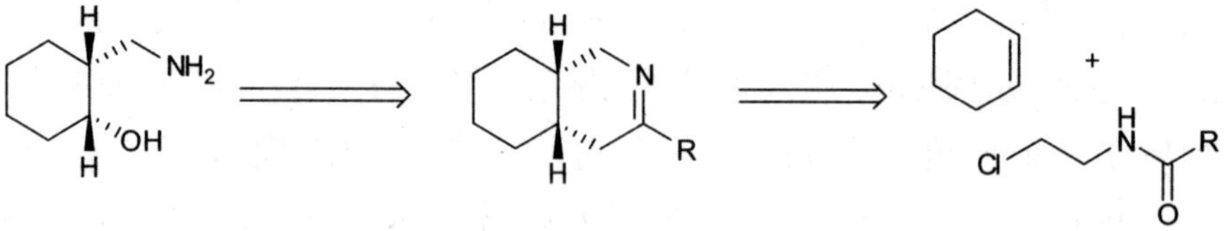

此合成反应中既有环的打开，又有环的形成(闭环)。环的生成就是为了更容易实施环的打开转换策略。这也是两种转换方式的战术组合。

(3)利用官能团减少官能度和立体中心的策略。在研究基于官能团策略时，对目标结构的简化主要是逐步减少官能团的数目，同时包括逐步减少立体中心的复杂性。官能团除去的常用类型包括邻位官能团，是由官能团对决定的。下面列出的是由 2-Gp

转换方式除去官能团，也包括立体中心的除去。

①
$X=OH, Hal, SR, N_3, CN, NO_2$ ②
$X=OH, NO_2, COR, Hal$
③ 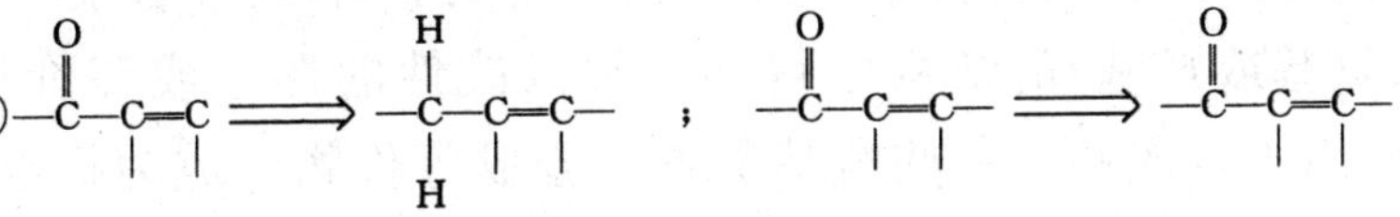
④ 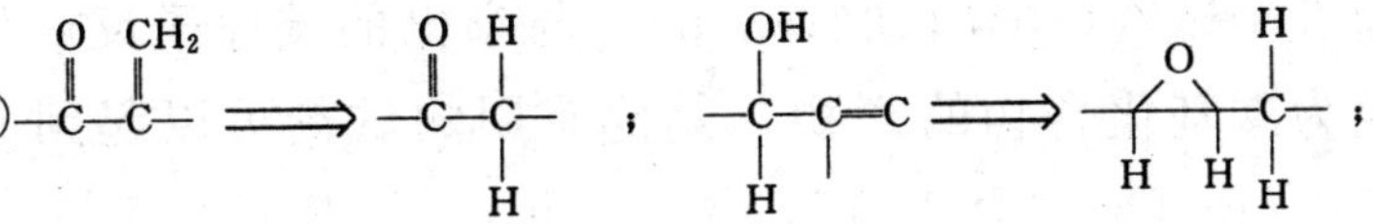
⑤ 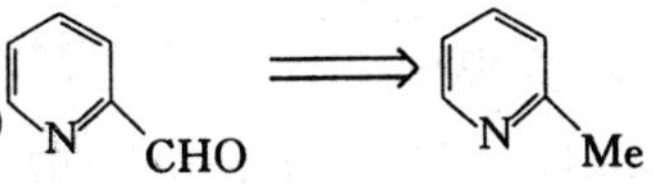 ；$ArCO_2H \Longrightarrow ArCH_3$
$ArCH_2Hal \Longrightarrow ArCH_3$
⑥ 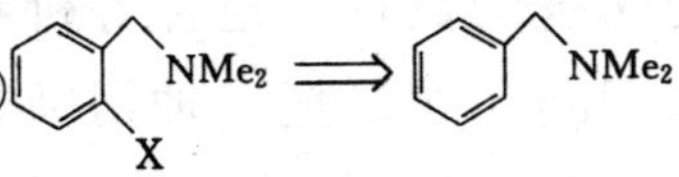 X=RCO, RCH(OH), R, Hal, ArLi derived
⑦ 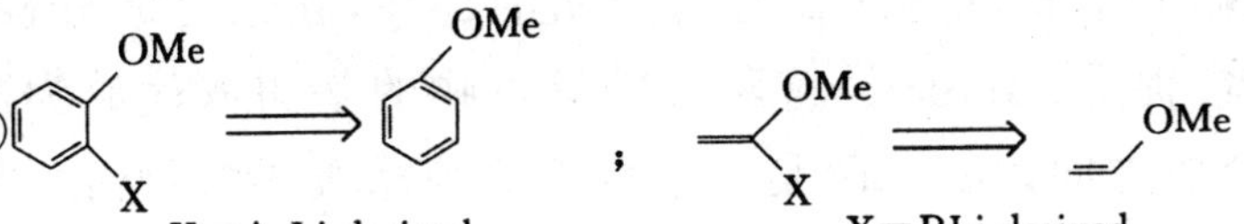 X=ArLi derived ； X=RLi derived
⑧

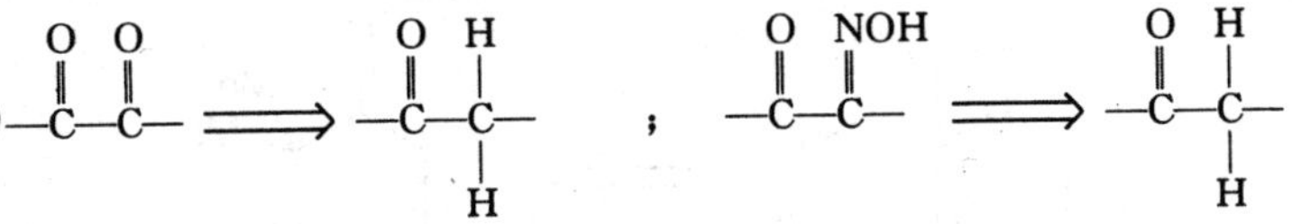

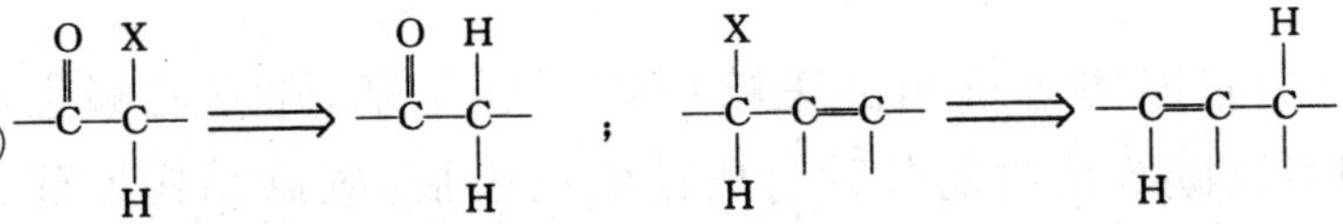

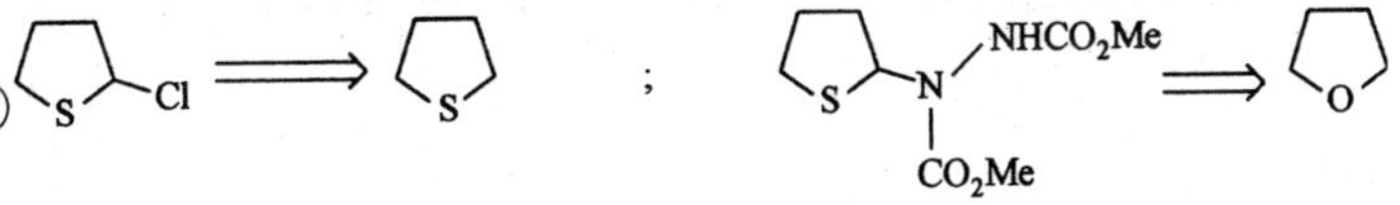

有关此策略的合成实例如下：

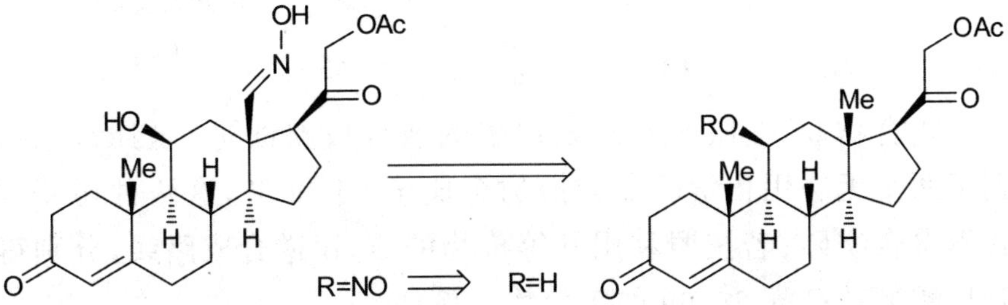

R=NO ⟹ R=H

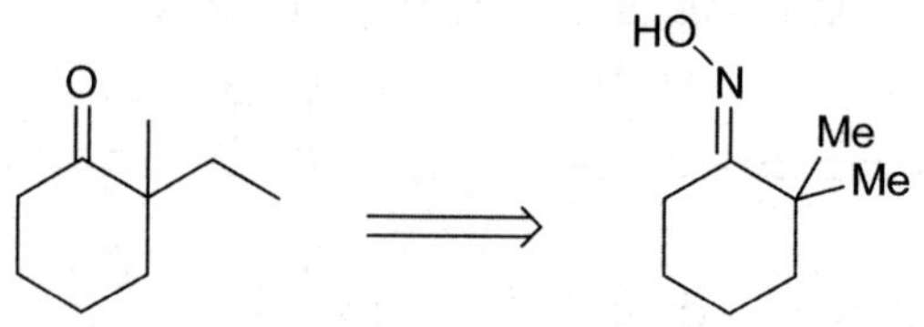

(4)官能团等价物的策略应用。近年来,随着能够生成亲电碳和亲核碳等价物的各种合成策略的发展,碳族结构库建立的可能性快速增加。这些等价物不能在含有简单核心官能团(如羰基、氨基或羟基)的结构中得到。常以改性的形式或等价物的形式应用于合成中。一些酰基负离子合成等价物已成为标准试剂,如下面五个试剂(60,61,62,63,64),与亲电的碳原子反应生成能够转换为羰基化合物的产物。其他有用的试剂可以起到 β-酰基碳负离子($RCOCH_2CH_2^-$)、α-酰基碳正离子($RCOCH_2^+$)、α-氨基碳负离子($RCOCH_2^-$)和 α-烷氧基碳负离子($ROCH_2^-$)的等价物作用。这种方法对逆合成分析的影响,就是通过等价物取代像羰基那样的核心官能团,扩大有效切断键的数目。这种等价物只允许一个键的切断,而其他方法无法切断。如果把一种切断看作是一种策略而不允许特殊核心官能团的存在,在逆合成分析中,通过允许或促进(Actuate)键断开的等价物的基团取代成为次要目标(在合成方向,Actuate 是一个合适的与活泼等价物恰巧相反的等价物)。例如,烯酮的有用官能团等价物为:$R_2O=R_2CHNO_2$、$R_2CH(S=O)R'$、$R_2(SR')_2$、R_2CHNH_2、$R_2C=NOH$、$R_9C(OH)CO_2OH$ 等。

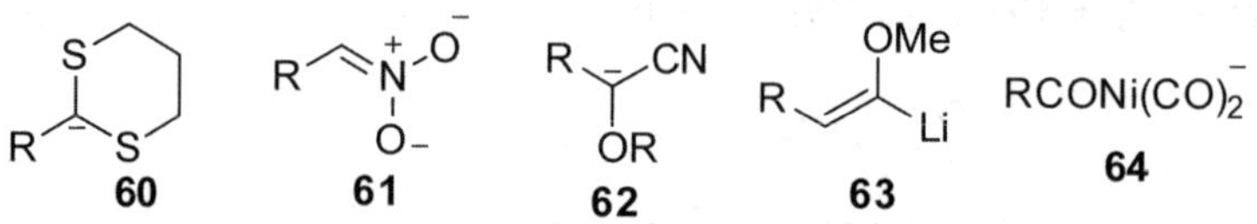

60 61 62 63 64

化合物 65 按照 a、b 两条理想的逆合成路线进行切断,但得到了两个无法用化学试剂转换的合成子 66 和 67,这两种切断方式不符合实际;若按照利用其等价物的 a′、b′逆合成路线,分别得到烯醇型环己酮 68,69 的等价物。例如:

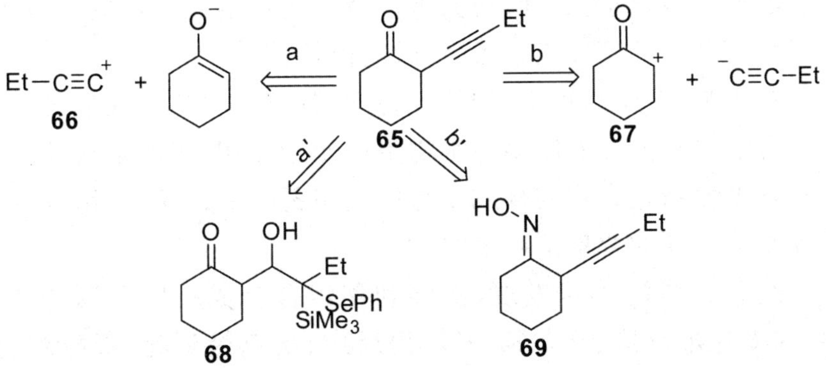

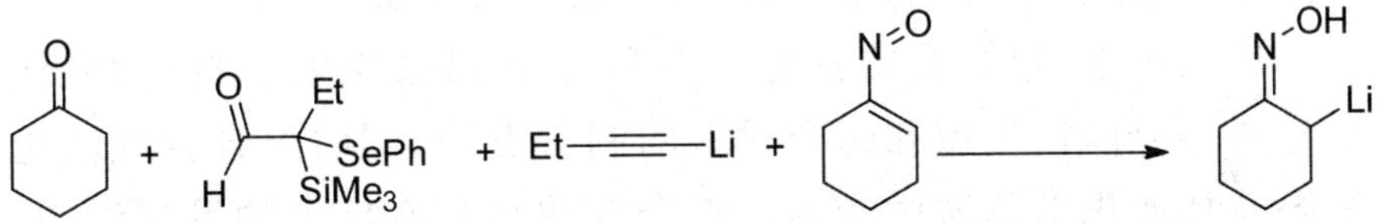

通过双向(合成和反合成)过程,利用官能团等价物来设计有效的合成程序已成为可能,包括以下内容:位阻官能团被易得到的等价物(一步或两步制得)取代;对前体物加以分析,判定它们被切断后是否得到已知的或可制备的试剂;利用已知的知识或选择策略键切断不能得到合成子的潜在等价物,指导等价官能团的选择或检测合成方向键形成的有效性。

7.2 组合合成

7.2.1 组合合成的基本概念

新药的开发往往是根据治疗目标寻找先导药物。先导药物设计的目的是在于从无到有、发现新结构类型药物,克服已知药物的缺点。化学家们以往的目标是合成尽可能纯净的单一化合物,他们合成成千上万的纯净的化合物,再从中挑选一个或几个具有生物活性的产物作为候选药物,进行药物开发研究。这样的过程必然导致化学家的时间大量浪费在无用的化合物的合成上，也必然使药物的开发成本极高、时间极长。

近年来，分子药理学、分子生物学的高度发展，使人们可以直接从分子水平上探究底物与生物蛋白相互作用，生物筛选技术的迅速发展使新化合物的合成成为快速制药的关键所在，组合合成法就是在这样的背景下产生的。

组合合成法迅速发展，能够利用组合合成的反应也越来越多，如麦克尔反应、狄尔斯-阿尔德反应、狄克曼环化、羟醛缩合、有机金属加成、脲合成、维狄希反应、环化加成等。

近几年来，组合合成法已从药物制备领域向电子材料、光化学材料、磁材料、机械和超导材料的制备发展，同时组合合成法也开始向其他化学领域中渗透。组合合成法具有巨大的发展潜力，其在更多化学领域中的渗透和发展，将会把化学带入一个新的增长空间。

7.2.2 组合合成方法

以前化学家一次只合成一种化合物，一次发生一个化学反应，如 $A+B\longrightarrow AB$。然后通过重结晶、蒸馏或色谱法分离纯化产物 AB。在组合合成法中，起始反应物是同一类型的一系列反应物 $A_1\sim A_n$ 与另一类的一系列反应物 $B_1\sim B_m$，相对于 A 和 B 两类物质间反应的所有可能产物同时被制备出来，产物从 A_1B_1 到 A_nB_m 的任一种组合都可能被合成出来，反应过程如下：

$$A + B \longrightarrow AB \qquad \begin{matrix} A_1 \\ A_2 \\ A_3 \\ \vdots \\ A_n \end{matrix} + \begin{matrix} B_1 \\ B_2 \\ B_3 \\ \vdots \\ B_n \end{matrix} \longrightarrow A_iB_j \quad (i=1,2,3....n; j=1,2,3,....m)$$

共 $n*m$ 种化合物

若是更多的物质间的多步反应，产物的数量会按指数增加。

这种组合合成法显然大幅度提高了合成化合物的效率，减少了时间和资金消耗，提高了发现目标产物的速度。

由此可得，组合合成法是指用数学组合法或均匀混合交替轮作方式，顺序同步地共价连接结构上相关的构建单元以合成含有千百个甚至数万个化合物分子库的策略。组合合成法可以同步合成大量的样品供筛选，并可进行对多种受体的筛选。

7.2.3 集群筛选法

集群筛选法，如果将大量的不同种类的物质（混合物或纯净物）送交生物体系去筛选，应该较容易地选出具有临床意义的最佳药物。这种方法又称集群筛选，该法主要用于混合组分中有效单体的结构识别。这种筛选方法必须在下列条件成立时才能应用：混合物之间不存在相互作用，互相不影响生物活性。

集群筛选并不是逐个测试单一化合物的活性及结构，而是从许多的微量化合物的混合体中通过特异的生物学手段筛选出特异性及选择性最高的化合物，而对其他化合物未作理会。因而它具有如下优点：

（1）筛选化合物量大，灵敏度高，速度快，成本低。

（2）对产物先进行活性筛选，再做结构分析。

（3）只对混合产物中生物活性最强的一个或几个产物进行结构分析。

（4）有的组合库在活性筛选完成时，其活性结构即被识别，无须再分析。

对活性产物的分析，可以从树脂珠上切下进行，也可连在树脂珠上用常规的氨基酸组成分析、质谱、核磁共振谱等手段进行结构鉴定。

7.2.4 化合物库的合成

组合合成法包括大量归类化合物的合成和筛选，被称为库。

库本身就是由许多单个化合物或它们的混合物组成的矩阵。合成库的方法通常有以下几类。

(1)混合裂分合成法及回溯合成鉴定法。混合裂分合成法及回溯合成鉴定法被用来在两天内合成百万以上的多肽,现在已成功地用于化合物库的建立。混合裂分合成法建立在Merrifield的固相合成基础上,其合成过程主要为以下几个步骤的循环应用:

①将固体载体平均分成几份。

②每份载体与同一类反应物中的不同物质作用。

③均匀地混合所有负载了反应物的载体。

从合成过程可以看出混合裂分合成法具有以下特点:

①高效性,如果用20种氨基酸为反应物,形成含有9个氨基酸的多肽,则多肽的数目为20^n。

②这种方法能够产生所有的序列组合。

③各种组合的化合物以1∶1的比例生成,这样可以防止大量活性较低的化合物掩盖了少量高活性化合物的生理活性。

④单个树脂珠上只生成一种产物,因为每个珠子每次遇到的是一种氨基酸,每个珠子就像一个微反应器,在反应过程中保持自己的内容为单一化合物。

回溯合成鉴定法也叫倒推法,该法可实现活性物的筛选与结构分析同时完成。

(2)位置扫描排除法。位置扫描排除法的关键是开始就建立一定量的子库,子库中某一位置由一相同的氨基酸占据,其他位置则由各种氨基酸任意组合。分别用生物活性鉴定法鉴定各个子库的生物活性,从而确定最终活性物种的结构。当然,这种方法每个库化合物要被合成很多次。

(3)正交库聚焦法。用正交库聚焦法寻找活性物质,每个库化合物要被合成两次,被分别包含在两个子库A和B中,即A、B两个子库各包含了“一套”完整的化合物库。A、B子库又分成多个二级子库。比如共9个化合物,则每个子库含3个二级子库,每个二级子库含3个化合物,但要保证每个化合物每次与不同的化合物组合。这样通过找到包含了活性组分的二级子库就可以确定活性化合物。A 库和 B 库中各包含了全部的 9 个化合物，两个库都分为三个二级子库，每个子库中的库化合物的组合不同。如果利用生物活性鉴定法测出 A2 与 B2 两个二级子库有生物活性，则表明两者共同包含的库化合物为目标活性物。含有 9 个化合物需要建立 2×3 个子库，对于含有 N 个化合物的库，则需要 $2\times\sqrt{N}$个子库才能确定活性物，再通过质谱、核磁共振等手段进行成分鉴定。正交库聚焦法对于只存在一个活性化合物时效果最好，如果库内包含两个以上活性化合物，则找到可能活性化合物的数目会以指数级增长，但只要对这些可能的对象进行再合成，仍然可以鉴定出最好的化合物。

(4)编码的组合合成。有时化合物库过于庞大，难以进行快速的结构鉴定与筛选。因此，人们设想如果在每个反应底物进行编码，再通过识别编码，就能知道该树脂珠上的产物合成历程及成分。

近年来，微珠编码技术的发展极为活跃。主要可分为化学编码和非化学编码。化学编码包括寡核苷酸标识、肽标识、分子二进制编码和同位素编码。化学编码的基本原理是化合物库内每个树脂珠上都被连接一个或几个标签化合物，用这些标签化合物对树脂珠上的库化合物作唯一编码。理想的微珠编码技术应该具有下述特点：

①标签分子与库组分分子必须使用相互兼容的化学反应在树脂珠上交替平行地合成。

②编码分子的结构必须在含量很少时就可以由光谱或色谱技术进行确定。

③标签分子含量应较低，以免占据树脂珠上太多的官能团。

④不干扰反应物和产物的化学性质，不破坏反应过程，且不干扰筛选。

⑤标签分子能够与库化合物分离。

⑥经济可行性。

在非化学编码中，射频(RF)编码法是一种极有前途的编码技术。非化学编码主要是射频编码法、激光光学编码、荧光团编码。将电子可擦写程序化只读记忆器(EEPROM)包埋在树脂珠内，通过从远处下载射频二进制信息来编码。当树脂珠经历了一系列化学转化后，芯片记录下相应的合成史对应的信息，再通过读取信息可知活性物质的成分。可以认为在低功率水平上的无线电信号的发射和接受，不会影响化合物库的合成。

7.2.5 平行化学合成

混合裂分法合成化合物库固然效率很高，但其活性成分的鉴定往往需要再合成一系列子库，这无疑加大了工作量，而且其中某些子库的合成不易通过混合裂分法直接合成，这需要借助平行化学合成的手段。

平行化学合成是指在多个反应器中每一步反应同时加入不同的反应物，在相同条件下进行化学反应，生成相应的产物。

平行化学合成法的操作简单，可以通过机械手完成，目前已有商品化的有机合成仪出现。每个反应器内只生成一种产物，且每个产物的成分可通过加入反应物的顺序来确定。但是，用该法制备化合物的数目最多等于反应器的数目。常用的固相平行化学合成方法有多头法、茶叶袋法、点滴法、光导向平行化学合成法等。

7.2.6 液相组合合成

液相反应的类型较广泛，生成产品量也较大。由于不用特制载体，相对成本要低。但是，在液相组合合成中，所涉及的每一步反应，其收率要求不低于 90%，并且仅允许一个简单的纯化过程，如使用了一个短小的硅胶层析柱就能达到目的，能够提高合成速度。它没有树脂负载量的影响，不受合成量的限制，反应过程中能对产物进行分析测定，进行反应的跟踪分析。相对于固相来说，液相合成更适合步骤少、结构多样性小分子化合物库的合成。

液相组合合成的原理与固相组合合成相同，不同之处在于液相中若想保证每种物质以接近相等的量产出，需预先确定各反应物的反应活性，通过控制浓度使各反应物有接近的化学动力学参数。

液相反应迅速，但收率不高，产品不纯，需要纯化，费时较多，需进一步深入研究。

7.3 无溶剂合成

无溶剂反应包括下列两种反应：

①作用物在负载混合物存在下进行的反应。通常以无机固体（如三氧化二铝、硅胶等）为介质，只需将负载混合物于适当温度下放置，间或振动即可，操作十分简便。

②作用物不需负载混合物直接进行的反应，又称干反应。将固体作用物（固-液作用物）在玛瑙乳钵中研磨或在反应瓶中加热即可，操作也很方便。产物均可用溶剂萃取或用柱层析分离，后处理也很方便。由于反应条件温和，一些在溶液中无法进行的反应可以利用无溶剂反应获得满意的结果。

7.3.1 烷基化反应

（1）碳烷基化。将甲醇钠吸附在氧化铝或硅胶上可使丙二酸酯发生选择性干法烷基化。例如：

$$MeOOC\diagdown\!\diagup COOMe + Br\diagup\!\diagdown\!\diagup\!\diagdown\!\diagup\!\diagdown Br \xrightarrow{MeONa\text{-}Al_2O_3} \underset{\mathbf{71}}{\text{环己烷-1,1-}(COOMe)_2}$$

$$+ \underset{\mathbf{70}}{Br(CH_2)_5CH_2(COOMe)_2} + \underset{\mathbf{72}}{(MeOOCH)_2CH(CH_2)_5CH(COOMe)_2}$$

当 $MeONa/Al_2O_3$ 为 1mol/kg 时，主要生成 70；$MeONa/Al_2O_3$ 为 1.7mol/kg 时，则生成 71；而在溶液中反应同时生成三种产物。

与此类似，乙酰乙酸乙酯在 $MeONa/Al_2O_3$ 体系中进行烷基化，高选择性地生成单碳烷基化产物，如表 7-2 所示。

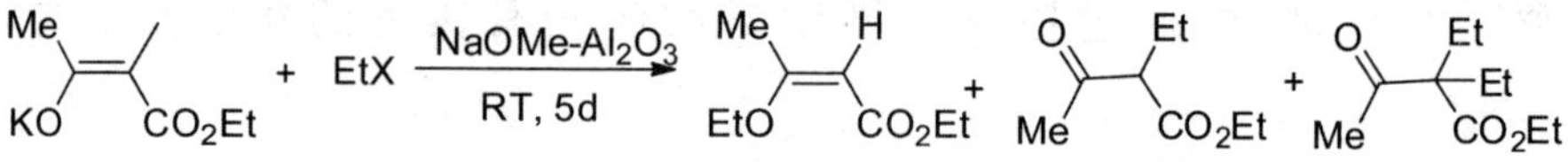

表 7-2　乙酰乙酸乙酯烷基化产物分布

烃化试剂	(73)的摩尔分数/%	(74)的摩尔分数/%	(75)的摩尔分数/%	总产率/%
Et_2SO_4	2	96	2	76
EtBr	1	97	2	53
EtI	<1	97	3	52

(2)硫烷基化。例如，丙二硫代羧酸甲酯与苄氯在 $KF-Al_2O_3$ 无溶剂体系中室温下反应，主要得到顺式(S)-烷基化产物。硫烷基化比在溶液中反应有较好的选择性，反应式如下：

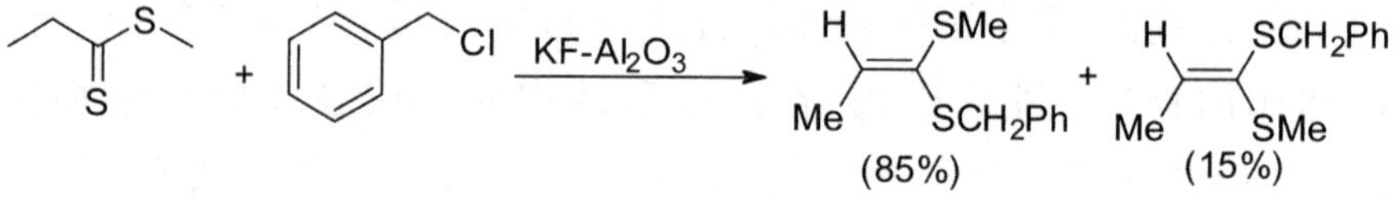

7.3.2　酰化反应

$TiCl_4$ 促进下，无溶剂条件，120℃酚和萘酚直接邻位酰化，得到 2-羟基苯酮和 2-羟基萘酮。该方法制备羟基芳酮反应时间短，产率高，应用范围广，优于 Fries 重排，反应式如下：

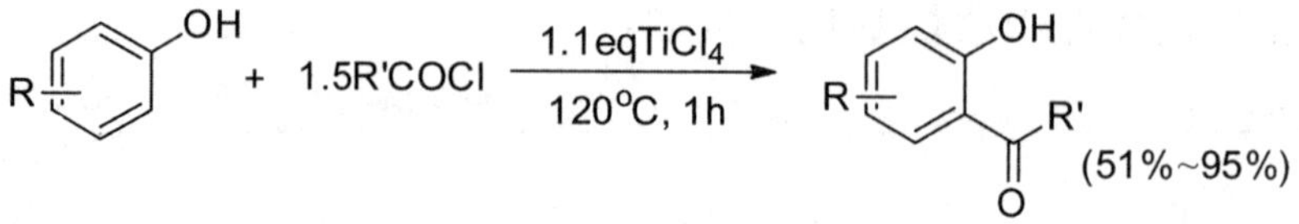

7.3.3 缩合反应

无溶剂缩合反应一般具有副反应少、产率高、操作简便及选择性好等优点。例如：

$R_1CH_2NO_2$ + R_2-C₅H₃-CHO $\xrightarrow{Al_2O_3}$ R_2-C₅H₃-CH=C(NO_2)R_1 (70%~93%)

芳香醛和丙二腈在无催化剂无溶剂存在下，微波辐射或加热可发生 Knoevenagel 缩合反应，产率良好。例如：

ArCHO + NC⌒CN $\xrightarrow[\text{无溶剂}]{MWI}$ Ar(H)C=C(CN)CN

R_1-C₆H₄-CH_2OH + $MeCOR_2$ $\xrightarrow{C-200}$ R_1-C₆H₄-CH=CH-CO-R_2

Claisen-Schmidt缩合

7.3.4 加成反应

利用干反应可以进行多种加成反应，如 Michael 加成、羰基加成、异氰酸酯和异硫氰酸酯的加成等。例如：

$R_1R_2CH-NO_2$ + $R_3-CH=C(R_5)-C(=O)R_4$ $\xrightarrow[RT,5\sim8h]{Al_2O_3}$ $O_2N-C(R_1)(R_2)-CH(R_3)-CH(R_5)-C(=O)R_4$

(52%~88%)

$R_1R_2CH-NO_2$ + R_3CHO $\xrightarrow{Al_2O_3}$ $R_1-C(NO_2)(R_2)-CH(OH)-R_3$ (71%~86%)

2-NO_2-C₆H₄-NCO + $ArNH_2$ $\xrightarrow[RT,10\sim30min]{\text{固态}}$ Ar-NH-C(=O)-NH-C₆H₄-2-NO_2

(81%~95%)

7.3.5 氧化反应

烯键和炔键化合物可在含水硅胶负载下氧化成羰基化合物，反应式如下：

$$R(R_1)C{=}C(R)R_1 \xrightarrow[-78^{\circ}C]{SiO_2,O_3} R(R_1)C{=}O$$

$$PhC{\equiv}CPh \xrightarrow[-78^{\circ}C]{SiO_2,O_3} PhCOCOPh$$

1988 年，Toda 等研究比较了一些酮的 Baeyer-Villiger 氧化反应，发现在固态中反应比在氯仿溶液中反应速率快，产率高(表 7-3)。例如：

$$R^1COR^2(\text{固}) \xrightarrow{m-ClC_6H_4CO_3H(\text{固})} R^1COOR^2$$

表 7-3　酮的 Baeyer-Villiger 固态氧化

R^1	R^2	产率(%)	
		固态	溶液(氯仿)
p-BrPh	CH_3	64	50
Ph	CH_2Ph	97	46
Ph	Ph	85	13
Ph	*p*-MePh	50	12

干反应能够使苯偶姻转化为苯偶酰，用 $Fe(NO_3)_3 \cdot 9H_2O$ 作氧化剂获得了理想的结果，反应式如下：

$$ArCH(OH)COAr \longrightarrow ArCOCOAr \quad (90\%\sim95\%)$$

Ar=Ph,*p*-MeOPh,*o*-MePh,*p*-ClPh, 2-呋喃基 等

二苯基卡巴腙用通常的溶液反应产率只有48%，而用于反应20～30min产率可达76%～90%，反应式如下：

$$\xrightarrow[\text{固相}]{K_3Fe(CN)_6/KOH}$$

R=H,Me,OEt,NO_2

无溶剂反应还可用于取代反应、还原反应、扩环反应、重排反应等，其应用范围正日益扩大。

7.4 基于微反应技术的有机合成

微反应器（Microreactor）也被称为“微通道”反应器（Microchannel Reactor），是由美国Dupont公司于20世纪90年代初率先开发出来。此后，微反应技术得以迅速发展并成为科研院校和企业界共同的研究热点，其在医药、农药、特种材料及精细化工产品及中间体的合成中已得到广泛应用。进入21世纪以来，各大跨国公司也开始关注这一新兴技术并成立专门的微反应技术部门开展相关工业领域的应用研究。

微反应技术具有以下优势：

（1）在传质、传热、恒温等方面表现出巨大优势。

（2）良好的可操作性，安全性高。

（3）反应工艺条件可精确控制和快速筛选，反应效率高，适用于复杂化学反应。

（4）小试工艺不需中试可直接放大，研发周期大幅缩短，连续化工艺便于自动化控制。

由此可见，微反应技术具有良好的应用前景。

目前，将微反应技术用于各类有机合成反应已成为研究热点。2010年，Buchwald，Jensen等成功利用微反应技术应用于经典的Heck反应。将氯代烃底物、钯催化剂和碱的混合物，烯烃底物和正丁醇分别加入 3 个不同的注射器，利用流动注射泵控制 3 个注射器的流速并进入微混合器，再进入微反应器中，最后用 HPLC 进行检测，如图 7-1 所示。

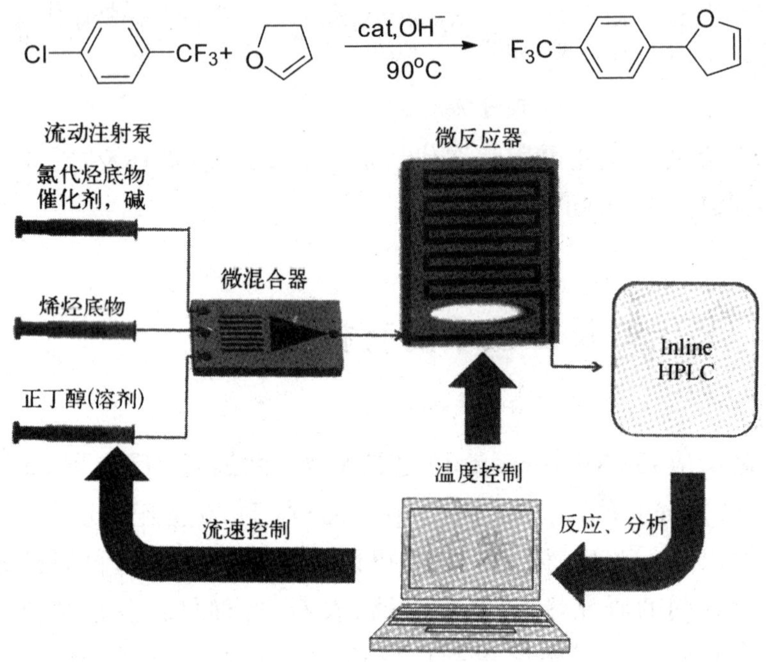

图 7-1 经典的 Heck 反应

这种将自动化集成到连续流体系方法是一种有机合成的有效新方法，该方法可以快速、高效地实现反应条件的优化，并直接将实验室所得结果进行规模扩大。此后，Buchwald 课题组又利用微反应技术发展了一种三步合成策略以高收率和高对映选择性的方式合成了一系列手性 β-芳基酮类化合物，如图 7-2 所示。

Ar-Br $\xrightarrow[\text{(2)B(O}i\text{Pr)}_3\text{,60°C,6s}]{\text{(1)}^n\text{BuLi,rt,2\textasciitilde 50s}}$ R_1C(O)–CH=CH–R_2 $\xrightarrow[\text{KOH,THF-H}_2\text{O, 60°C,10\textasciitilde 20min}]{\text{Rh催化剂,手性配体}}$ R_1C(O)CH$_2$CH(R_2)Ar

(产率: 67%~91%, *ee*: 83%~99.5%)

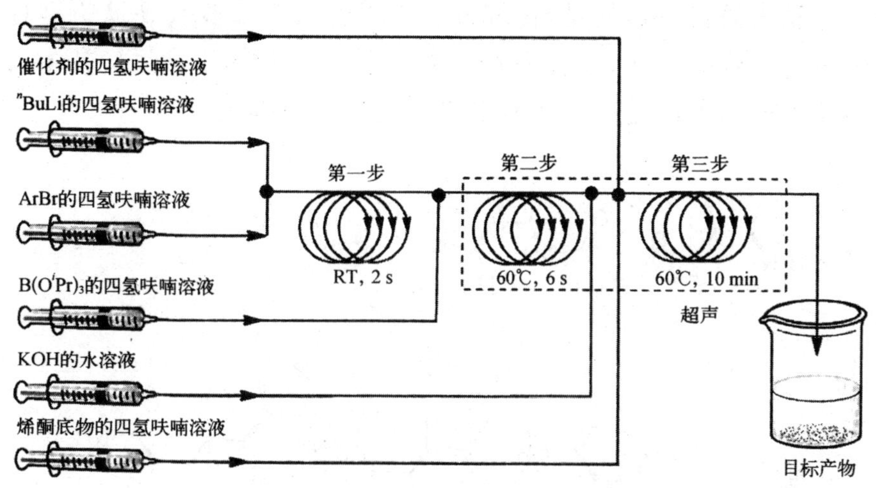

图 7-2 三步合成策略

该策略充分发挥了这种技术的优势，主要优势在于：

(1)使用廉价的反应原料；

(2)室温下实现锂化反应；

(4)反应时间短且无须分离芳基硼类化合物。

不久前，Fülöp 等利用微反应技术发展了一种固态多肽合成的高效策略，该策略是一种经济、可持续的策略，可以自动合成毫克到克级的产物。这种方法仅需使用 1.5 当量的氨基酸作为原料即可定量转化成相应的多肽，多种氨基酸可以被高效转化成相应的多肽，如图 7-3 所示。

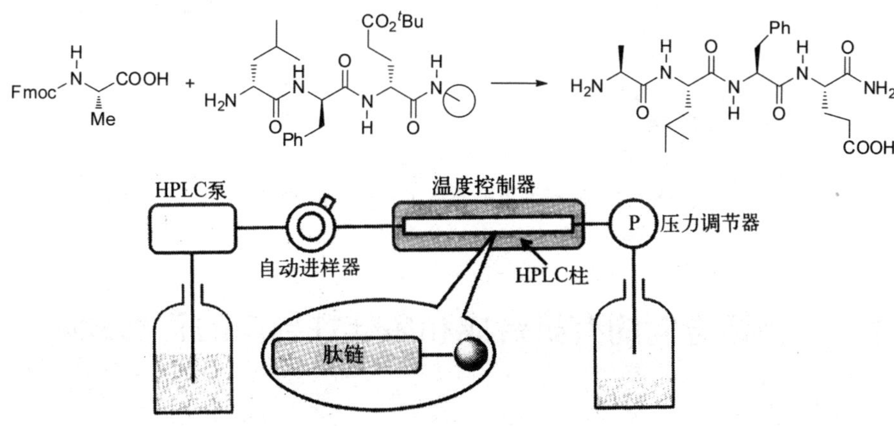

图 7-3 固态多肽合成策略

尤为值得一提的是，传统方法难以合成的多肽及β-肽折叠体也可以高收率合成，如图7-4所示。因此，这种基于微反应技术的多肽合成新方法是一种具有潜在应用前景的新方法。

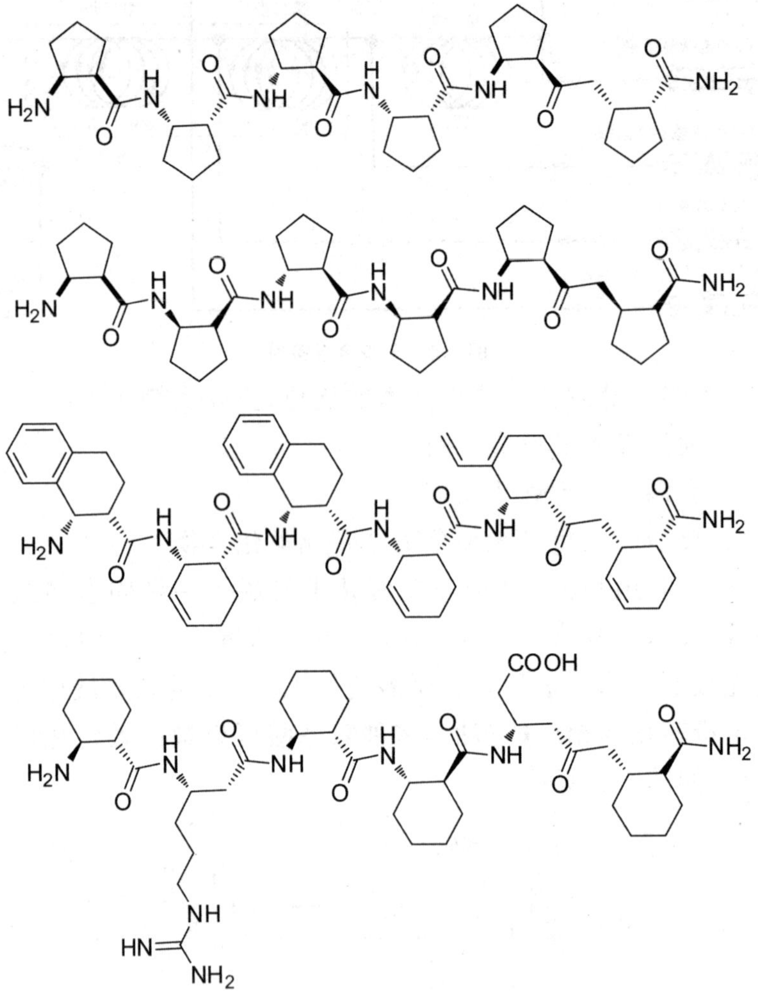

图7-4 基于微反应技术的多肽合成新方法

7.5 靶标导向的有机合成和多样性导向的有机合成

靶标导向的有机合成（Target-oriented Organic Synthesis,

TOS）的目标分子通常是天然产物分子、药物分子或它们的类似物。由于天然产物分子往往是自然界经过长期进化之后而选择的，因此人们热切期望能够通过将合成大量的、多样性的小分子和高通量筛选技术进行有机结合来发现可以解决化学、生物学和药学领域中复杂问题的合成分子。为了满足这一需求，多样性导向的有机合成（Diversity-oriented Organic Synthesis，DOS）诞生了。在 TOS 中，复杂性和多样性是非常重要的因素，这是因为许多可以调控蛋白质-蛋白质相互作用的天然产物往往是结构复杂的有机分子，而且构建结构多样性分子集合是提高发现有价值合成分子成功率的关键。

TOS 的目标是合成一个特定的分子（图 7-5）。逆合成分析从一个复杂的目标结构开始，找到简单的起始原料，而 DOS 并没有特定的目标分子，因此逆合成分析在 DOS 中无法发挥作用。为此，人们又提出了“正向合成分析（Forward Synthetic Analysis）”，目的在于帮助设计可以高效率实现最大复杂性和多样性的 DOS 路线。所谓正向合成分析，也就是沿着从反应物到产物的方向来分析合成反应路线，如图 7-6 所示。

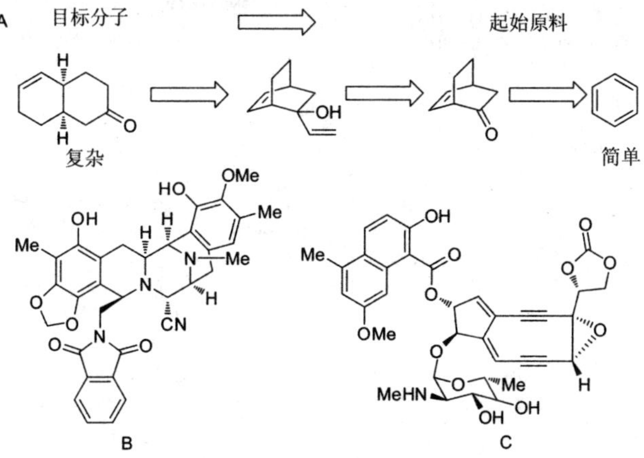

图 7-5 靶标导向的有机合成（Target-oriented Organic Synthesis，TOS）：逆合成分析从一个复杂的结构开始，直到找到一个简单的起始原料。化合物 B 和化合物 C 分别是两种通过逆合成分析方法合成的小分子，其中化合物 B 是具有抗癌活性的合成分子，而化合物 C 是具有抗细胞增殖活性的天然产物

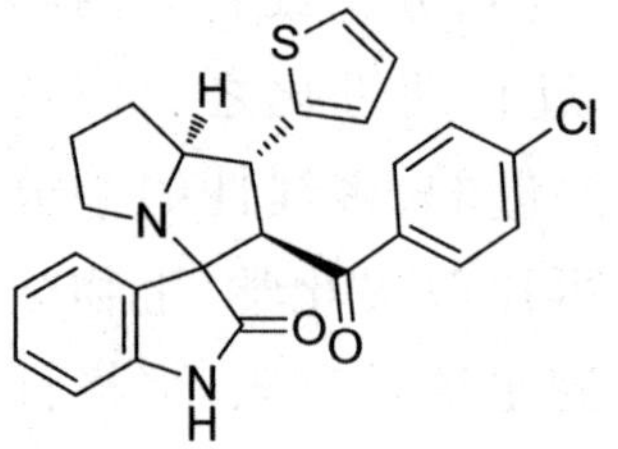

B 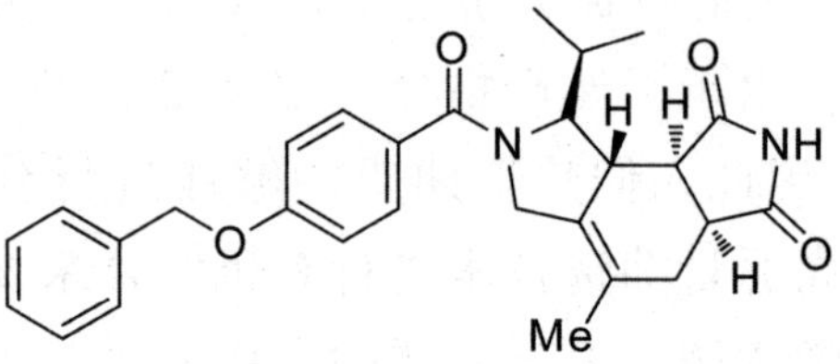　　C

图 7-6　多样性导向的有机合成❶

DOS 中的多样性通常包括构筑基元的多样性、立体化学多样性和分子骨架多样性三个方面。图 7-7 列出了一些常见的构筑基元，包括醇、硫醇、醛、酰氯、异氰酸酯、肼以及羟胺等，这些多样性的构筑基元是实现目标分子集合多样性的基础。

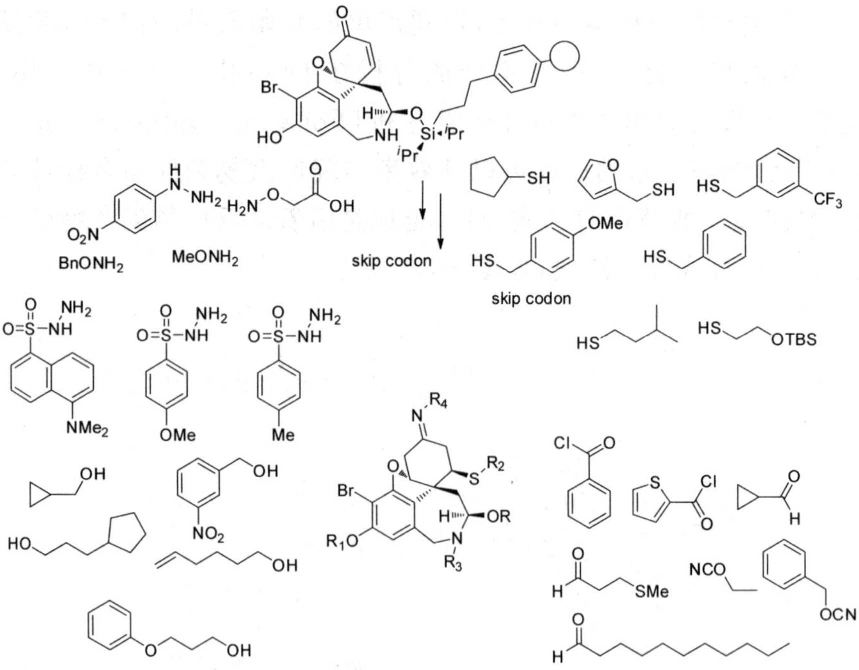

Br HO H NH O Si ^iPr ^iPr

O_2N H NH_2 H_2N O OH BnONH_2 MeONH_2 skip codon

SH SH HS CF_3 OMe HS HS skip codon

O=S—NH NH_2 NMe_2 OMe Me

HS HS OTBS

N R_4 S R_2 Br H OR R_1O N R_3

OH OH NO_2 HO OH OH

Cl O S Cl O H O H SMe NCO OCN H O

❶　导向合成分析从一个简单的原料开始，通过一系列的反应合成结构复杂的多样性分子集合。化合物 B 和化合物 C 就是两种通过 DOS 得到的可以用于调控与疾病相关生理过程的小分子。

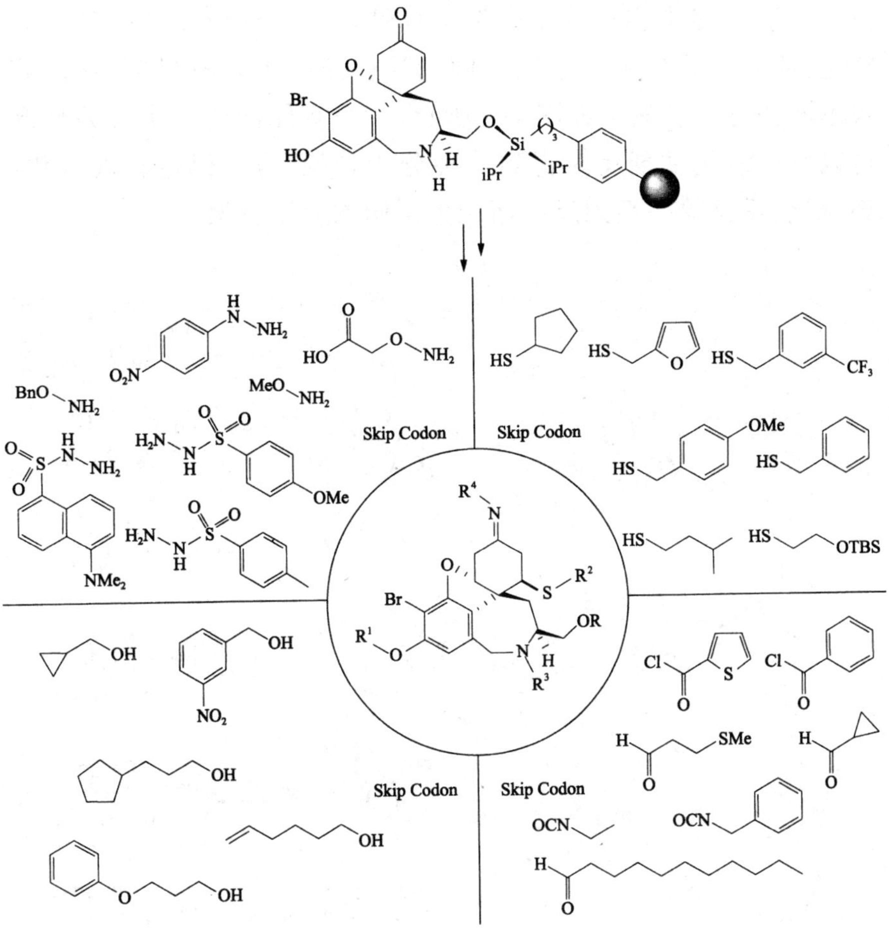

图 7-7　常见的构筑基元

为了产生立体化学和分子骨架的多样性，则必须要依赖于进攻试剂而不是底物（即构筑基元）。因为对于一个前手性的进攻试剂而言，每个底物分子有可能以不同的非对映选择性来与之进行反应。因此，人们要求进攻试剂必须有足够的能力可以克服底物固有的立体化学倾向而产生单一的非对映体产物。例如，Sharpless 环氧化反应就是一种可以满足这种要求的化学反应，如图 7-8 所示。

此外，人们还提出了一种分支反应途径(Branching Reaction Pathway)策略来实现分子骨架多样性。分支反应途径的基本思路是:使单一的分子骨架在不同的反应条件下进行反应，从而获得不同的分子骨架。如图 7-9 所示，一个官能团化的十二元环既可以与环氧化试剂反应得到一种分子骨架，也可以进行烷基化、环氧化、重排等一系列反应而产生不同的分子骨架。

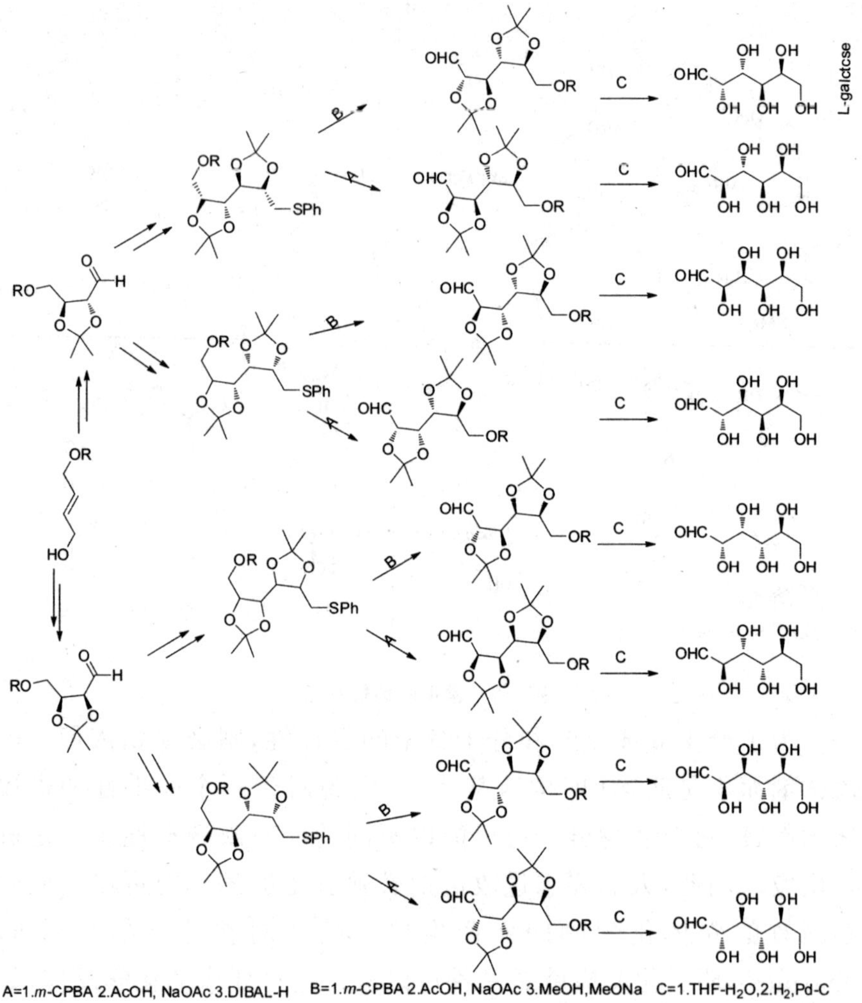
L-galctcse
A=1.m-CPBA 2.AcOH, NaOAc 3.DIBAL-H
B=1.m-CPBA 2.AcOH, NaOAc 3.MeOH,MeONa
C=1.THF-H2O,2.H2,Pd-C

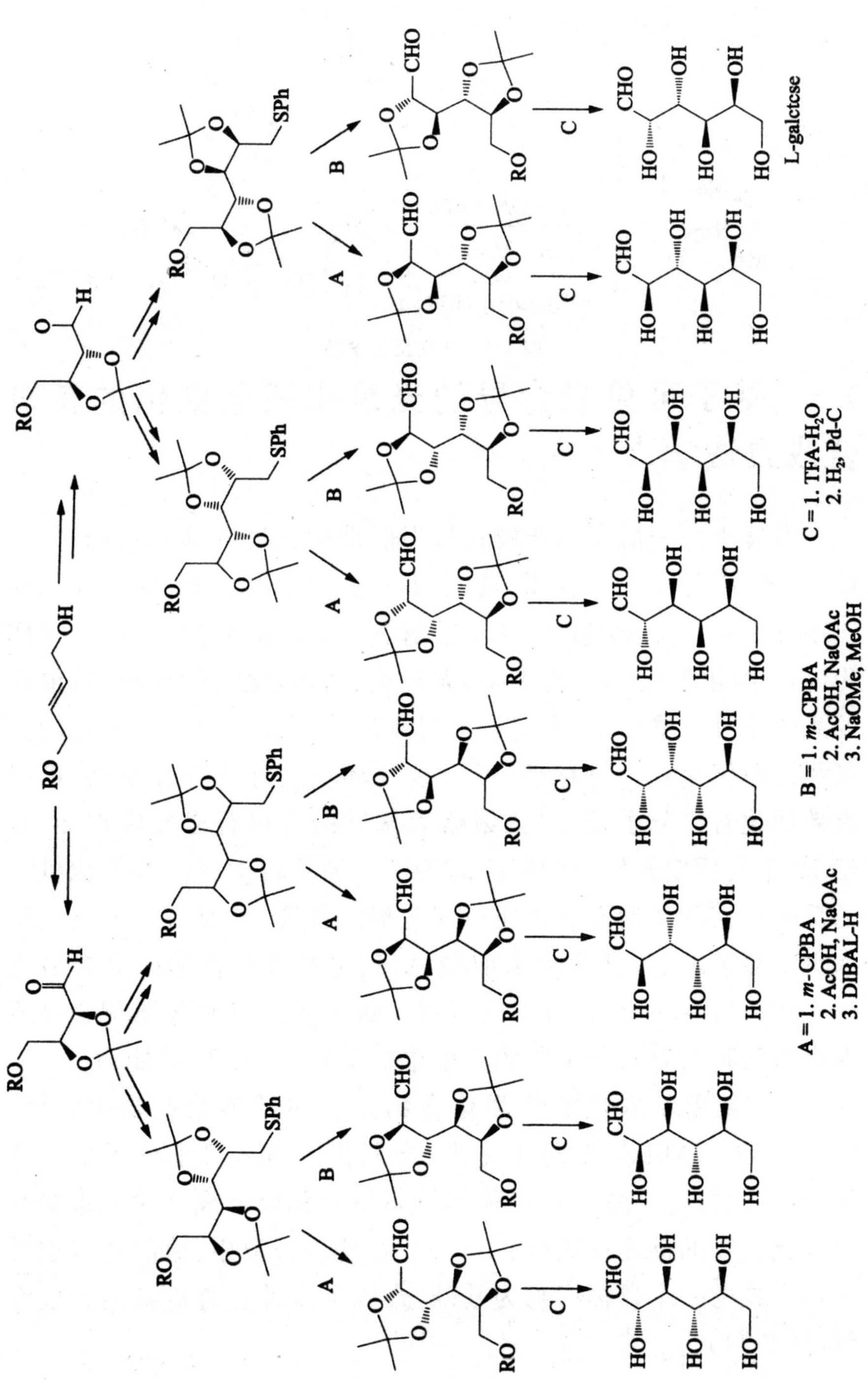

L-galctcse

A = 1. *m*-CPBA
2. AcOH, NaOAc
3. DIBAL-H

B = 1. *m*-CPBA
2. AcOH, NaOAc
3. NaOMe, MeOH

C = 1. TFA-H_2O
2. H_2, Pd-C

图 7-8　Sharpless 环氧化反应

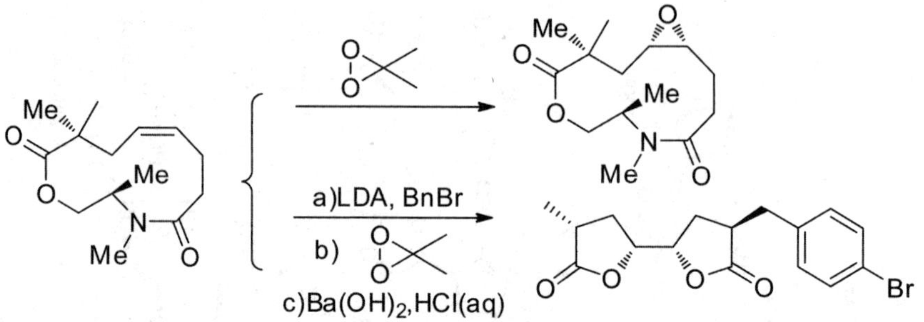

图 7-9 分支反应途径

7.6 基于可见光介导的光氧化还原催化的有机合成方法学

发展小分子活化的新模式是当前催化领域的基本目标之一，可见光介导的光氧化还原催化（Visible Light-mediated Photoredox Catalysis）是一种近期备受关注的方法。可见，光作为可再生能源之一，具有无毒、无污染、清洁、廉价的优点，其催化的光化学反应早在 20 世纪初已得到广泛关注。可见光介导的光氧化还原催化是一种绿色、可持续及环境友好的合成策略，可以有效活化有机分子，而以该策略为基础的有机合成反应在 20 世纪 70 年代后期开始得到广泛的关注。随着科学家们对催化机理的深入探索及新型光氧化还原催化剂的发展，该策略在最近几年取得了显著进展，已成为当前最热门、最具挑战性的研究领域之一。在一般意义上，这种方法有赖于可见光激发时金属配合物或者有机染料与有机分子之间发生单电子转移(SET)的能力。

α-三氟甲基取代的醛类化合物是合成纤维的重要中间体。2009 年，MacMillan 等将可见光、光催化剂与有机小分子催化剂结合，首次报道了醛的不对称 α-三氟甲基化以合成高对映选择性目标化合物的催化反应(图 7-10)。在这篇报道中，他们还以这种策略合成的一个目标产物为基础，合成了多种含有机氟的合成纤维(图 7-11)。

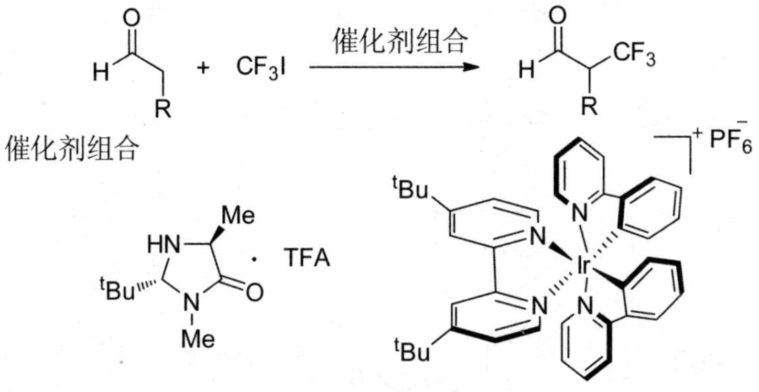

催化剂组合

有机小分子催化剂（20%，摩尔分数）　光催化剂（0.5%，摩尔分数）

图 7-10　催化反应

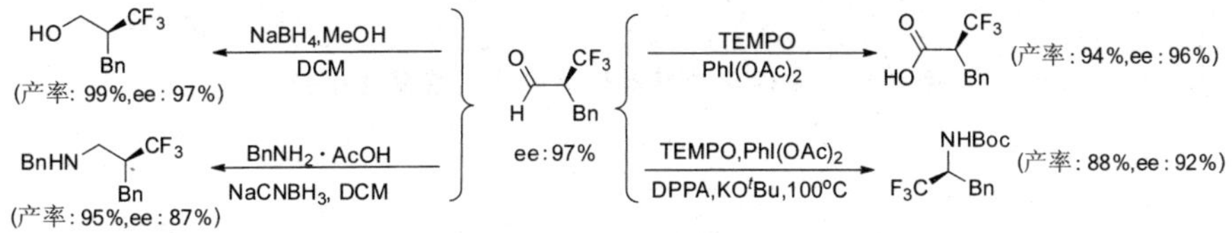

图 7-11　合成含有机氟的合成纤维的路径

最近，MacMillan 等在 *Nature* 上报道了一种光催化和有机催化结合的杂环烷基化反应（图 7-12）。作者们使用醇作为温和的烷基化试剂。该方法通过光诱导氧化还原催化与氢原子转移催化的结合，首次实现未活化的醇类作为潜在的烷基化试剂。这种策略可以实现药物分子如法舒地尔（Fasudil）和米力农（Milrinone）的后期功能化，应用前景十分诱人（图 7-13）。

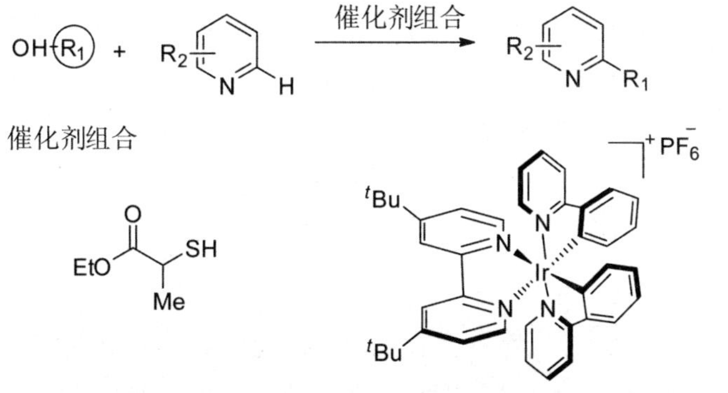

催化剂组合

有机小分子催化剂（5%，摩尔分数）　光催化剂（1%，摩尔分数）

图 7-12　光催化和有机催化结合的杂环烷基化反应

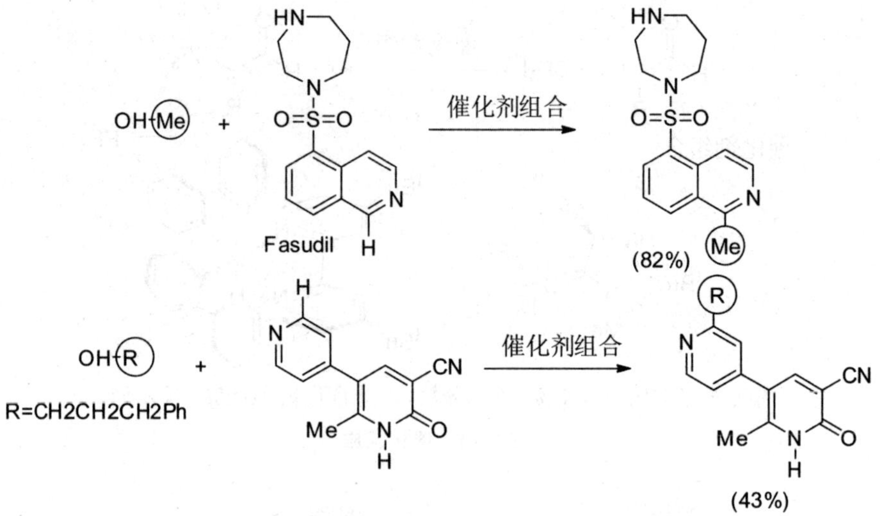

OH-Me + Fasudil —催化剂组合→ (82%)

OH-R + —催化剂组合→ (43%)

R=CH2CH2CH2Ph

图 7-13　未活化的醇类作为潜在的烷基化试剂

第 8 章　天然产物的有机合成

天然产物原本是自然界在酶的催化作用下生物合成的复杂化合物。天然产物为人类发现和发展新药提供了机遇，也为发展有机合成新方法和新反应提供了目标物。复杂天然产物合成的能力往往被认为是一个国家或一个专业学术机构的有机化学整体水平的重要标志。同时，基于天然产物骨架所具有的复杂性以及丰富的官能团，使得天然产物类化合物具有了独有的生物活性。尽管早期化学家们对天然产物极其青睐，但仅仅也以合成了天然产物本身为最终目的。今天，化学家们不仅合成天然产物本身，同时开始利用传统的合成方法来制备结构多样的类天然产物化合物。基于生理活性天然产物的研究已经成为化学与生命科学交叉科学领域中具有特色的主题内容，并日益受到科学界的重视。

8.1　天然产物的合成途径

通常，广义的天然产物统指自然界中所有物质。但具体到化学领域内，天然产物特指由动物、植物及海洋生物和微生物体内分离出来的生物二次代谢产物，以及生物体内源性生理活性化合物。这些物质可能只存在于其中的一个或几个生物物种中，也可能广泛分布在大多数生物物种中。

8.1.1 天然产物的生物合成

一次代谢(Primary Metabolism)是指在光合作用、碳水化合物代谢和柠檬酸代谢中,植物、昆虫或微生物体内的生物细胞,生成生物体生存繁殖所必需的化合物[如糖类、氨基酸、脂肪酸、核酸及其聚合衍生物(多糖类、蛋白质、酯类、RNA、DNA)、乙酰辅酶A等]的代谢过程。一次代谢过程中产生的化合物称为一次代谢产物。各种生物的一次代谢过程基本上相同,在这个过程中产生的代谢产物广泛分布于生物体内。

以一次代谢的产物为原料,经过一系列特殊生物化学反应,生成一些对生物本身无用的化合物的过程称为二次代谢。常见的二次代谢产物如萜类、甾体、生物碱、多酚类等。对于不同族、种的生物来说,二次代谢及其产物常具有不同的特征,而且,二次代谢产物的体内分布具有局限性。二次代谢产物生成与生物所处的外界环境(生长期、植物开花期、季节、温度、产地、光照等)之间存在密切的联系。如幼嫩的栎树叶含很少的鞣酸,随着栎树的迅速生长,树中鞣酸量也随之增加,到秋季栎树叶含鞣酸的量达最高,这可能由于在栎树生长过程中会受到各种动物的袭击,而鞣酸具有收敛、难以消化等性质,是幼虫生长的抑制剂。因此,坚韧成熟的叶子及其高含量的鞣酸,可保护植物的生长。为此,二次代谢产物可成为非滋养性化学物质,它能控制周围环境中其他生物的生态学,在生物群的共同生存、演变过程中发挥重要作用。

一次代谢和二次代谢之间存在密切的联系,二次代谢产物是一次代谢的延续,一次代谢生成的乙酸、甲瓦龙酸、莽草酸是二次代谢的原料,称为二次代谢产物的前体,通常又是某些一次代谢的前体,如芳香氨基酸同为多肽、蛋白质和生物碱的前体,多酮同为脂肪酸和黄酮类的前体。根据起始原料的不同,可将二次代谢的主要途径分为以下五类。

(1)乙酸-丙二酸途径。乙酸-丙二酸途径(Acetate-malonate

Pathway，AA-MA 途径）生成的产物主要是脂肪酸类、酚类、蒽酮类等化合物。

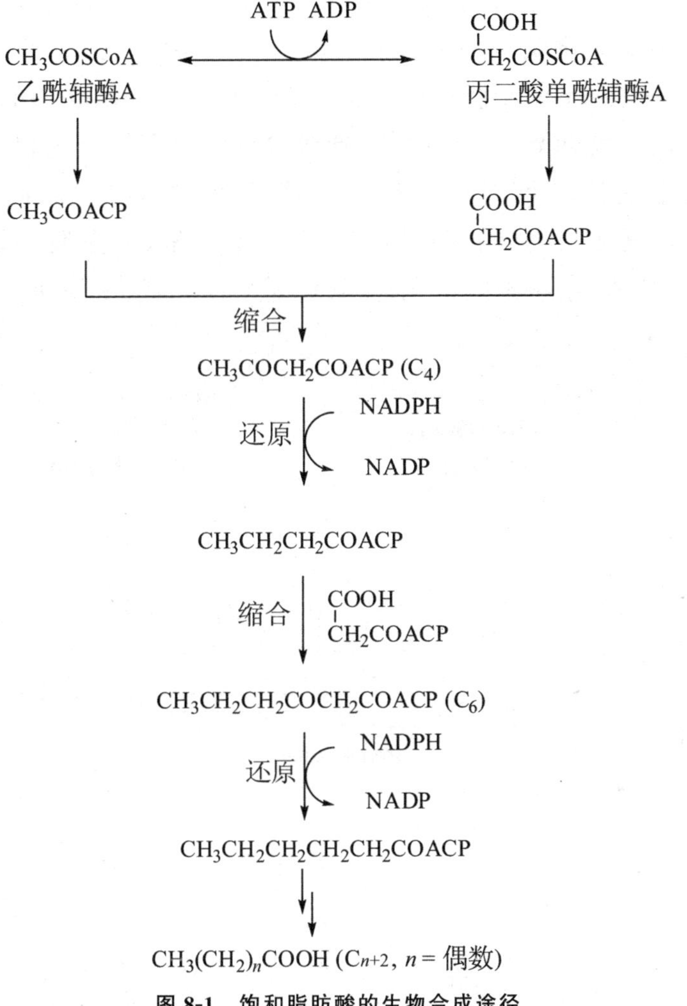

图 8-1　饱和脂肪酸的生物合成途径

①脂肪酸类。天然饱和脂肪酸类均由 AA-MA 途径生成。乙酰辅酶 A 是这一过程的出发单位，丙二酸单酰辅酶 A 在整个过程中起延伸碳链的作用。碳链的延伸由缩合及还原两个步骤交叉而成，得到的饱和脂肪酸均为偶数（图 8-1）。碳链为奇数的脂肪酸，起始物质不是乙酰辅酶 A，而是丙酰辅酶 A（Propyonyl CoA）、α-甲基丁酰辅酶 A（α-Methylbutyryl CoA）及甲基丙二酸

单酰辅酶 A(Methylmalonyl CoA)等,但缩合及还原过程均与以上类似。

自然界广泛分布的不饱和脂肪酸类的生物合成的主要途径是经生物学氧化成为羟基衍生物,再经脱水后生成。

②酚类。不同于脂肪酸类的合成,天然酚类化合物的生物合成是在由乙酰辅酶 A 出发延伸碳链过程中只有缩合过程,生成的聚酮类中间体经不同途径环合而成酚类,如苔色酸(间苯二酚型)、乙酰间苯三酚(间苯三酚型)、四乙酸内酯(内酯型),如图 8-2 所示,其特点是芳环上的含氧取代基(如羟基、甲氧基)多互为间位。

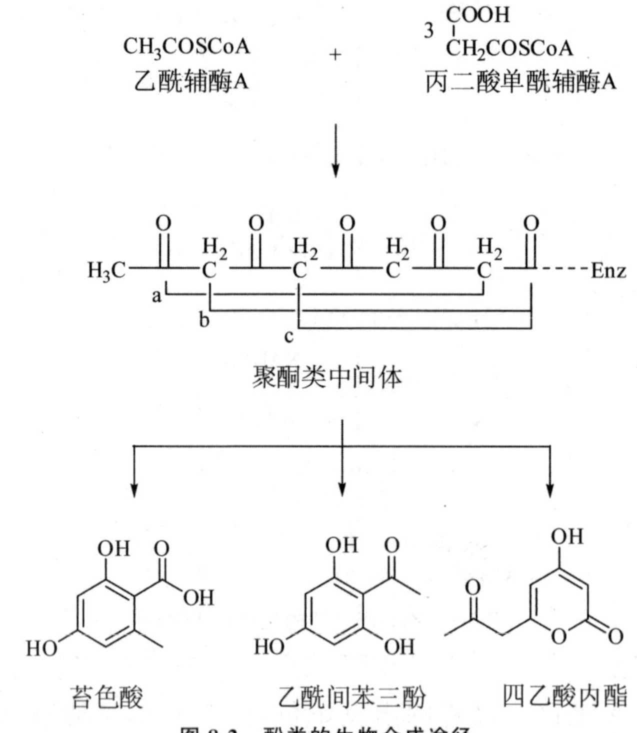

图 8-2 酚类的生物合成途径

③萘及蒽醌类。以植物药决明子为例,其所含成分有红镰刀霉素(Rubrofusarin,76)、决明内酯(Toralactone,77)、Torachrysone(78)及大黄素甲醚(Physcion,79)等。由此可见,同一植物中出现了几种结构类型不同的化合物。但就生物合成而

言，它们均由同一途径即 AA-MA 途径生成，可归入聚酮类化合物中(图 8-3)。

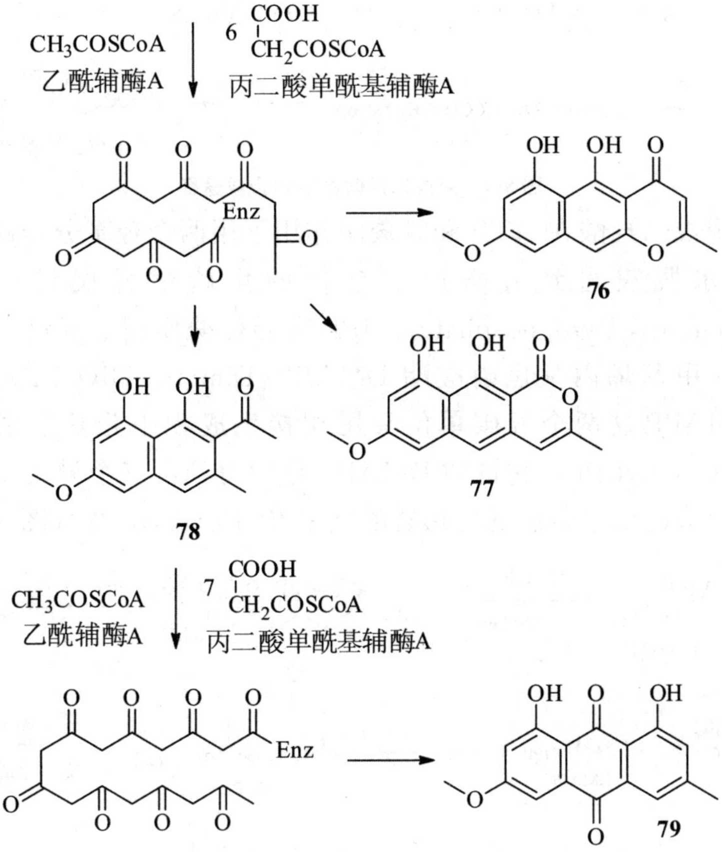

图 8-3 决明子部分成分的生物合成途径

(2)甲戊二羟酸途径(Mevalonic Acid Pathway，MVA 途径)。尽管萜的骨架是由异戊二烯单位组合而成的，但异戊二烯并不是萜类化合物的前体化合物，萜类的真正前体化合物是 3R-甲戊二羟酸(3R-Mevalonic Acid，MVA)，后者则是由乙酸演变而来的。

乙酰辅酶 A 在体内结合进一分子二氧化碳生成丙二酸单酰基辅酶 A，后者与酰基硫代载体蛋白结合再与乙酰辅酶 A 作用生成乙酰基乙酰辅酶 A，它再和一分子的乙酰辅酶 A 进行羟醛缩合反应，得到一个六碳中间体，而后还原水解生成萜类的生源合成前体甲戊二羟酸(图 8-4)。

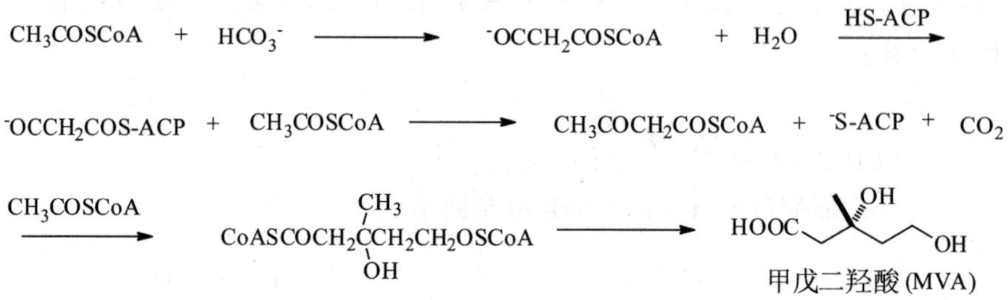

$CH_3COSCoA + HCO_3^- \longrightarrow {}^-OCCH_2COSCoA + H_2O \xrightarrow{HS\text{-}ACP}$

${}^-OCCH_2COS\text{-}ACP + CH_3COSCoA \longrightarrow CH_3COCH_2COSCoA + {}^-S\text{-}ACP + CO_2$

$\xrightarrow{CH_3COSCoA} CoASCOCH_2C(CH_3)(OH)CH_2CH_2OSCoA \longrightarrow$ 甲戊二羟酸(MVA)

图 8-4 甲戊二羟酸的生物合成途径

甲戊二羟酸在 ATP 和脱羧酶作用下用两个羟基分步磷酸化并失水脱羧得到五碳原子结构的焦磷酸异戊烯酯 IPP(Isopentenyl Pyrophosphate)。IPP 在异构酶作用下双键异构化生成二甲基烯丙基焦磷酸酯 DMAPP(Dimethylallyl PP)。IPP 和 DMAPP 这两个五碳单位头尾相接生成牻牛儿基焦磷酸酯 GPP(Geranyl PP),它再和 DMAPP 作用得到由三个异戊二烯单位结合成的倍半萜法尼醇焦磷酸酯 FPP(Farnesyl PP)(图 8-5)。

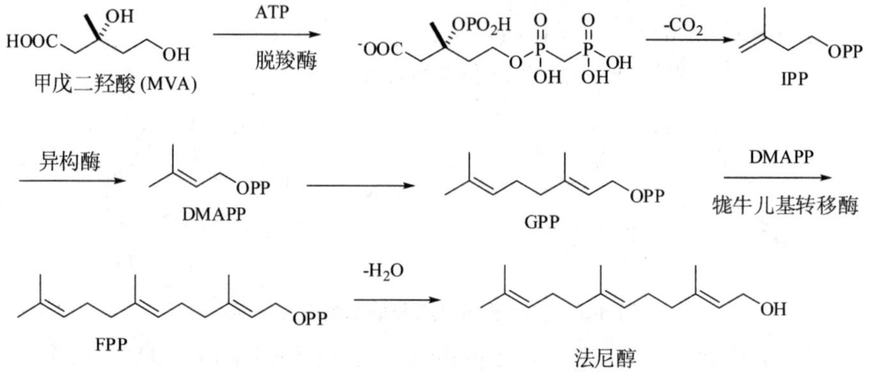

甲戊二羟酸(MVA) $\xrightarrow[\text{脱羧酶}]{ATP}$ ^-OOC…OPO_3H…O–$P(O)(OH)$–CH_2–$P(O)(OH)$–OH $\xrightarrow{-CO_2}$ IPP $\xrightarrow{\text{异构酶}}$ DMAPP $\longrightarrow$ GPP $\xrightarrow[\text{牻牛儿基转移酶}]{DMAPP}$ FPP $\xrightarrow{-H_2O}$ 法尼醇

图 8-5 法尼醇的生物合成途径

许多精油植物中含有法尼醇,这种头尾相连的方式继续下去就能生成二萜和多萜,如橡胶之类异戊二烯多聚体,GPP 分子内结合得到各种苧烯的骨架。

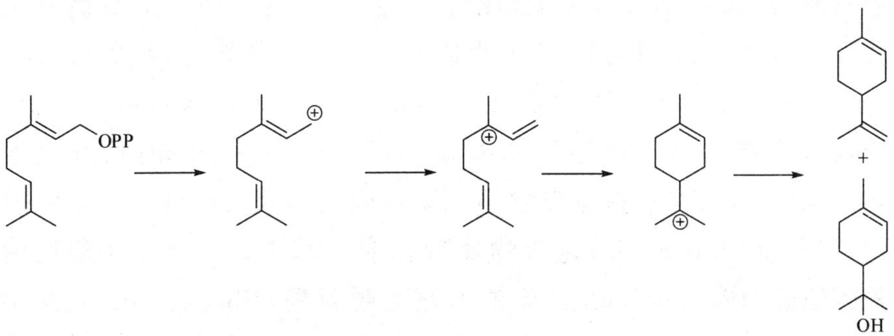

OPP

OH

二分子FPP以头头相连的方式结合得到由30个碳原子组成的链状结构的角鲨烯。这个过程是在还原烟酰胺腺嘌呤二核苷酸磷酸(NADPH)作用下进行的。例如：

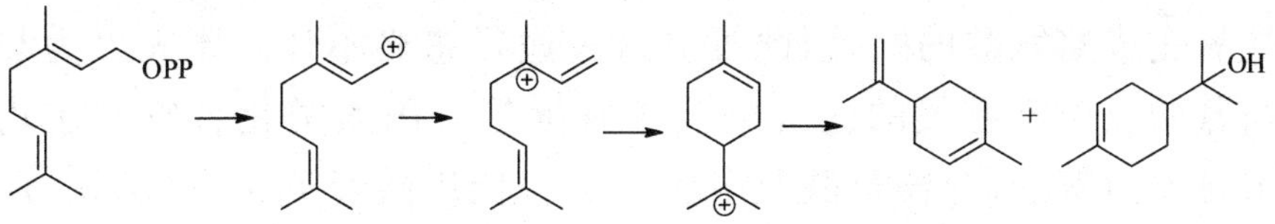

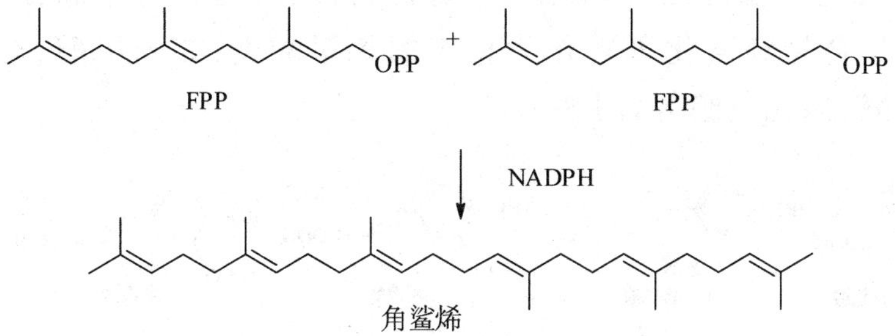

OPP

OH

OPP FPP + OPP FPP

NADPH

角鲨烯

角鲨烯是一个三萜类化合物，存在于鲨鱼的肝脏中。所有哺乳动物中甾体化合物的生源合成前体都是角鲨烯，它经一系列较复杂的环化和重排等过程产生各类甾体化合物。例如：

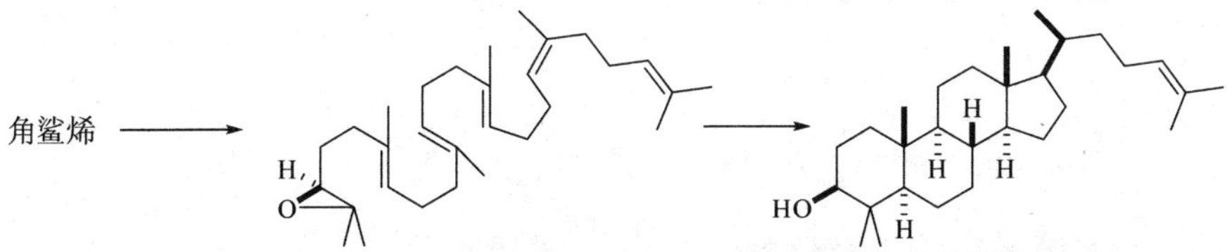

角鲨烯 → H, O → HO H H H H

羊毛甾醇

体外的生物合成方法表明，角鲨烯首先在头上的双键氧化形成环氧化物，在酸性催化下开环并发生协同的闭环反应，得到羊毛甾醇(Lanosterine),羊毛甾醇再失去三个甲基和一个双键移位及一个双键的还原可以变成胆固醇。(3)桂皮酸途径(Cinnamic Acid Pathway)及莽草酸途径(Shikimic Acid Pathway)。天然化合物中具有 C_6-C_3 骨架的苯丙素类(Phenylpropanoids)、香豆素类(Coumarins)、木脂体类(Lignans),以及具有 $C_6—C_3—C_6$ 骨架的黄酮类(Flavonoids)化合物比较普遍。其中,$C_6—C_3$ 骨架均由苯丙氨酸(Phenylalanine)经苯丙氨酸脱氨酶(Phenylalanine Ammonialyase,PLA)脱去氨后生成的桂皮酸而来。在理论上,尽管酪氨酸经酪氨酸脱氨酶(Tyrosine Ammonialyase,TAL)脱氨后上也可生成对羟基桂皮酸,但是因为 TAL 在高等植物中的分布要比 PAL 少得多(仅见于禾本科植物),且几乎不存在使苯丙氨酸氧化成酪氨酸的酶,因此可对这一途径忽略不计。原先以为与酪氨酸及多巴有关的茴香脑及丁香酚等苯丙素类化合物其实均来自苯丙氨酸,与酪氨酸及多巴无关。桂皮酸经氧化、甲基化、还原等反应转化为咖啡酸、阿魏酸、阿魏醇,再缩合得各种木脂体,苯丙素类化合物经氧化可转化为相应的苯甲酸类,如苯甲酸、对羟基苯甲酸、原儿茶酸等(图 8-6)。

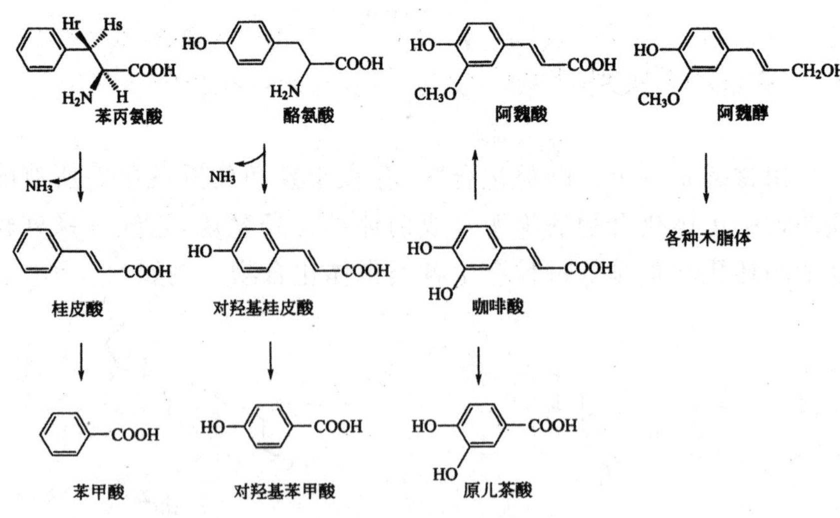

图 8-6 桂皮酸途径

通过莽草酸到芳香族氨基酸的生物合成途径叫莽草酸途径。

它本身是通过碳水化合物代谢而产生的。

①磷酸烯醇丙酮酸(Phosphoenol Pyruvate,PEP)和D-赤藓糖-4-磷酸盐(D-Erythrose-4-phosphate)进行立体专一性的醛醇缩合,生成3-去氧-D-阿拉伯糖海泊酸-7-磷酸盐(3-Deoxy-D-bino-heptulosonic Acid-7-phosphate,DAHP)。

②DAHP的环合产生去氢奎尼酸(Dehydroquinic Acid)。

③经脱水产生去氢莽草酸(Dehydroshikimic Acid)。

④经可逆性加氢产生莽草酸及其3-磷酸酯,与(PEP)缩合产生磷酸化合物工的1,4-消除转变到分支酸(Chorismic Acid),形成芳香氨基酸。

许多微生物代谢产物似乎在莽草酸去氢奎尼酸阶段发生分支途径而形成。分支酸的氨基化通过邻氨基苯甲酸(Anthranilic Acid)形成色氨酸。苯丙氨酸和酪氨酸是通过预苯酸(Prephenic Acid)形成,而预苯酸是从分支酸经Claisen重排而形成(图8-7)。

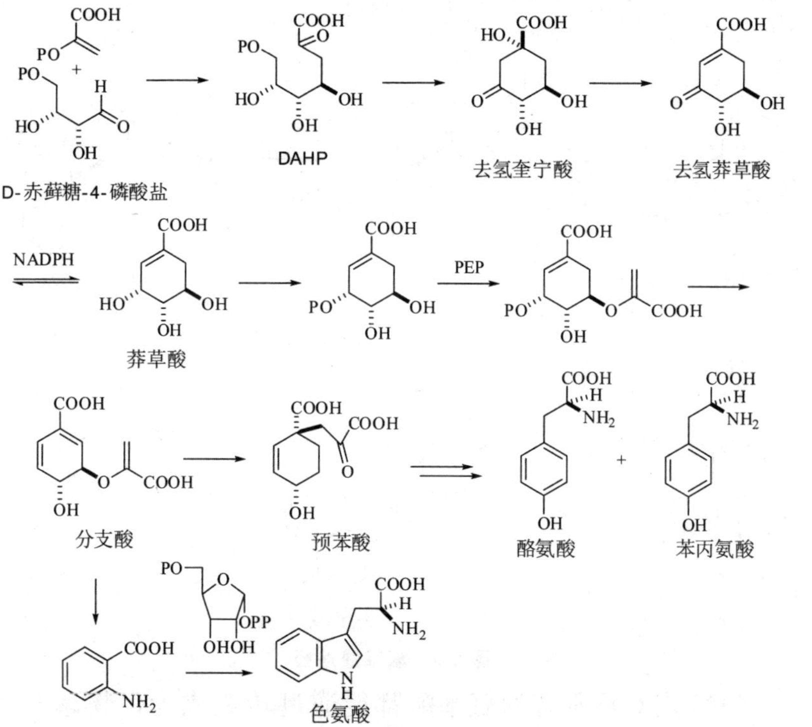

D-赤藓糖-4-磷酸盐 → DAHP → 去氢奎宁酸 → 去氢莽草酸 ⇌(NADPH) 莽草酸 → → (PEP) → 分支酸 → 预苯酸 → 酪氨酸 + 苯丙氨酸；分支酸 → 邻氨基苯甲酸 → 色氨酸

图8-7 莽草酸途径

(4)氨基酸途径(Amino Acid Pathway)。在天然产物中,生物碱类成分都是由氨基酸途径生成的。氨基酸脱羧成为胺类,如多巴脱羧成多巴胺,再与多巴的脱氨、氧化产物经 Mannich 反应,脱去一分子二氧化碳转变为全去甲劳丹苏林,经甲基化转变为(-)-网状番荔枝碱。全去甲劳丹苏林、(-)-网状番荔枝碱为苄基异喹啉型(Benzylisoquinoline)、原小檗碱型(Protoberberine)、阿朴啡型(Aporphine)、吗啡型(Morphine)等许多重要的四氢异喹啉生物碱的中间体,它们经过一系列化学反应(甲基化、氧化、还原、重排等)后即转变成多种生物碱,如小檗碱、罂粟碱、(+)-Salutaridine、Salutaridinol、蒂巴因、可待因、吗啡等(图 8-8)。

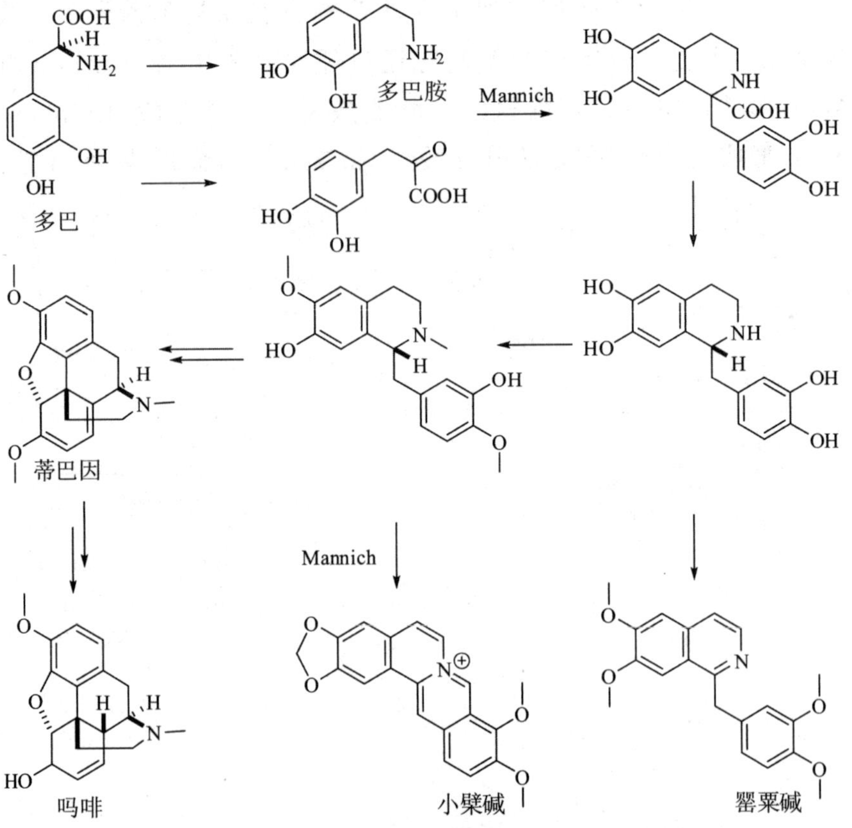

图 8-8　氨基酸途径

当然,并不是所有的氨基酸都能通过转变成为生物碱。已知氨基酸作为生物碱的前体,在脂肪族氨基酸中主要有鸟氨酸(Ornithine)、赖氨酸(Lysine)芳香族中则有苯丙氨酸(Phenylalanie)、酪氨酸(Tyrosine)及色氨酸(Tryptophane)等。其中，芳香族氨基酸来自莽草酸途径，脂肪族氨基酸则基本上来自三羧酸循环中形成 α-酮酸经还原氨化(Transamination)生成。例如：

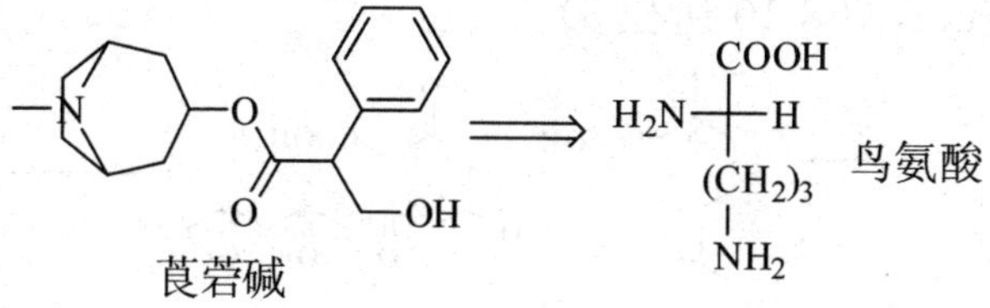

莨菪碱 ⟹ 鸟氨酸

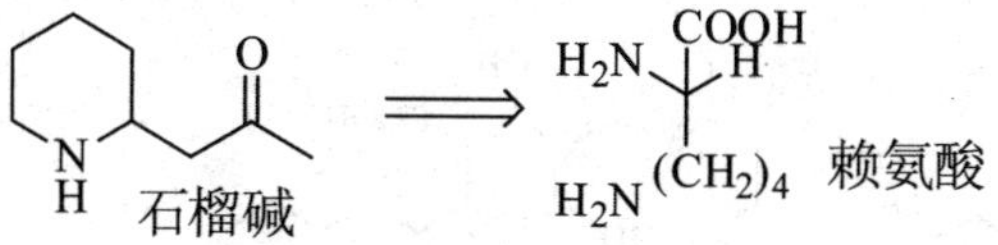

石榴碱 ⟹ 赖氨酸

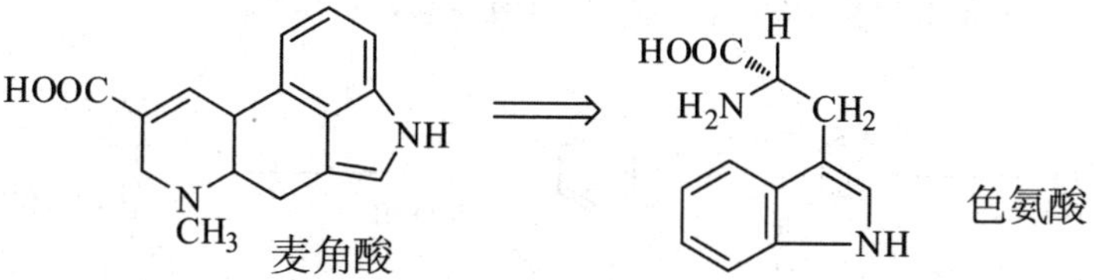

麦角酸 ⟹ 色氨酸

有些(如莨菪碱、石榴碱等)生物碱，很容易辨别出其结构中的前体氨基酸的轮廓，但有些(如麦角酸等)化合物，只通过单纯比较结构来判断它们在生物合成上的关联还是较为困难的。

(5)复合途径。对于一些结构稍复杂的天然化合物，其分子中各个部位并不来自同一生物合成途径，如大麻萜酚酸(Cannabigerolc Acid)、大麻二酚酸(Cannabidiolic Acid)来自 MVA 和 AA-MA 途径，而查尔酮类(Chalcones)、二氢黄酮类(Dihydroflavones)等化合物则来自氨基酸途径(图 8-9)。

常见的复合生物合成途径有下列几种：

①乙酸-丙二酸-莽草酸途径。

②乙酸-丙二酸-甲羟戊酸途径。

③氨基酸-甲羟戊酸途径。

④氨基酸-乙酸-丙二酸途径。

⑤氨基酸-莽草酸途径。

许多天然化合物均由上述特定的生物合成途径所形成，但是也有少数例外,如植物界中广泛分布的没食子酸(Gallic Acid)在不同的植物中,或由莽草酸直接生成(如老鹳草 Geranium Hyperacium,图 8-10 途径 1),或经由桂皮酸生成(如漆树 Rhus Typhina,图 8-10 途径 2),或者由苔藓酸经苔黑酚生成(如 Epicoceum Nigrum,图 8-10 途径 3)。

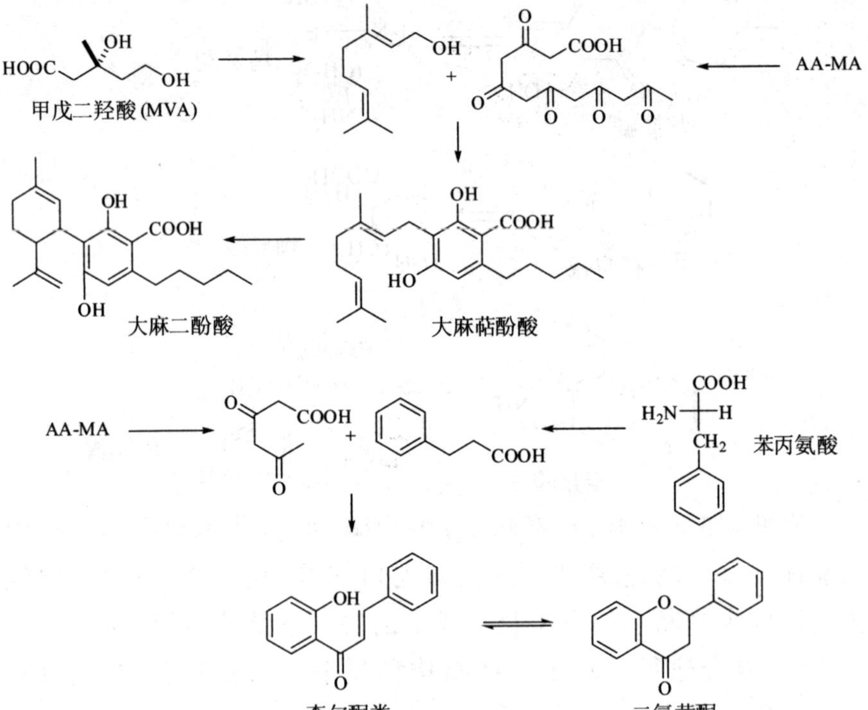

甲戊二羟酸(MVA)

AA-MA

大麻二酚酸

大麻萜酚酸

AA-MA

苯丙氨酸

查尔酮类

二氢黄酮

图 8-9 复合途径

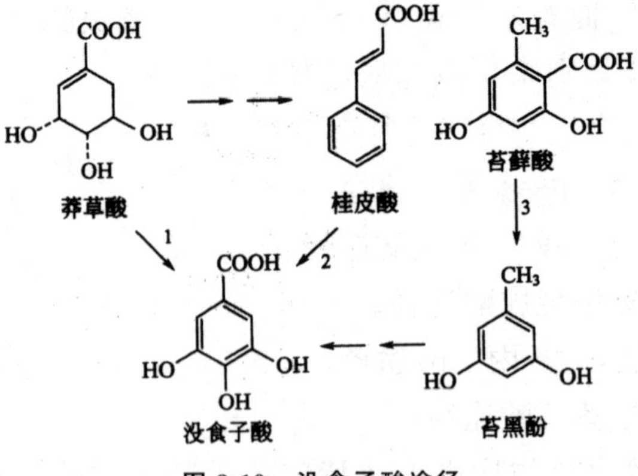

莽草酸

桂皮酸

苔藓酸

没食子酸

苔黑酚

图 8-10 没食子酸途径

8.1.2　天然产物的化学合成

有机合成是利用天然资源或工业生产中形成的简单有机分子，通过一系列化学反应合成得到各种复杂结构的天然或非天然的有机化合物的过程。有机化学实践的成功极大地推动了有机化学理论和实验方法的飞速发展，这一领域的研究和探索取得的成就在很大程度上反映了现代有机化学的总体发展水平，是人类有机化学知识、智慧和创造力的集中体现。例如：

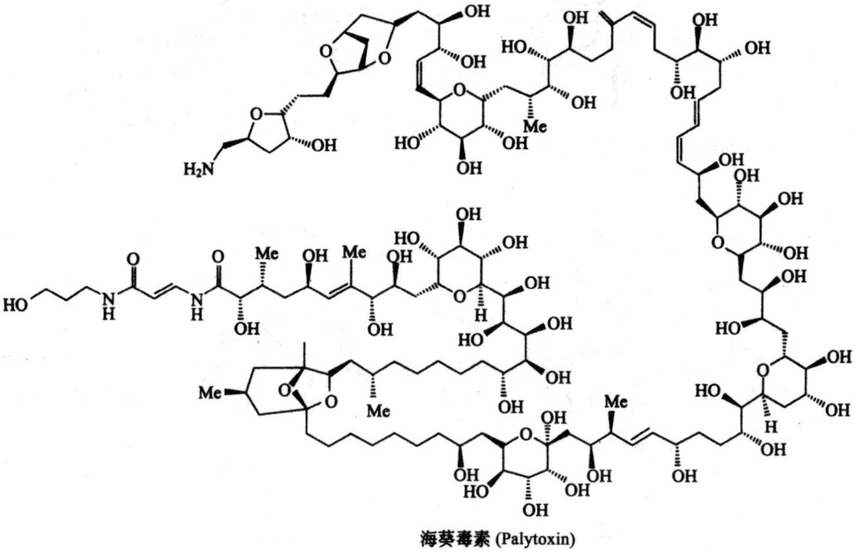

海葵毒素 (Palytoxin)

面对种类繁多、化学结构极其多样、复杂的天然产物，对其进行合成研究将是一项极富挑战性和探索性的研究工作，同时也是最能体现化学家创造性和智慧、灵感的研究领域。这一学科的发展不仅使有机化学本身得到了推动和发展，同时对有机化学与相关学科，如医学、药学、生命科学的很多研究领域的交叉起到了巨大的促进作用。

具有显著生物活性和药物发展潜力的复杂结构的天然产物全合成研究在国际上竞争十分激烈。这种激烈竞争的局面充分显示了天然产物合成化学的生命活力和核心学科作用，同时这种竞争使得新的更有效的合成策略和合成方法不断引入和快速发展。特别是近二十年来，新型骨架结构的天然产物的发现，如GP263、114、K252a、Lactacystin等天然产物的全合成研究和化学生物学研究，这种国际竞争的氛围促进了以天然产物为核心的多学科交叉的综合性研究和相互合作。例如：

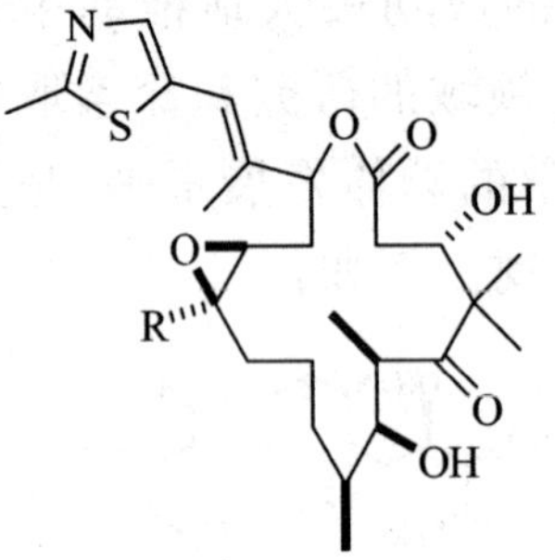

Epothilones (R = H, Me)

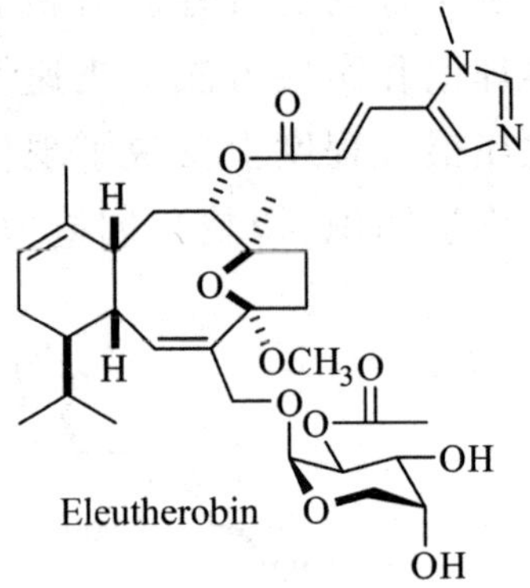

Eleutherobin

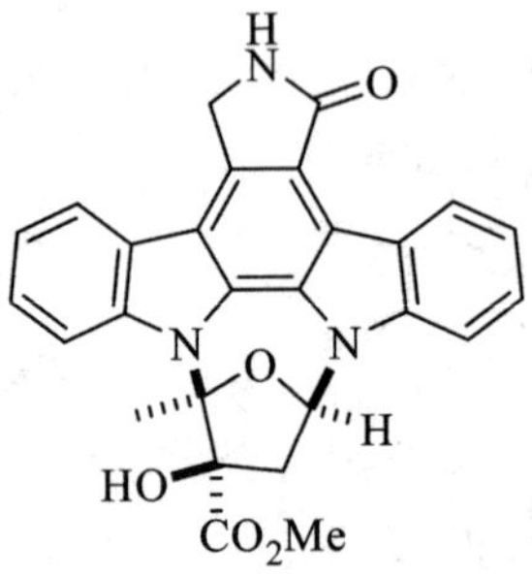

K252a

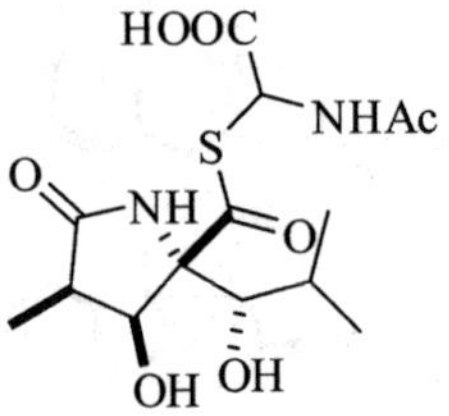

Lactacystin

近年来，合成有机化学的研究目标从天然产物向类天然产物的“非天然产物”及类似物方向发展，它结合了简捷、高效、高选择性合成方法和组合化学合成方法，以及现代分子生物学、细胞生物学、高通量活性筛选方法等。天然产物的仿生化学合成（Biomimetic Synthesis）已越来越受到人们的重视。

随着生物有机化学的进展，人们对天然产物生物合成过程认识的不断深入，合成化学家们得到了许多新的启示，在合成思路、策略和方法以及有机结构与反应性的关系等方面有了进一步的发展。对于一些结构复杂的天然有机化合物，可以使用天然及非天然易得的结构类似物或天然产物经结构改造获得以中间体为原料，再经过若干步合成来制备有用的天然产物及其衍生物，这个过程又被称为天然产物的半合成(Semisynthesis)或部分合成(Partical Synthesis)。

要高效获取天然产物常用的方法是半合成，通过半合成可以创造出无数有用的天然产物的类似物。找到一种廉价易得的中间体是顺利实施半合成的关键所在。如6-APA、7-ACA和7-ADCA是半合成青霉素和头孢菌素的中间体，它们的出现极大地带动了β-内酰胺类抗生素的迅速发展，目前临床应用的β-内酰胺类抗生素绝大部分是半合成产物。自从20世纪60年代，科学家从廉价的薯蓣皂苷元制备合成甾体化合物重要中间体孕甾双烯醇酮后，甾体药物研究得到长足发展。由糖皮质激素可的松衍生出一大类甾体抗炎药(如氢化可的松、泼尼松、醋酸氟轻松、地塞米松、倍他米松等)；由雄性激素雄酮和睾酮衍生出一类蛋白同化激素(如4-氯醋酸睾酮、苯丙酸诺龙、羟甲烯龙、司坦唑醇等)；由孕激素衍生出一大类甾体避孕药(如甲羟孕酮、甲地孕酮、氯地孕酮等)。在对生物资源的合理利用中，通常会将含量较高、来源丰富的天然产物半合成为药理活性更高或生物利用率更高的衍生物或药物以及生物化工产品。采用这种半合成方法具有原料易得、合成步骤少、生产成本低和环境友好等优点，对药物研究和生物化工产品开发具有重要意义。例如：

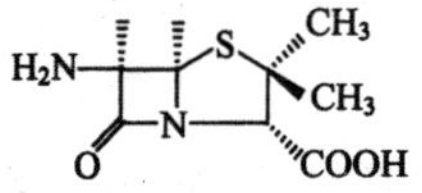

6-APA 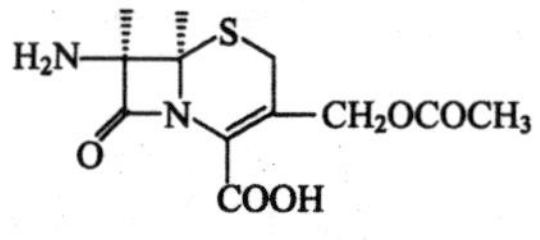　7-ACA 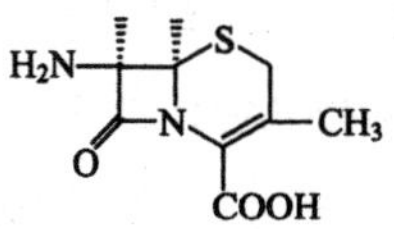　7-ADCA

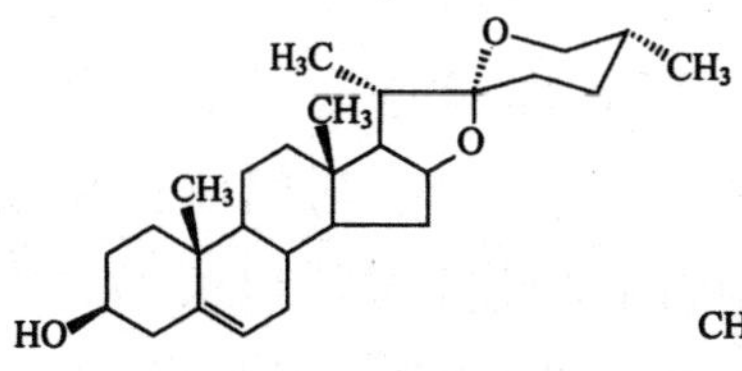

薯蓣皂苷元 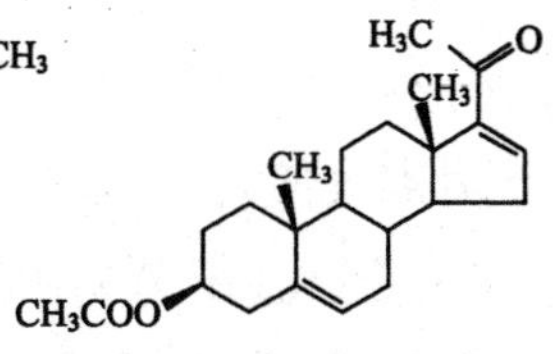　孕甾双烯醇酮

尽管天然产物可以直接药用，但其中仍有许多问题有待进一步解决，如资源、成本、活性、毒性、理化性质等。因此，以天然产物为先导，经结构修饰和改造，进而开发活性更强、毒性更低、理化性质更优越、成本更低廉的天然产物的衍生物或合成代用品成为当今新药开发的主要途径之一。

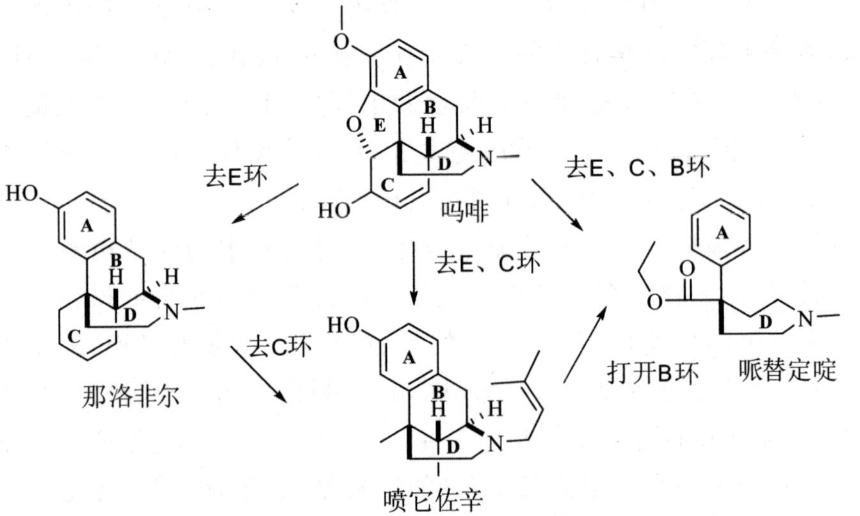

去E环 吗啡 去E、C、B环

那洛非尔 去E、C环

去C环 喷它佐辛 打开B环 哌替定啶

由结构复杂的天然产物，经结构剖析和简化，以确定其基本结构，进而推测其受体结构的最成功例子是吗啡类镇痛药的研究。从吗啡开始，首先将氧桥（呋喃环）除去，产生了那洛非尔，一个吗啡烃的衍生物；再消除 C 环得到苯吗喃衍生物，典型的药物是喷它佐辛（Pentazocine），它仅保留了 C 环的两个甲基，其优点是成瘾性低；在此基础上，再打开 B 环，得到结构最简单的吗啡类似物哌替啶（Petidine）。

根据这些及其他众多的结构类似物构效关系的研究，确定了镇痛药的最基本的药效基团为一个含有碱性氮原子的哌啶环和与哌啶环以直立键相连的苯环。据此推测与之相适应的阿片受体模式为：一个阴离子部位（电荷中心），一个与吗啡的哌啶环部分相适应的空穴，一个适于芳香环的平面区域。以天然产物为先导，经结构修饰和改造，得到更好的衍生物或合成代用品，如青蒿素→蒿甲醚，紫杉醇→多西紫杉醇，东莨菪碱→溴化异丙东莨菪碱，氯霉素→无味氯霉素、氯霉素琥珀酸单酯钠，红霉素→罗红霉素、阿奇霉素、克拉红霉素，可的松→醋酸氢化可的松、地塞米松、倍他米松、氟轻松等，睾酮→苯丙酸睾酮、苯丙酸诺龙等。

8.2　典型天然产物全合成实例

8.2.1　紫杉醇的合成

紫杉醇（Taxol）是治疗乳腺癌和卵巢癌的特效药。紫杉醇的抗癌机制与其他药物的机制不同，它通过促进极为稳定的微管聚合并阻止微管正常的生理性解聚，从而导致癌细胞的死亡，并抑制其细胞的再生。例如：

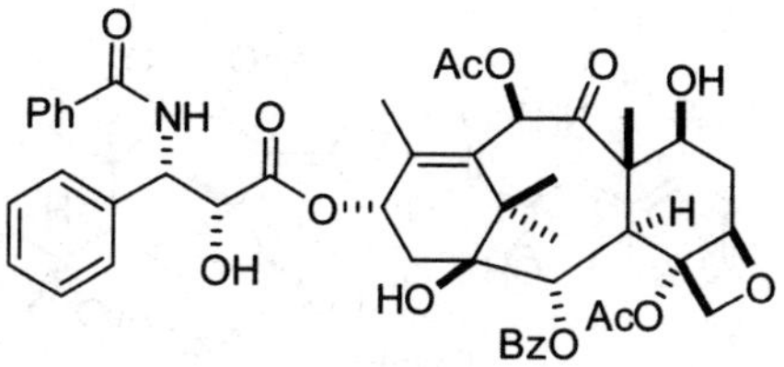

由于紫杉醇能用 Zemplen 醇解法分解为可结晶的两个部分，通过对这两个化合物，即对溴苯甲酸衍生物（80）和双碘乙酸酯衍生物（81）的 X 射线单结晶衍射分析，最后确定了紫杉醇的结构。例如：

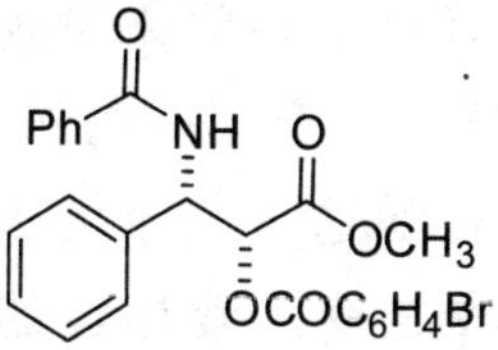

80 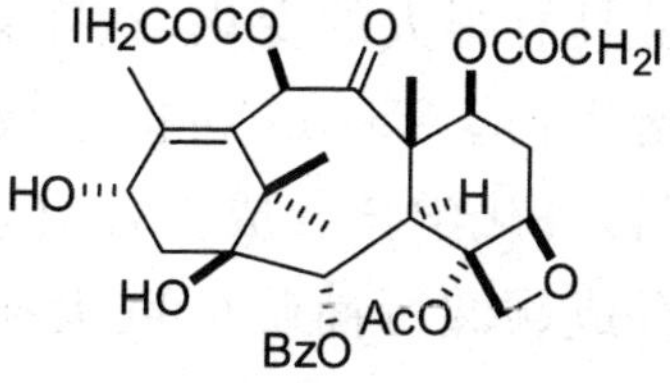　　**81**

（1）由浆果赤霉素Ⅲ（BaccatinⅢ）的半合成。在植物中，浆果赤霉素Ⅲ（BaccatinⅢ）和 10-脱乙酰浆果赤霉素Ⅲ（10-Deactyl BaccatinⅢ）具有较高的含量，将其转化为紫杉醇能够有效改善紫杉醇供应短缺的情况。

紫杉醇与浆果赤霉素Ⅲ的区别仅在于一个简单的酰化反应上，但是由于浆果赤霉素亚进行酰化时，13 位羟基周围的立体位阻，因而增加了反应的难度。

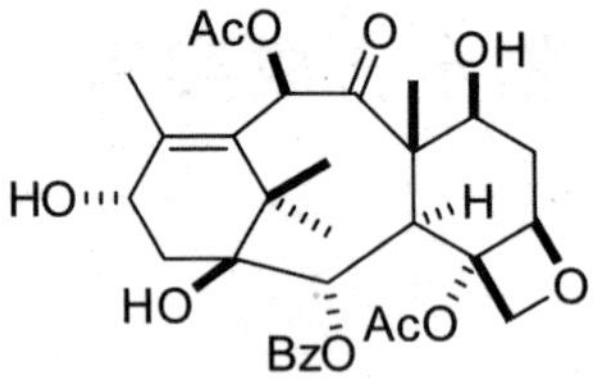

Baccatin

Potier P.通过反应得到紫杉醇需要两步：用肉桂酸对浆果赤霉素亚进行酰化；利用温和羟基氨基化反应。尽管上述反应的立体选择性和区域选择性较差，但是，他们却利用该反应从 10-脱乙酰浆果赤霉素Ⅲ合成了紫杉醇衍生物 Taxotere。在某些试验中它显示了优于紫杉醇的生物活性。

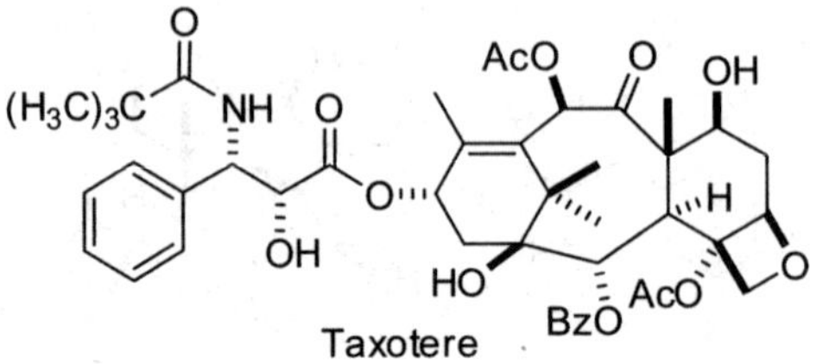

Taxotere

紫杉醇的半合成研究与直接从植物提取紫杉醇的方法相比较主要有下面两个优点：浆果赤霉素亚和 10-脱乙酰浆果赤霉素在植物中的含量要远远高于紫杉醇；半合成紫杉醇的研究可以使紫杉醇侧链具有很大的变化，这样就有可能在将来发现活性更强的紫杉醇衍生物。Taxotexe 的合成就是一个很好的例子。

(2)紫杉醇化学全合成。合成紫杉醇这一复杂的天然分子是当前有机合成领域所面临的巨大挑战之一。紫杉醇的全合成主要分为两种合成战略：①线战略，即由 A 环到 ABC 环和由 C 环到 ABC 环；②会聚战略，即由 A 环和 C 环会聚合成 ABC 环。

1994 年，Holton R.A.和 Nicolaou K.C.几乎同时宣告紫杉醇的全合成获得成功，标志着有机合成化学登上了一个新的台阶。

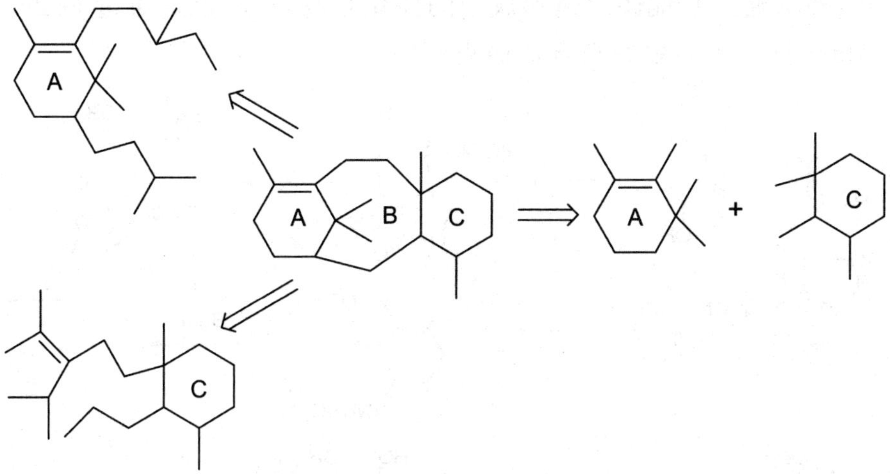

例如：

Holton采用了由A环到ABC环的线性合成战略。他们以樟脑为原料，通过数步反应先形成在B环上带有一个酮基的化合物，以便形成C环(图8-11)：

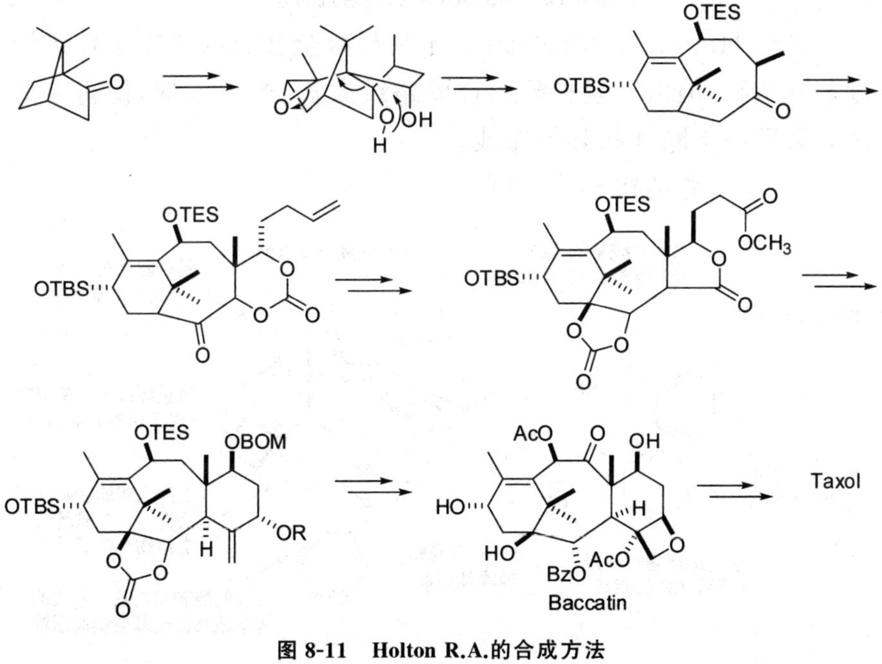

图8-11 Holton R.A.的合成方法

Nicolaou则采用非手性的原料，以Diels-Alder反应合成了A

环,然后通过官能团改造形成中间体化合物,C 环也是通过 Diels-Alder 反应由简单原料合成而得到的。

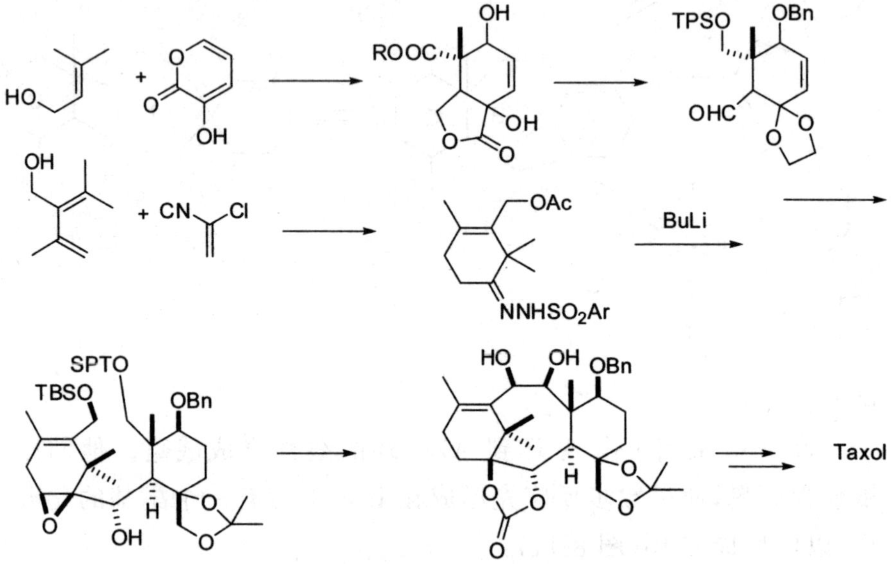

图 8-12 Nicolaou K.C.的合成方法

尽管 Holton 和 Nicolaou 关于紫杉醇全合成的研究工作进展得十分顺利,但由于紫杉醇的合成路线太长、产率太低,使得一些科学家仍在不断寻找其他路线。

(3)紫杉醇的构效关系研究。

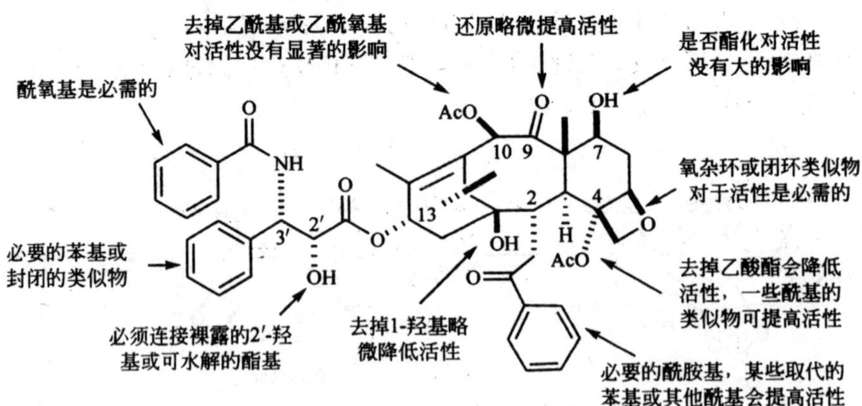

8.2.2　青蒿素的合成

青蒿素（Artemisinin）是 1972 年我国科学工作者从中药青蒿（菊科植物黄花蒿 Artemisia Anuua L）中提出的一个具有高效、速效和低毒的抗疟新药。1976 年测定了青蒿素的化学结构。它是一个含过氧基团的新型倍半萜内酯，所包含的 5 个氧原子都排列在分子的同一侧，从 O_5 开始形成了 $O_5 \sim C_{12} \sim O_4 \sim C_5 \sim O_3 \sim C_4 \sim O_1 \sim O_2 \sim C_6$ 的氧碳键，且从 $C_{12} \sim O_4$ 开始，O—C 键矩处在一个短、长、短、长、短的序列中：

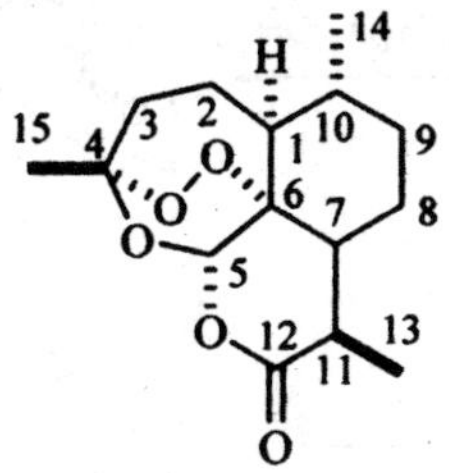

在青蒿素的分子中，过氧基团的存在就是抗疟活性所必需的，而 C—O 键的这种交替排列和它的抗疟性也有一定的关系。从青蒿素中，分离得到 12 个倍半萜类化合物，均为一类新的杜松烷（Cadinane）倍半萜。其结构特点是 A，B 环为 α-顺式并联，异丙基与桥头氢呈反式。

（1）青蒿素的化学合成。青蒿素的分子是由过氧基团组成的一个缩酮内酯。经反合成分析，烯醇甲醚与酮酸甲酯是合成的关键化合物，利用光氧化反应可把过氧基引入七元环的 C_6 位，这是合成中的关键反应：

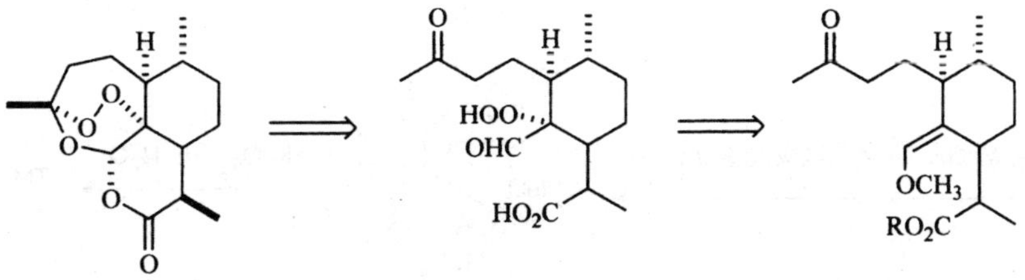

从香草醛开始的青蒿素全合成路线(由中国科学院上海有机化学研究所周维善等完成):

合成工作的最后关键是在甲醇溶液中以四碘四氯荧光素(Rose Bengal)为光敏剂,在-78℃和高压汞灯下通氧,接着用酸处理生成目标化合物,经分子内醇酮和醇醛缩合并内酯化即得目标产物——青蒿素,最后两步(r 和 s)产率为 28%。

与此同时,F.Hoffmann-La Roche 的药物研究室也开展了青蒿素的合成研究,并于 1982 年完成了青蒿素的全合成,其合成设计思想与上述合成方法十分相似。

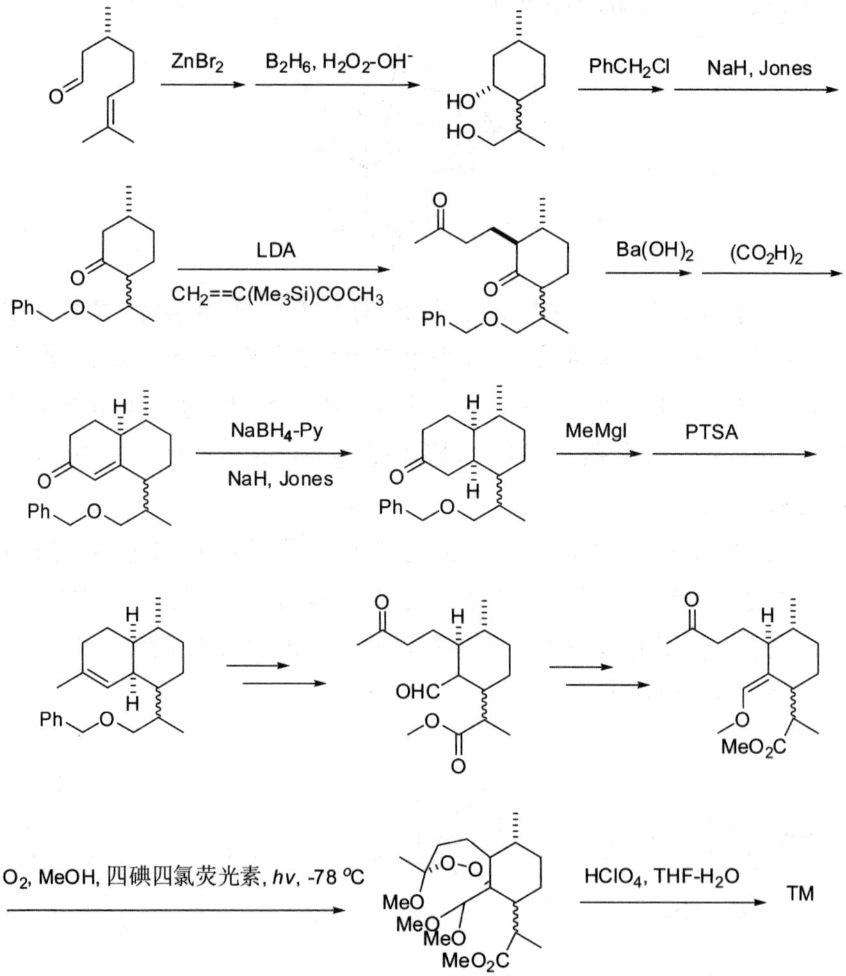

$ZnBr_2$ → B_2H_6, H_2O_2-OH^- → PhCH$_2$Cl → NaH, Jones →

LDA / CH_2==C(Me_3Si)$COCH_3$ → Ba$(OH)_2$ → $(CO_2H)_2$ →

$NaBH_4$-Py / NaH, Jones → MeMgI → PTSA →

→ → → →

O_2, MeOH, 四碘四氯荧光素, $h\nu$, -78 ℃ → HClO$_4$, THF-H_2O → TM

(2)青蒿素的生物合成。基于萜类化合物生物合成途径的复杂性，对于青蒿素这一类低含量的复杂分子的生物合成，其相关研究的复杂性要更高得多。倍半萜内酯的合成，其限速步骤有两个：环化和折叠成倍半萜母核的过程；形成含过氧桥的双倍半萜内酯过程。利用放射性元素示踪法，Akhila 等对青蒿素的生物合成途径进行了研究，认为青蒿素的生物合成途径如下：法尼基焦磷酸⟶牻牛儿间架(Germacrane)⟶双氢木香交酯(Dihydrocostunodile)⟶杜松烯内酯(Cardinanolide)⟶青蒿素 B(Arteannuin B)⟶青蒿素。例如：

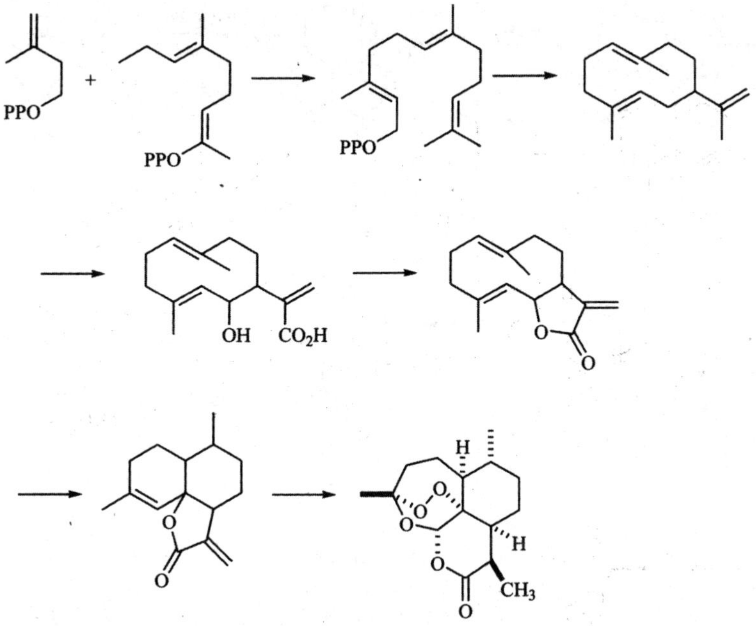

关于青蒿素生物合成的研究，国内也进行了不少尝试，并对由[2-^{14}C]-MVA 为前体生物合成青蒿酸，以及由青蒿酸为前体生物合成青蒿素及青蒿素 B 的过程进行了探索。

(3)青蒿素的化学性质。基于青蒿素化学结构的特殊行，在进行化学反应时，常会发生一些不平常的反应。例如，用酸处理青蒿素时，生成顺式内酯，其 C_7 上取代基已被证明发生了异构化；用 K_2CO_3 处理青蒿素时，生成 α-环氧反式内酯和过氧化合物，而从青蒿素氢化所得的去氧青蒿素用 10% 的 KOH 处理，生

成 α,β-不饱和酮内酯，其内酯是顺式构型。青蒿素的内酯羰基能被 $NaBH_4$ 还原，生成半缩醛，其过氧基团不受影响，例如：

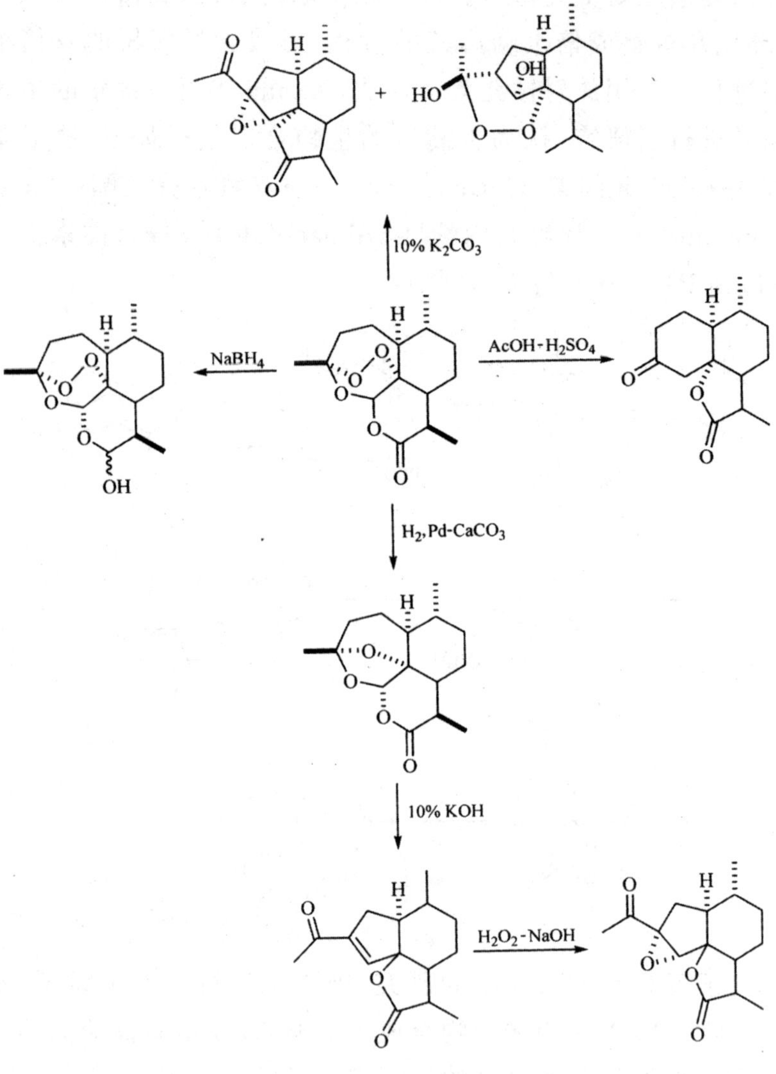

8.2.3 梯形烷的化学合成

梯形烷类化合物(Ladderane，Pentacycloammoxic Acid)是从厌氧微生物 *Candidatus Brocadia Anammoxidans* 的细胞器的膜中分离得到的天然产物，该化合物为楼梯状奇特结构，称为梯形烷。Corey E.J.等从光引发的环丁烯与环戊烯酮的[2+2]反应出发,再用羰基 α-位重氮化光照重排构建第一个“台阶”。所得到的羧酸用 Barton 反应脱羧溴代再经消除反应得到连有梯状结构的环丁烯。由于该化合物是前手性结构,前面未加控制的环加成所生成的手性中心对后面的步骤毫无影响。但在构建最后一个“台阶”时,所要的长链需要从特定的碳上引出才可能得到光学活性的产物,对[2+2]反应就必须有很好的立体选择性。因此,Corey 采用光学活性的硅基取代的环戊烯酮,利用硅基产生的底物不对称性,实现了对新生成的两个手型中心的诱导,得到了光学活性目标产物。其合成路线如下:

hv
N_2
hv / LiOH
CO_2H
Br
hv / LiOH
Ph-Si
N_2
CHO
LDA, $BrPh_3P(CH_2)_6COOH$, THF
NH_2NH_2, $CuSO_4$, EtOH
( )7
COOH

8.2.4 除虫菊酸的合成

除虫菊酸[(+)-Trans-chrysanthemic acid](Chrysanthemic acid)是一种单萜酸,结构上是环丙烷上含有反式的取代基。

1950 年在非洲大量种植除虫菊，并对其杀虫原理展开研究，发现其主要有效成分为除虫菊酸(Pyrethrin)。这类化合物具有击倒力强，杀虫作用快，广谱性，易降解，对高等动物及类低毒，使用安全的特点，不容易对环境造成污染。同时受到结构上的影响，不耐光和热，残期极短，长期以来作为家庭杀虫剂。由于种植条件限制，除虫菊酯的产量有限，有效成分的含量也较低。目前市场上销售的是这类化合物的化学合成类似物，如戊二烯拟除虫菊酯(Nesmethrin)，丙烯拟除虫菊酯(Allethrin)。

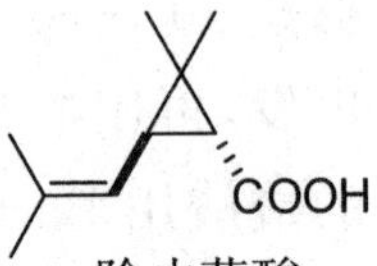

除虫菊酸

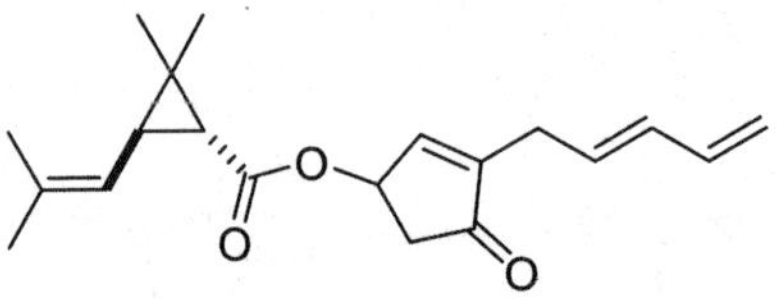

戊二烯拟除虫菊酯 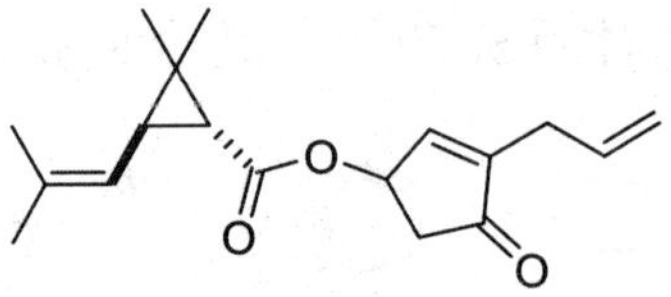　　丙烯拟除虫菊酯

合成除虫菊酯的关键在于合成除虫菊酸，例如：

(1)以卡宾或硫的叶立德与双键加成。

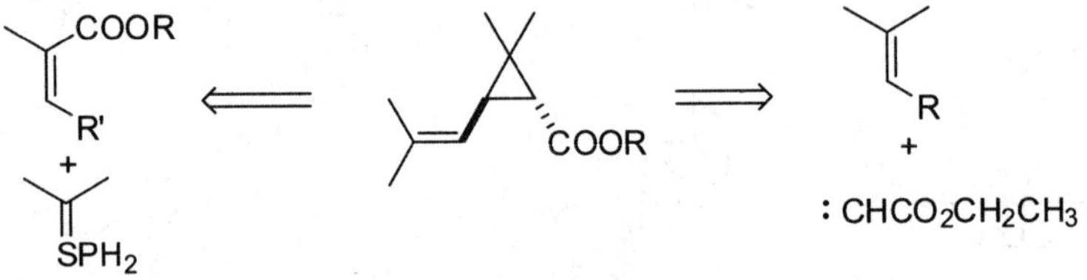

(2)利用有机金属作为分子内亲核性取代反应。

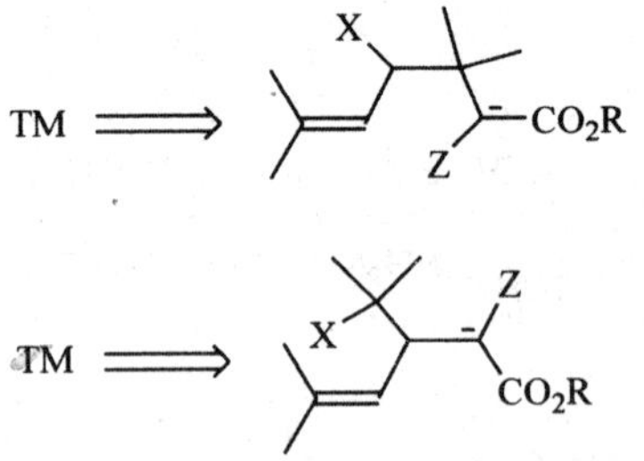

(3)由 α-卤代环丁酮在碱处理下进行 Farvoskii 重排反应。

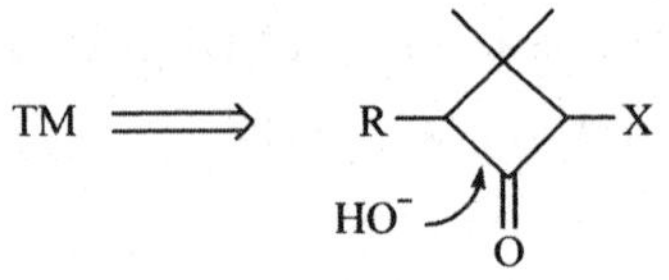

(4)利用已知具有环丙烷结构的起始物。

TM ⟹ (O_3)

除虫菊酸的合成路线之一：

$LiAlH_4$；(1) $(CH_3)_2CO$, TsOH (2) p-TsCl (3) NaCN, DMSO；R = OH, Ts, CN；(1) AcOH, THF (2) TsCl, Py

NaOMe；$(Me_3Si)_2NLi$；CrO_3-Py

$(Ph_3PCHMe_2)Br$, *n*-BuLi；KOH, $(CH_2OH)_2$

除虫菊酸

8.3 复杂天然产物全合成剖析

8.3.1 Cascade 反应合成天然产物 Coriolin

Cascade 反应又称串级反应，是连串进行的反应。Cascade 反应是一种串级反应，在目前的有机合成中不断得到巧妙地应用，最近在一些立体控制的复杂手性化合物的合成中也不断出新。例如：

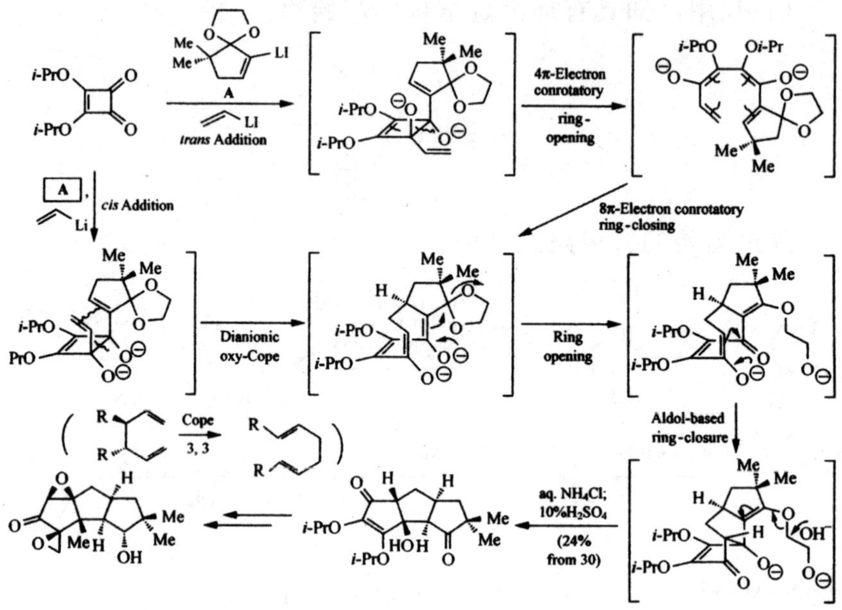

8.3.2 烯烃复分解作为天然产物全合成的关键步骤

在关环置换反应(Ring-closing Metathesis,RCM)中,这些新试剂起到了很好的作用。近年来,科学家又发展了烯烃复分解反应新型手性 Grubbs 类型的催化剂,应用手性不对称 Grubbs 催化剂,完成了很巧妙的手性合成研究,在天然产物全合成和复杂有机化合物的全合成中发挥了很好的作用。这个新反应也叫不对称关环置换反应(Asymmetrn Ring-closing Metathesis,ARCM)。

第一代 Grubbs 催化剂主要有以下几种,左边第一个就是 Grubbs 等发现的金属钌的卡宾化合物:

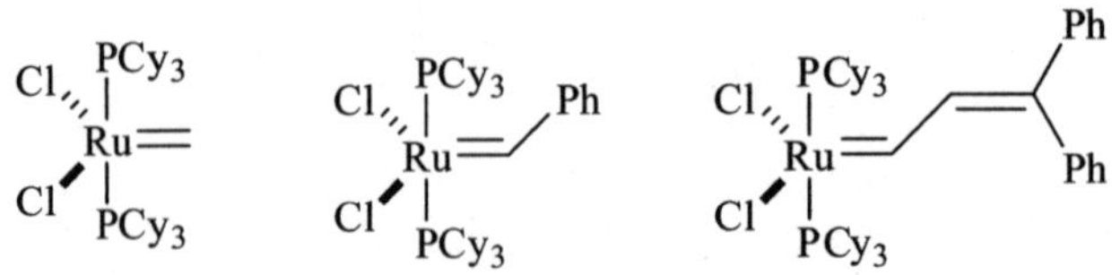

第二代 Grubbs 催化剂,即 2G 和 2H:

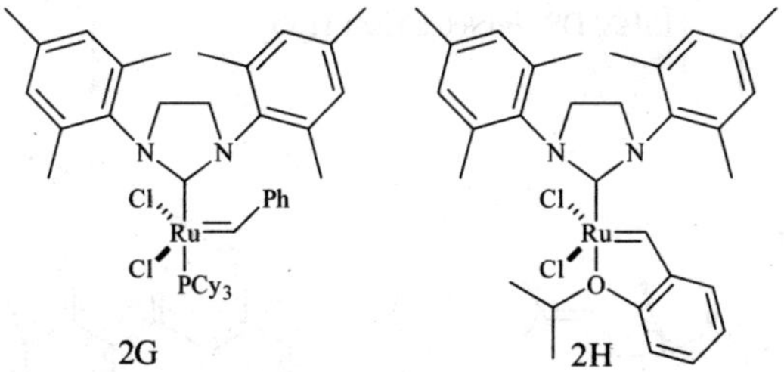

2G 2H

第三代更为稳定的新的 Hoveyda-Grubbs 催化剂：

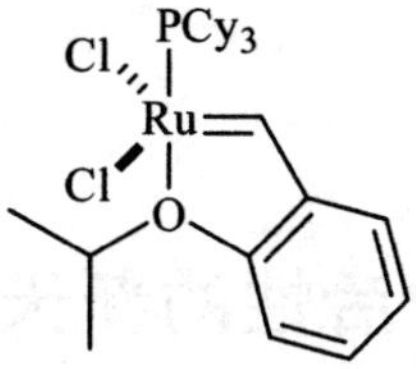

下面的反应就是利用关环置换反应来合成天然产物的方法：

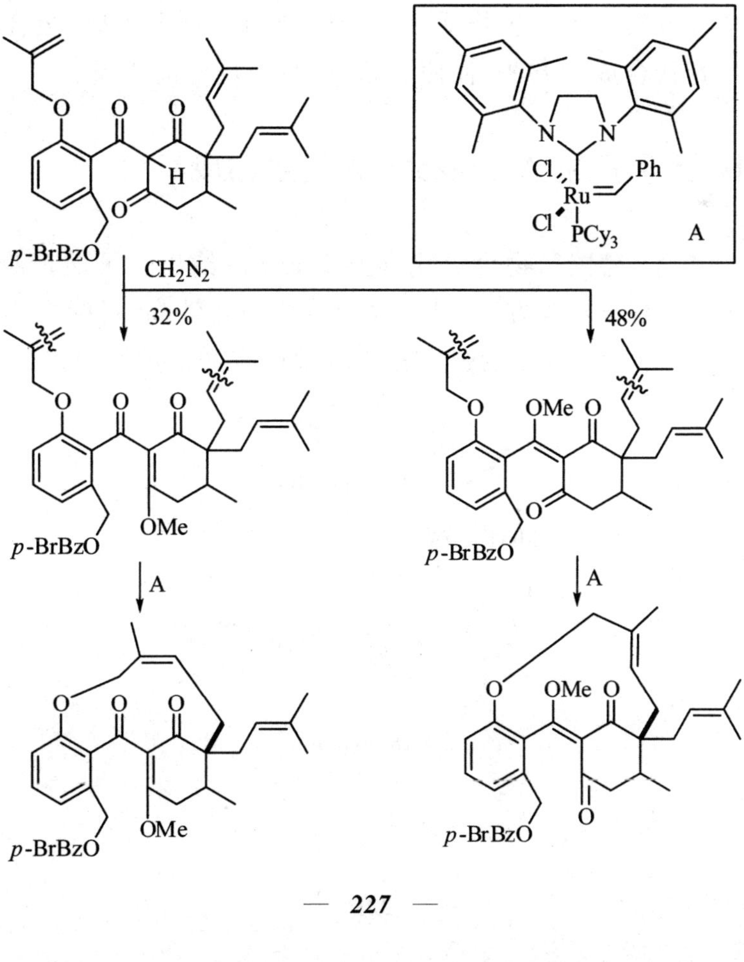

CH_2N_2

32%

48%

A

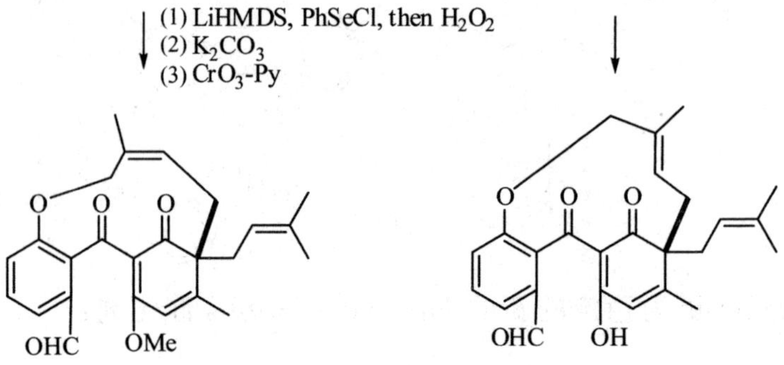
(1) LiHMDS, PhSeCl, then H_2O_2
(2) K_2CO_3
(3) CrO_3-Py
O
O
O
OHC
OMe
O
O
O
OHC
OH

Coleophomone C　　Coleophomone B

8.4 具有重要生物活性的新天然产物全合成

全合成具有重要生物活性的天然产物是一个挑战，全合成不断孕育着新合成的方法，促使着新试剂、新反应的创新。

8.4.1 天然产物 Archazolid A 的全合成

2007 年，德国药物合成化学家 Menche 给出了天然产物 Archazolid A 的全合成方法，其逆合成分析技巧性高，目标产物切断得到三个中间体，对片段合成和片段键连有详细过程给出。

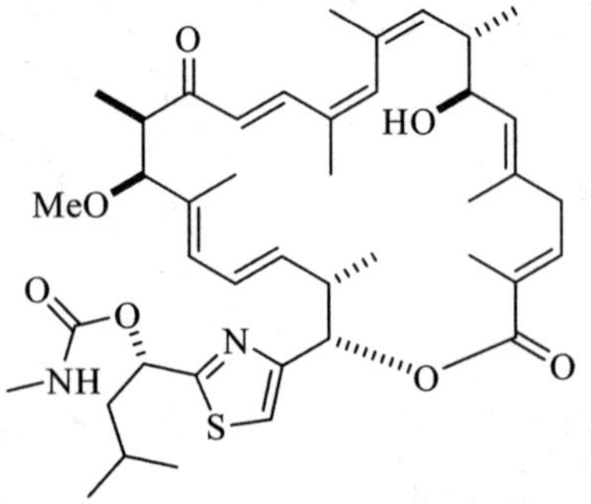
O
HO
MeO
O
O
N
NH
S
O
O

Archazolid A

(1)逆合成切断分析。

Archazolid A

(2)中间体片段 82 的合成。

(1) $LiAlH_4$
(2) MnO_2

82

(1) DMP
(2) CH_3MgBr
(3) DMP

1) Ag_2O, MeI
2) $LiAlH_4$

(3)中间体片段 83 的合成。

$(cHex)_2BCl$, NEt_3

(1) TBSPTf
(2) $LiBH_4$
(3) $NaIO_4$

KHMDS

KHMDS, 18-C-6

(1) DIBAL-H
(2) DMP

83

(4)中间体片段84的合成。

(1) $SOCl_2$
(2) NH_3
(3) TBSCl
(4)Lawesson

TBAF

(1) Carbonyl-diimidazole
(2) NH_2Me

$(cpl)_2B$

84

(5)目标天然产物 Archazolid A 的合成。

(1) $(cHex)_2BCl$, NEt_3
(2) Ac_2O, DMAP
(3) DBU

$PdCl_2(PPh_3)_2$, TBACl, NEt_3, CH_3CN/H_2O

(1) NaH
(2) (S)-CBS, BH_3
(3) HF, Py

Archazolid A

8.4.2 天然产物 Carbaplatensimycin 的全合成

美国天然产物合成化学家 Nicolaou 等全合成了天然产物 Carbaplatensimycin,该化合物的结构如下:

下述各步反应是目标化合物 Carbaplatensimycin 全合成的详

细步骤(已经将逆合成分析过程略去)：

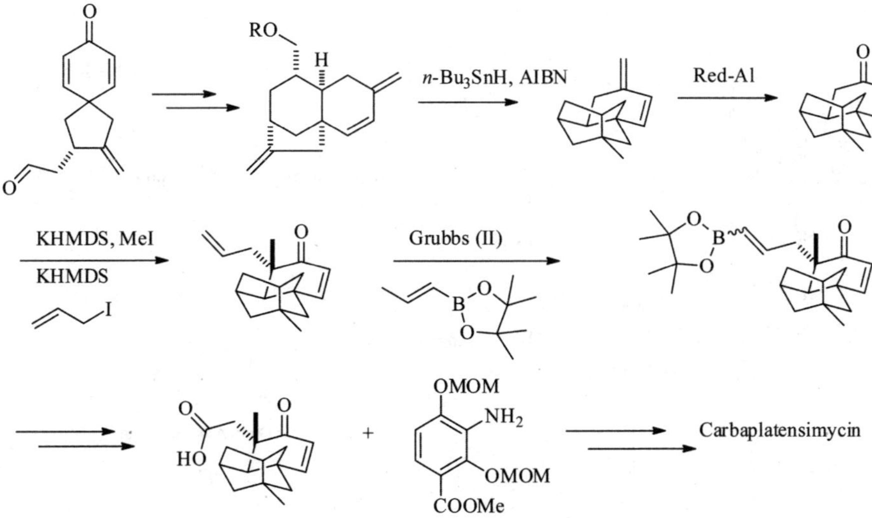
RO
H
O
n-Bu_3SnH, AIBN
Red-Al
KHMDS, MeI
KHMDS
I
Grubbs (II)
B
O
HO
OMOM
NH_2
OMOM
COOMe
+
Carbaplatensimycin

8.4.3　天然产物 Chlorotonil A 的全合成

2004 年，德国科学家从纤维素堆囊菌（Sofangium CeZlulosum)分离得到 Chlorotonil A，经 NMR 和 X 射线晶体衍射证实，其独特结构为在 14 元大环内酯中两个羰基中间连有 CCl_2 模块(这个结构单元是首次报道)。Chlorotonil A 被证明具有良好的生物活性，是全合成中一个重要的目标化合物。

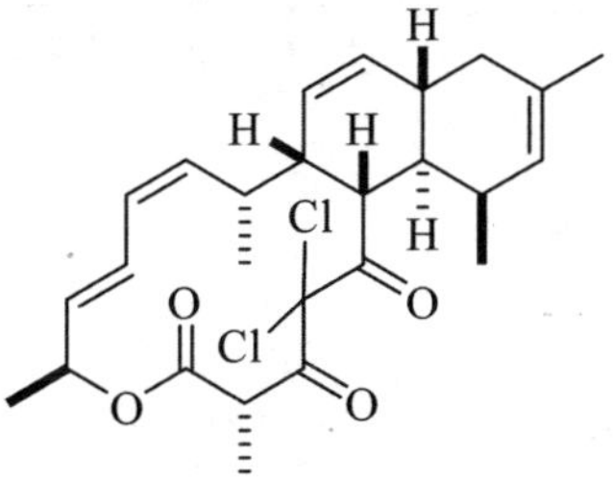
H
H
H
H
Cl
Cl
O
O
O
O

Chlorotonil A

(1)Chlorotonil A 的逆合成分析。

Chlorotonil A

Z-selective olefination

Ester condensation

85

86

87

Diels-Alder reaction

Wittig reaction

Suzuki coupling

88

89

90

(2)片段 89 的合成。

$H_3COOC(H_3C)HC-P(O)(OCH_2CF_3)_2$

crown-6, KHMDS, THF

DIBAl-H

CF_3SOCl

NaCN

DIBAl-H

CBr_4, PPh_3, Zn, DCM

(3)片段 90 的合成。

Grubbs

(4)片段 89 和片段 90 的偶联及新片段的合成。

①片段 89 和片段 90 的偶联得到片段 91。

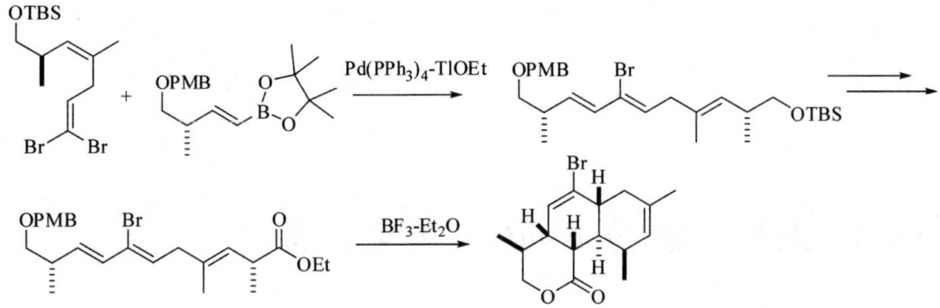

OTBS　Br　Br　+　OPMB　B　O　O　$Pd(PPh_3)_4$-TlOEt　OPMB　Br　OTBS

OPMB　Br　O　OEt　BF_3-Et_2O　Br　H　H　H　H　O　O

②片段 91 经三步反应得新片段 92。

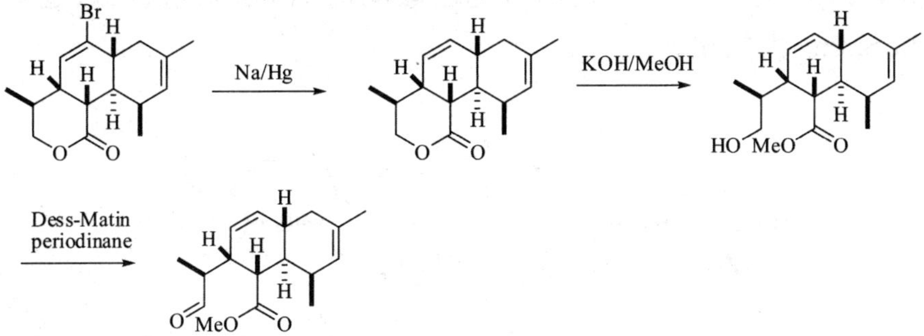

Br　H　H　H　H　O　O　Na/Hg　H　H　H　H　O　O　KOH/MeOH　H　H　H　H　HO　MeO　O

Dess-Matin periodinane　H　H　H　H　O　MeO　O

③片段 86 的合成。

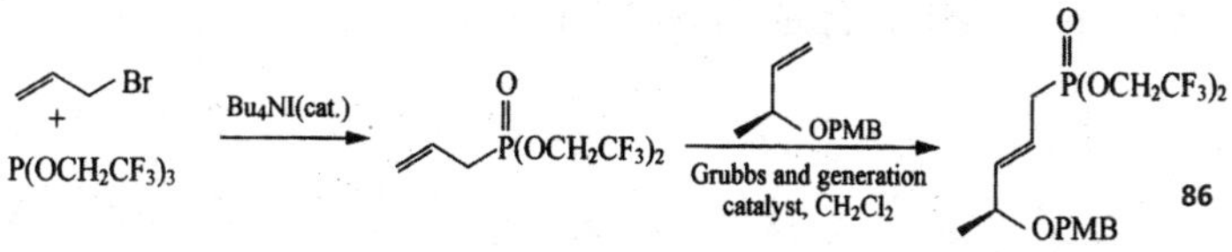

Br　+　$P(OCH_2CF_3)_3$　Bu_4NI(cat.)　O　$P(OCH_2CF_3)_2$　OPMB　Grubbs and generation catalyst, CH_2Cl_2　O　$P(OCH_2CF_3)_2$　OPMB　86

(5)天然产物 Chlorotonil A 的全合成。在完成上述合成的基础上,把新片段 92 和片段 86 键合起来,再经三步反应就可以得到目标产物 Chlorotonil A。

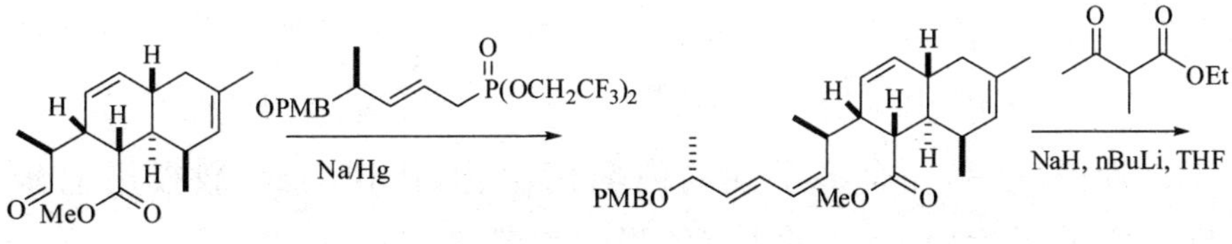

H　H　H　H　O　MeO　O　OPMB　O　$P(OCH_2CF_3)_2$　Na/Hg　H　H　H　H　PMBO　MeO　O　O　O　OEt　NaH, nBuLi, THF

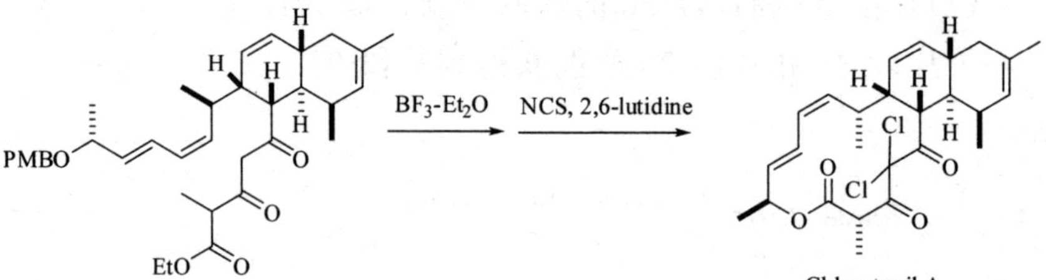

PMBO
EtO
H
BF3-Et2O
NCS, 2,6-lutidine
Cl
Cl

Chlorotonil A

8.4.4 天然产物 Cyanolide A 的全合成

分析 Pabbaraja 教授关于天然产物 Cyanolide A 的全合成研究，发现关键的反应涉及不对称乙酸酯的 Aldol 反应、CBS 还原和 Shiina 内酯化。

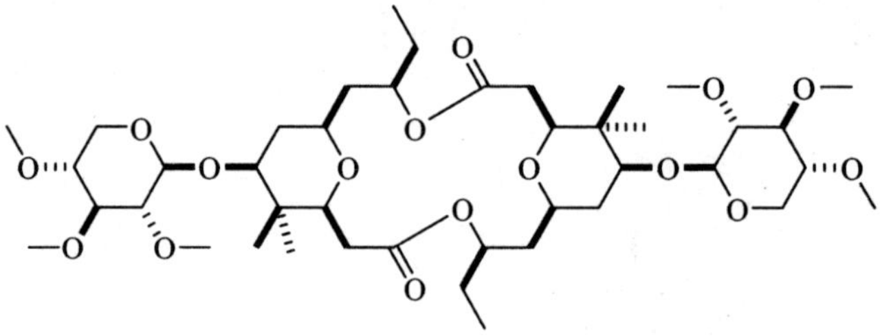

Cyanolide A

Cyanolide A 的逆合成分析如下：

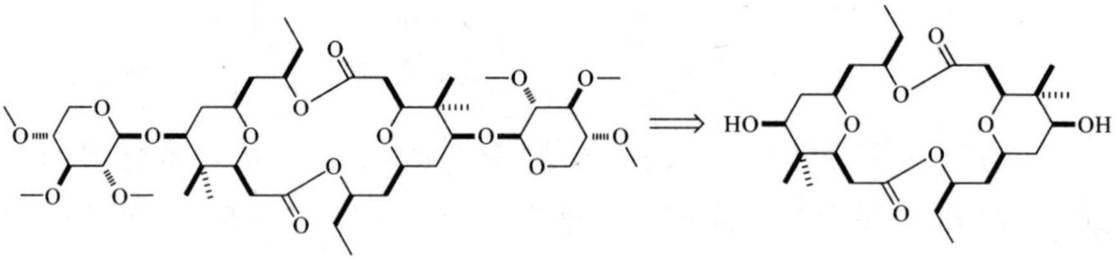

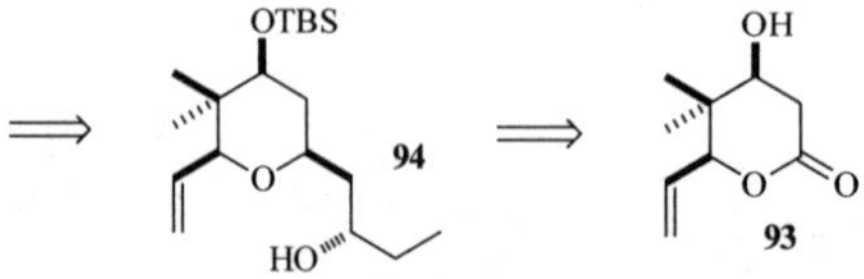

HO
OH

OTBS
HO
OH

94

93

HO

R-(-)-Pantolactione

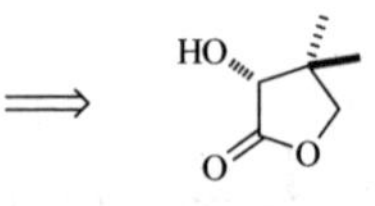

片段 93 是一个多手性的内酯衍生物，Pabbaraja 教授用七步反应完成了片段 94 的合成，各步收率都较高。

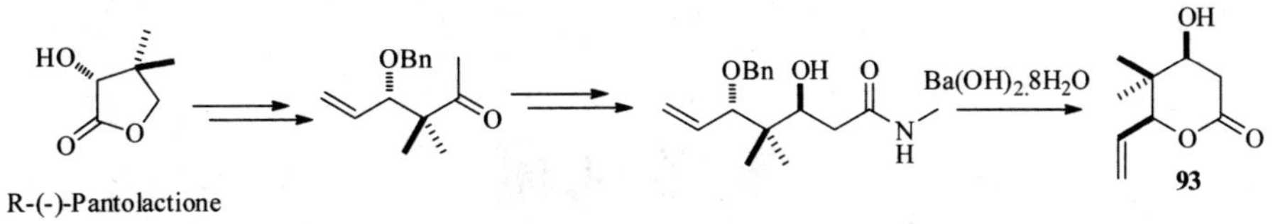
HO
O
OBn
O
OBn OH O
N
H
Ba(OH)2.8H2O
OH
O
O
93
R-(-)-Pantolactione

上述三步反应完成了片段 93 的全合成。此外，Pabbaraja 教授还对片段 93 合成中的中间体化合物 95 的结构，用二维核磁谱(NOESOY)进行了解析。

最后，从片段 93 起步，经过四步反应得到目标产物 Cyanolide A。

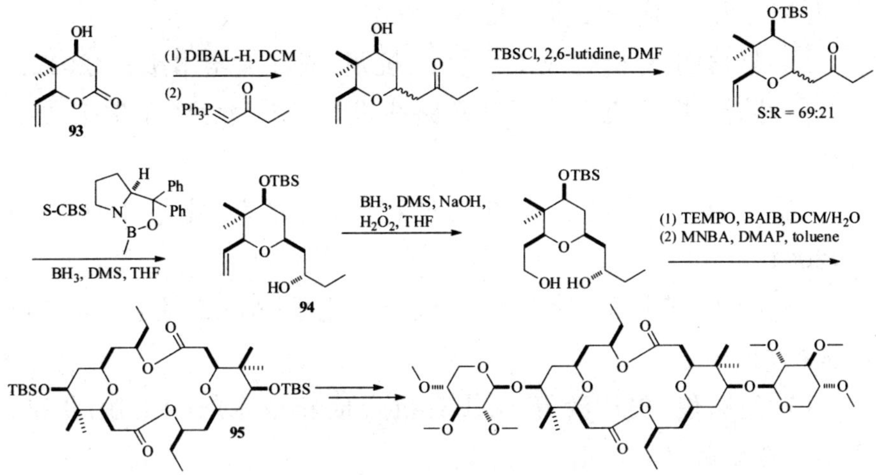
OH
93
(1) DIBAL-H, DCM
(2) Ph3P
TBSCl, 2,6-lutidine, DMF
OTBS
S:R = 69:21
S-CBS
H
Ph
Ph
N
B
O
BH3, DMS, THF
OTBS
HO
94
BH3, DMS, NaOH,
H2O2, THF
OTBS
OH HO
(1) TEMPO, BAIB, DCM/H2O
(2) MNBA, DMAP, toluene
TBSO
OTBS
95

Pabbaraja 教授在最后一步参考了 Kim，H.等的研究工作(Kim，H.；Hong，J.；Org.Lett. 2010，12，2880—2883)。Pabbaraja 教授在这个全合成事例中报道的全合成策略，对于此类结构的天然产物全合成具有较好的借鉴意义。

参考文献

[1]马军营,任运来,刘译民.有机合成化学与路线设计策略[M].北京:科学出版社,2008.

[2]杨定乔,汪朝阳,龙玉华.高等有机化学——结构、反应与定理[M].北京:化学工业出版社,2012.

[3]赵德明.有机合成工艺[M].杭州:浙江大学出版社,2012.

[4]陈治明.有机合成原理及路线设计[M].北京:化学工业出版社,2010.

[5]田铁牛.有机合成单元过程[M].北京:化学工业出版社,2001.

[6]叶非,黄长干,徐翠莲.有机合成化学[M].北京:化学工业出版社,2010.

[7]纪顺俊,史达清等.现代有机合成新技术[M].2 版.北京:化学工业出版社,2014.

[8]朱彬. 有机合成[M]. 成都:西南交通大学出版社,2014.

[9]薛叙明.精细有机合成技术[M].2 版.北京:化学工业出版社,2009.

[10]石承辉. 有机合成技术[M]. 北京:化学工业出版社,2014.

[11]张大国. 精细有机单元反应合成技术手册[M].北京:化学工业出版社,2014.

[12]梁静,刘凤华. 有机合成路线设计[M].北京:化学工业出版社,2014.

[13]孔祥文. 基础有机合成反应[M].北京:化学工业出版社,2014.

[14]汪秋安,王明锋,者为.天然产物有机合成原理与实例解析[M].北京:化学工业出版社,2013.

[15]巨勇,席婵娟,赵国辉.有机合成化学与路线设计[M].2版.北京:清华大学出版社,2007.

[16]小野升著.有机合成中的硝基官能团[M].忠学,译.北京:化学工业出版社,2011.

[17]怀亚特等.有机合成策略与控制[M].张艳,王剑波,等译.北京:科学出版社,2009.

[18]吕亮.精细有机合成单元反应[M].北京:化学工业出版社,2012.

[19]费学宁,等.非均相光催化——有机合成、降解、设备及应用[M].北京:科学出版社,2011.

[20]孙昌俊,王秀菊,孙风云.有机化合物合成手册[M].北京:化学工业出版社,2011.

[21]唐培堃,冯亚青,王世荣.精细有机合成工艺学[M].北京:化学工业出版社,2011.

[22]安德森.实用有机合成工艺研发手册[M].胡文浩,郜志农,等译.北京:科学出版社,2011.

[23]胡跃飞.现代有机合成试剂——氧化反应试剂[M].北京:化学工业出版社,2011.

[24]王乃兴.天然产物全合成——策略、切断和剖析[M].2版.北京:科学出版社,2014.

[25]杨光富.有机合成[M].上海:华东理工大学出版社,2010.

[26]王玉炉.有机合成化学[M].2版.北京:科学出版社,2009.